U0245523

三维形态下的城市空间整合

赵景伟 著

北京航空航天大学出版社

内 容 摘 要

本书结合我国大中城市在地下空间开发利用、地下与地上空间整合所存在的问题,融入紧凑城市的相关理论,对城市空间开发的理论基础,国内外城市地下空间利用的历程,城市地下空间开发强度及布局模式、指标体系,城市中心区三维空间的整合原则、要素、环节和类型,城市三维空间整合实效性的分析与评价等进行了深入地分析与研究。

本书可作为从事城市规划、建筑学、地下空间规划与城市地下工程等专业技术人员的专业书籍,也可以作为城市建设、城市决策以及人防建设等方面管理人员的重要参考书籍。

图书在版编目(CIP)数据

三维形态下的城市空间整合/ 赵景伟著. --北京
:北京航空航天大学出版社,2013.2
ISBN 978 - 7 - 5124 - 1062 - 6

Ⅰ. ①三… Ⅱ. ①赵… Ⅲ. ①城市空间—空间规划—
研究 Ⅳ. ①TU984.11

中国版本图书馆 CIP 数据核字(2013)第 027447 号

三维形态下的城市空间整合
赵景伟 著
责任编辑 金友泉

*

北京航空航天大学出版社出版发行
北京市海淀区学院路 37 号(邮编 100191) http://www.buaapress.com.cn
发行部电话:(010)82317024 传真:(010)82328026
读者信箱:bhpress@263.net 邮购电话:(010)82316936
涿州市新华印刷有限公司印装 各地书店经销

*

开本:710×1 000 1/16 印张:14.25 字数:321 千字
2013 年 2 月第 1 版 2013 年 2 月第 1 次印刷 印数:2 000 册
ISBN 978 - 7 - 5124 - 1062 - 6 定价:30.00 元

前　言

在城市经济高速增长的同时，环境污染，资源、能源紧缺，贫富分化的现象正在加剧或者恶化，城市化所带来的挑战日益严峻，城市人居环境受到极大的威胁。地下空间作为城市土地空间资源的重要组成部分，在城市发展进程中已被越来越多地应用于有效解决城市的安全防灾、市政交通、能源环保、土地紧缺等问题，是规划建设集约紧凑、生态低碳城市，实现资源节约、环境友好、科学发展目标的重要途径之一。城市地下空间属于城市空间的一个重要组成内容，所以，它是城市可持续发展的重要载体，它不仅是作为物质载体的实体空间，更是对应社会生产与生活的社会空间。

本书共7章。

本书第1章至第4章基于我国城市地下空间开发利用、整合所存在的问题，在充分研究国内外城市地下空间开发利用理论及实践的基础上，进行了紧凑城市理论在城市中心区地下空间规划中的应用研究，探讨分析城市地下空间的紧凑理念，以及地下空间开发利用的指标体系，城市地下空间开发导则、开发重点，并进行城市地下空间开发强度及布局模式的研究。

本书第5章从城市中心区地面形态与地下空间形态相互作用、协调发展的角度，总结了城市三维空间整合的四个协调性原则：区域功能协调原则、区域环境协调原则、立体化与人性化协调原则和经济、环境、社会效益协调原则。

区域功能协调原则：城市不同区域地下空间的功能应与地面空间的功能相协调，并起到对地面空间功能进行优化的作用。

区域环境协调原则：地下空间对城市地面生态系统的建立影响显著，它与地面道路、广场、公园（绿地）之间的整合应考虑环境的协调。

立体化、人性化协调原则：城市的主体是人，城市活动是指人的活动，立体化的开发必然会引起不同空间的环境差异和联系，应在立体化开发的同时更加关注人们在使用上的需求，如物理环境、生理安全和心理安全等。

经济、环境、社会效益协调原则：综合衡量三维空间整合的各项效益，尽量取得最佳的综合效益。

通过对城市中心区的街道、广场、公园（绿地）、轨道交通枢纽、中央商务区的空间内涵及其上下部空间整合方法分析，并通过城市三维空间整合的要素分析，提出城市三维空间整合的三个关键环节：依托高效、完善的城市轨道交通系统，构建连续、流动的地下步行系统，设置丰富、个性的地下空间节点（地铁车站、下沉式空间、地下室内中庭、出入口）。实践证明，城市三维空间的整合必须要在充分研究城市空间要素的构成及其所具有的城市功能基础上，促使要素的相互渗透与结合，进行有重点、有策略的空间整合。

本书第6章综合国内外在城市三维空间整合中的实践过程与实践结果的分析，通过探讨城市三维空间整合实效性研究的主要问题，从地下空间综合规划、管理机构职能及法规、设计理念、空间布局、历史文脉因素等层面解释影响城市三维空间整合实效性的成因;通过借鉴城市地面建设环境评价的研究,探索适合于紧凑城市形态下的城市三维空间公共价值领域的实效性评价,建立了城市空间区域内的空间形态(功能布局、开放程度、舒适度、拥挤度、安全度、公共服务设施等)、道路交通(机动车保有量、出行方式、可达性、连通性、拥堵度、环境设施系统等)、公共空间(安全性、社交性、人性化设施、空间尺度、公平性、便捷性)、公共意向(个性、标志、识别、文化认同、多样性)4个主体指标、23个二级指标的指标评价体系。

"紧凑城市"是西方规划学者提出的一种城市空间规划模式,是能够促进城市可持续发展的空间形态之一。本书针对我国大中城市的现状发展,提出了将紧凑城市的空间发展战略适时、适当的引入,充分结合城市三维空间,特别是地下空间的开发利用以及三维空间的整合和实效性评价,是一种解决城市问题、改善城市环境的有效途径。

本书的完成,得到了山东科技大学付厚利教授,同济大学彭芳乐教授,青岛理工大学王在泉教授,中国石油大学程远方教授,山东科技大学王来教授、王祖和教授、王渭明教授、尤春安教授、肖洪天教授、陈世海教授、毕卫国教授、乔卫国教授、李大勇教授、王崇革教授、吴守荣教授以及李廷春教授的热心指导与帮助,谨此向他们表示最诚挚的感谢。

本书的完成,也得到了北京航空航天大学出版社的热情帮助,在此表示衷心的感谢!

由于水平有限加之时间仓促书中如有疏漏之处,敬请广大同仁和读者批评指正。

作　者
2012年10月

目　　录

第1章 绪 论

城市化是社会生产力发展的必然产物,是"人类生产和生活方式由乡村型向城市型转化的历史过程,表现为乡村人口向城市人口转化以及城市不断发展和完善的过程。它又称城镇化、都市化",是随着生产力的发展而导致人们的生产方式、生活方式和行为方式变化的过程。中国的城市化(Urbanization)进程仍然在加快。改革开放以来,我国城市化进入持续快速发展时期,2009年我国城镇人口增加到6.2 186亿人,城镇化水平达到46.59%①,2011年底全国总人口为13.4 735亿人,比2010年末增加644万人,其中城镇人口为6.9 079亿人,占总人口比例首次超过50%,达到51.3%②。2007年中国三大经济区域城镇化率分别为东部0.545、中部0.408、西部0.348。据预测,到2050年我国的城市化水平将达到65%③。

在城市经济高速增长的同时,环境污染,资源、能源紧缺,贫富分化的现象正在加剧或者是恶化,城市化所带来的挑战日益严峻,城市人居环境受到极大的威胁。近几十年来,在发达国家城市化进程中出现的逆城市化现象(郊区化或反城市化),其主要表现为大城市人口明显减少,人口由中心城市大量向郊区及更远的乡村地区迁移,更多的人口集聚在大城市的边缘地带,中等城市人口迅速增加,城市化区域不断扩大,反映了现代的城市空间设计落后于社会和经济高速发展的现象。城市的发展历史表明,单纯依靠扩大城市空间规模来扩充城市容量的发展模式不是扩展城市空间的合理模式。事实上,现在正是那些技术先进的国家对此抱有极大的兴趣。在城市空间短缺、土地价格飞涨、城市集聚和其他因素的压力作用下,某些国家在其原有城市中已经不同程度的使用地下空间④。

通常意义上的三维空间概念是建立在向三个方向无限延伸而确立的基础上,具有X、Y、Z三个方向的维度。因此,人们传统意识下的城市三维空间是指具有长度、宽度和高度的建筑以及建筑内外部空间的空间体。随着城市空间形态的不断演变,地下空间在现代城市的发展中发挥了越来越大的作用。叶琳等(1996年)指出:"未来的二十一世纪,城市将会是'三维空间'的建设发展,在地面、空中、地下,以突破现代都市人类的居住模式"⑤。按照城市空间的竖向层次发展关系,本书所提出的城市的三维空间是指在Z维度条件下的城市地上、地面与地下的空间。城市三维空间利用是对城市地上、地面与地下的全方位使用,是城市集约化效能发挥的充分条件,解决城市地面容量不足、提高城市通勤效率、满

---

① 《中国城市状况报告》编写组.中国城市状况报告(2010/2011),2010/2011[R].北京:外文出版社,2010.
② 中华人民共和国国家统计局.中华人民共和国2011年国民经济和社会发展统计公报,2012年2月22日.
③ 何朋立,郭力,王剑波.论21世纪我国城市地下空间的开发利用[J].隧道建设,2005(2):13-17.
④ GOLANY S G, OJIMA T. Geo-Space urban design[M]. BeiJing: China Architecture & Building Press, 2005.
⑤ 叶琳,丁新中.城市三维空间的建设与发展[J].城市开发,1996(1):33-35.

足人车活动分离等城市功能需求都需要城市三维空间的利用[①]。

在人类探索理想居住模式的过程中(见图 1.1),地下空间以其特有的优越性而越来越受到人们的青睐。20 世纪初,城市美化运动(City Beautiful)在美国出现,发达国家越来越关注塑造人性化的城市空间。1901 年,针对伦敦的拥挤和窒塞的问题,查尔斯·布斯(Charles Booth)认为,伦敦需要的是"大型而且真正彻底的地下和空中铁路,以及地面有轨电车网络,以满足众多的长、短距离的出行"[②]。著名建筑师柯布西耶(Le Corbusier)在 20 世纪 20 年代提出了"现代城市"的设想,他主张大城市应采用高架和地下的多层立体式交通体系,并在市区修建高层建筑,竖向发展应作为城市空间的途径。中国工程院院士钟训正在王文卿教授编著的《城市地下空间规划与设计》一书中题词:"地下空间的开发是改善城市环境,缓解城市交通,保障人防安全等最有效的措施,也是大城市发展的必由之路。对它的忽视,等于对城市发展的犯罪。"

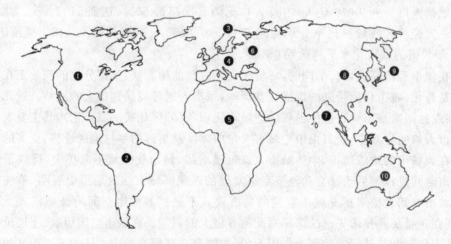

1—北美 2—南美 3—斯堪的纳维亚 4—西欧 5—非洲
6—东欧及西亚 7—东南亚 8—东亚 9—日本 10—澳大利亚

图 1.1　世界上曾出现过地下空间利用的洲、地区和国家[③]

法国人欧仁·艾纳尔(Eugene Henerd)在 1906 年针对巴黎的交通枢纽建设问题进行了深入的研究,并提出了"地上地下立体交叉、人车分流"的解决办法。王璇(1995)认为艾纳尔关于城市地下空间开发利用的设想对今后的城市规划理念产生了深刻的影响。艾纳尔在 1910 年提出了多层次利用城市街道空间的设想,提出了一种多层的交通干道系统,艾纳尔将系统分为五层布置,如图 1.2 所示。这样一来,可以实现所有车辆均行驶在地下,因而可以节约大量的城市用地以布置城市的绿地。

---

① 董贺轩. 城市三维空间利用的思考[J]. 城市规划,2009(1):31-40.
② HALL P. Cities of tomorrow[M]. ShangHai: TongJi University Press,2009.
③ 王文卿. 城市地下空间规划与设计[M]. 南京:东南大学出版社,2000.

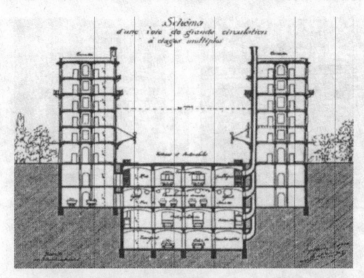

图 1.2 艾纳尔的多层交通干道系统示意图[①]

自 20 世纪 20 年代以来,世界各城市都在纷纷发展城市的地上空间,世界第一建筑高度不断被刷新,这反映了人类在城市空间发展上的趋势。城市设计主要关注的是在城市、城镇以及相对城市区域较小的社区中设计和建造公共空间,城市设计者用全面和整合的设计理念来考虑城市的各个方面,包括交通、居住、物流系统、通信、健康及规划的许多其他方面。

20 世纪 60 年代以来,国外发达的城市意识到城市上部空间发展的局限性,开启了大规模利用和开发城市地下空间的时代,在实践中逐步形成了地面空间、上部空间和地下空间协调发展的城市空间构成新概念。图 1.3(a)是建筑师 Paul Maymont 建议的充分利用横跨巴黎东西唯一不收费的廊道,但是 Pierre Duffaut 认为仍然是一种乌托邦设想,无法实现;图 1.3(b)是巴黎歌剧院下方的三条地铁线路的交叉口,一条线路重叠在另一条的上方,这三条线路由于选址集中,线路之间的联系最短,地下建筑逐渐成为一种从自然资源和地面压力中获益的艺术,而不是对抗和拒绝它们[②]。图 1.4 是巴黎奥赛美术馆的地下空间。

地下城市的一个主要目标是保护自然,并改善地上传统城市的审美和社会空间。全面的城市设计,不仅要混合城市中不同的土地利用,还要将传统的地上城市与新的地下城市融合到一起,即全面的地下城市设计,这对解决许多现有的城市问题具有革命性和现实性的意义。

---

① 陈璐. 城市地下空间开发利用研究[D]. 上海:同济大学,2007.

② DUFFAUT P. Caverns, from neutrino research to underground city planning[J]. Urban Planning International, 2007, 22(6): 41 - 46.

(a)　　　　　　　　　　　　　　　　(b)

图 1.3　城市地下空间规划——从乌托邦到现实①

图 1.4　地下展览空间：由旧火车站改造成的巴黎奥赛美术馆②

　　城市地下空间的规划设计对传统城市的改进具有重大的意义，其设计目标是：将城市中心区大多数的城市交通网络和基础设施转移到地下层，开放地面空间作为步行道路，并引入自然景观，把人类活动与汽车隔开，将自然环境深深地渗透到地上城市环境的核心区，为城市设计实现和运行一种完全自动化的地下物流系统③。这种城市地上、地面和地下空间的协调开发是城市集约化效能发挥的充分条件，而充分利用地下空间则是解决城市地面容量不足，提高城市通勤效率，繁荣商业，改善地面环境，满足人车活动分离等城市功能需求的重要手段。城市三维空间整合的实效性涵盖于规划、设计、管

①　Pierre Duffaut,陈燕秋.洞穴—从微中子研究到地下空间规划[J].国际城市规划,2007,22(6):41-46.
②　崔曙平.国外地下空间开发利用的现状和趋势[J].城乡建设,2007(6):68-71.
③　GOLANY S G, OJIMA T. Geo-Space urban design[M]. BeiJing: China Architecture & Building Press, 2005.

理、技术等各个层面。

城市地下空间的开发利用不是孤立的或偶然的现象,而是城市发展到一定阶段的产物,受城市发展的客观规律所支配[1]。要保证城市人居环境的可持续发展,建设生态城市,就要改变长期以来我国城市外延式的城市发展模式,走内涵式的城市发展道路。这要求城市空中、地面、地下空间科学合理地利用。而地下空间的有效利用对于扩大城市容量,使城市人口、资源、环境、经济、社会协调持续发展至关重要。

1.1 研究背景

城市地下空间属于城市空间的一个重要组成内容,所以它是城市可持续发展的重要载体,它不仅是作为物质载体的实体空间,更是对应了社会生产与生活的社会空间。人类利用地下空间已经有几千年的历史,早期人类的开发实践在很大程度上满足了人类自身较低层次的遮蔽、储存和埋葬的需求。研究现代城市三维空间整合(integration)及实效性(effectiveness),必然离不开分析研究人类自古以来开发利用地下空间的诸多实践,从中找出影响整合实效的症结,发现问题才能解决问题,有利于为新时期城市三维空间整合提供科学、可靠地依据以及评价体系。当前,我国城市地下空间开发利用、整合仍然存在较为严峻的问题,主要表现在以下几个方面[2]。

1. 城市三维空间利用存在的矛盾

城市三维空间整合不够,城市中心区地面矛盾得不到缓解,导致整合低效。

目前我国的地下空间开发利用在规划以及空间整合层面还存在一些明显的问题。而且,综合性、多功能的城市地下空间规划尚处在起步阶段,在如何整合地上、地下两个空间的关系方面,还需要在实践中总结经验。地下空间的规划与地面城市设计没有很好的衔接,城市上、下部空间的规划不协调,各自为政,缺乏统一的整体性设计,从而导致地下空间在开发量比较大的情况下,仍然不能解决复杂的城市问题。

规划不足的结果是秩序混乱,盲目开发,一些该建地下空间的地方建得不够,不该建的地方在滥建,已经建好的地方又发现建得不合理,效果不理想[3]。这种现象的结果,直接导致了地下空间问题的研究与实践活动相对脱节,研究的内容和结论在地下地上的规划结合上缺少针对性、可操作性和可整合性,缺少了对地下空间整体发展脉络的把握。既缺乏地下和地面之间的协调和各分系统之间的有机结合,也缺乏对未来深层地下空间的开发的全面部署,形成了大城市中心区地下空间开发的数量虽然比较大,但仍然无力地促进城市交通、环境建设用地等问题的解决,地面矛盾继续得不到缓解的尴尬现象,就是城市三维空间整合实效低下的表现,如图1.5所示。

---

① 童林旭.中国城市地下空间的发展道路[J].地下空间与工程学报,2005(1):1-6.
② 赵景伟,宋敏,付厚利.城市三维空间的整合研究[J].地下空间与工程学报,2011,07(6):1047-1052.
③ 王京雪.拥堵时代,城市正从地上向地下移动[N].新华每日.2011,11,19(1-5).

图 1.5　北京西单地面矛盾仍然很大（赵景伟　摄）

2. 紧凑城市理论认识的误区

紧凑城市理论缺乏深度把握，偏向于将"紧凑"理解为"集聚"，导致整合无效。

"紧凑城市"的核心思想是城市的发展要采用集中、紧凑的布局结构，目的是降低城市过度郊区化带来的种种负面影响，从而遏制城市无序蔓延，提高城市的竞争力。城市中心区一直都是极其紧凑的（见图 1.6），城市的高度越高，地下空间开发的强度越大。

图 1.6　高度紧凑的城市①

但是，高度的紧凑未必能够推动城市中心区的可持续发展，甚至有可能使中心区丧失活力。原因在于中心区的高度紧凑可能演变为高度集聚，地价暴涨，在这种情况下的公共设施和开放空间将被排除在城市中心区之外，居民的生活质量将大大缩水。城市地下空间开发利用已经成为提高城市容量、缓解城市交通、改善城市环境的重要手段，正在成为建设资源节约型、环境友好型城市的重要途径。但是，许多城市在未考虑自身经济发展水平，并缺乏从地下空间的特性与城市功能设施本身的空间需求之间的关系，来考虑地下空间的开发利用②，致使某些城市功能设施单纯为了"集聚化"而地下化，是

①　田银生，刘绍军.建筑设计与城市空间[M].天津:天津大学出版社,2000.
②　李鹏.面向生态城市的地下空间规划与设计研究及实践[D].上海:同济大学,2007.

一种脱离紧凑理论的做法。

3. 缺乏对地下空间的分层研究

地下空间的分层研究不够，竖向上常常发生"撞车"，导致整合低效。

在我国城市地下空间的开发过程中，不同层次之间的建设矛盾较为显著，经常出现计划埋设管道的线路，却已存在其他已经建设完成的地下工程，使得管道线路不得不改线。反之，现有城市地下浅层管线对城市地下深层空间的进一步利用同样也增加了很大的难度（见图 1.7），不少城市在开发利用深层空间之前，花费大量的精力搬迁管线。地下工程在规划建设时缺乏预先的整体空间考虑，各种深度的地下空间缺乏协调，对深层地下空间的盲目开发，则会影响未来城市公共设施的安排，造成了极大的资源浪费。

图 1.7　上海中环路由于地下管线无法在此下穿①

4. 缺乏对城市整体环境的塑造

研究人员偏于工程技术化，缺乏城市整体环境的塑造，导致整合失效。

局部地区地下空间综合开发有利于城市多中心的形成。虽然国内由越来越多的学者进行了城市地下空间利用方面的研究，但是我们也必须正视一个现实情况，在实际开发与建设的过程中，由于开发主体和主管部门的不同，已建成的项目彼此之间以及与外部城市空间之间缺乏有机的联系，没有形成系统管理，整体水平还处于较低的层次上②。较多数量的学者是从事土木建筑、岩土、勘查、地质工程甚至是经济管理等领域的研究，不注重人文关怀和经济的可行性，缺乏建筑学领域的学者。道路、桥梁、市政和地下工程等专业设计更是以其工程技术目标为单一的价值取向，这些专业设计所建成的城市构成要素往往无视整体环境，各自为政的专业设计组合只能使城市环境形态成为无序、混乱的拼凑，当然与环境的和谐、统一相距甚远③。这样的结果是，城市的某处

①　http://soso.nipic.com　2009 - 10 - 28.

②　吴艳华，陈志龙，张平，等.地下空间在城市发展中的保护性开发研究[J].地下空间与工程学报，2010，6(5)：900 - 903.

③　卢济威.论城市设计整合机制[J].建筑学报，2004(1)：24 - 27.

地下空间环境得以改善,却是恶化了城市的总体环境,成为城市进一步发展的严重桎梏,制约了城市的可持续发展。

5. 缺乏城市三维空间整合的实效研究

缺乏城市三维空间整合的实效研究,导致无法科学的评价。

城市三维空间整合本身就是一种城市设计(Urban Design)。虽然目前我国城市地下空间的建设,正处于一种"积极地(actively)"、"有效地(effectively)"开发利用模式,但是实际上还处于自发、盲目建设阶段,没有形成完整的体系,缺少统筹城市发展全局的科学理念,缺乏对地下空间设计、开发以及建设实效的论证。在缺乏系统性规划指引下的地下空间建设普遍存在各自为政的片段化、零碎化倾向,单独开发的各个地块除了满足地块本身所需的地下空间建设量以外,极少考虑与外部地下空间的贯穿性和联通性[1]。

我们常常发现,随着地铁的建设,地铁站周围地段以及城市道路上不仅没有缓解交通压力,地面公共交通反而越来越挤;随着地下道路和停车库的建设,地面上的道路反而更加拥堵;有些城市的地面空间环境根本没有在开发利用地下空间的进程中得到改善(见图1.8),等等。在地下空间规划的过程中虽然体现了一些基本的控规指标,但是缺少深度的规划和对地下空间建设的控制要求,或者由于控制要求过于原则而无法监督落实,最终导致比较理想的地下空间开发构想,在项目建设过程中无法落实[2]。城市地下空间的开发并未着力营造系统的城市公共空间(Urban public space),公共空间体系的组织和地下空间的布置并没有同时展开,这反映出当今设计人员还未能真正在城市建设环境的具体操作上落实下来。提高城市设计实效性的策略有城市规划编制和城市规划管理两个层面,但由于目前规划体系中空间要素的"缺失",进入规划管理信息平台的要素也表现为同一特征[3]。

紧凑城市视角下的城市地下空间开发利用(见图1.9),是提高土地利用效率、节省土地资源、缓解城区高密度、人车立体分流、疏导交通、扩充基础设施容量、增加城市用地、保护城市历史文化景观、减少环境污染、改善城市生态、提高城市总体防灾抗毁能力的最有效的途径[4]。向地下要土地、要空间已成为城市发展的必然,设计要尊重物种的多样性,减少对资源的掠夺,保持营养和水循环,维持植物环境和动物栖息地的质量,以有助于改善人居环境及生态系统的健康[5]。随着我国城市化水平的不断提高,城市规模会日益增大,城市用地问题将严重制约着我国城市的各项发展。在这一背景下,国内

---

① 金英红,刘皆谊,路姗,等.大城市中心区地下空间规划设计实践探索——以蚌埠市、盐城市为例[J].价值工程,2010,29(34):88-90.

② 张铁军,廖正昕.城市重点地区地下空间控制性详细规划编制探讨——以北京商务中心区(CBD)地下空间规划为例[J].北京规划建设,2011(5):193-196.

③ 史晓华.提高城市设计实效性的探讨——以深圳市为例[J].河南科技,2008(10):57-58.

④ 吴艳华,陈志龙,张平,等.地下空间在城市发展中的保护性开发研究[J].地下空间与工程学报,2010,6(5):900-903.

⑤ 赵景伟,周同.人居环境建设中的地下空间利用[J].四川建筑科学研究,2007,33(5):207-209.

许多学者基于城市地面的城市规划与设计,正在进行整合城市空间,创建紧凑型城市的
研究工作,但是还任重而道远。

图 1.8 西单北大街的地面交通 (赵景伟 摄)

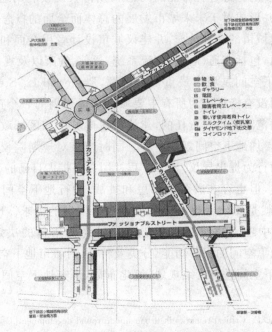

图 1.9 日本大阪地下街平面布局

本书着重在分析现代城市建设与地下空间开发利用的关系以及地下空间特性等的
基础之上,通过融入紧凑城市(Compact city)的相关理论,从城市地面形态与地下空间
形态相互作用、协调发展的角度,研究现代城市地上、地面和地下三维空间的整合方法,
并借此得到城市三维空间整合实效性评价的公众价值分析方法,用以指导我国城市地
下空间的建设和发展。

1.2　国内外地下空间利用研究现状

1.2.1　国外相关研究

国外城市地下空间资源研究和大规模开发利用始于 20 世纪后半叶,包括地下铁道网、大规模地下综合体、地下综合管线廊道和地下步行道路网等。近 30 年来,在世界范围内城市地下空间开发利用的理论研究,地下空间开发利用的范围、规模、方式和工程实践等方面,都取得了一定的成就。上世纪最显著的特征就是全球人口增长,因此城市化是不可逆转的趋势[1],《双层城镇》建立在对城市地下空间利用的基础上,提出城市空间立体化的构想,初步描述了城市立体化的基本特征[2];Harvey[3]认为应具有富于远见和大胆的地下空间理念,不能拘泥于常规的思考,利用地下空间,对城市的可持续发展十分有利;而地下空间的开发利用解决了城市化进程中的难题,在开发建设城市地下空间时,必须要尽可能多的考虑各种可能的问题[4],期待大规模利用地下空间作为解决城市膨胀的一种方法,并形成对于未来城市发展的总体而全面的概念[5],地下空间是作为原有地上城市或新建城镇的一种补充,并建议城市设计者用全面和整合的设计理念来考虑城市的各个方面,包括交通、居住、物流系统、通信、健康以及规划的许多其他方面。

在规划方面,地下空间是城市最重要的资源,Raymond L. Sterling[6]探讨了为什么城市地下空间规划没有能够成为所有主要城市总体规划的一个正式部分,不把地下空间纳入城市规划的范畴是不负责任的,建议应该向城市和区域政府大力提倡在二维规划的成果基础上,增加地下空间规划内容。同时应该对规划院校忽视城市地下空间以及地下基础设施的行为提出异议,地下工程社团需要扩大自己的范围;地下空间的使用带来了机遇和利益,但也存在着各类隐患和挑战,进行地下空间可持续性(Sustainability)规划与建设,就是要满足现在并不损害未来发展的需求。Kimmo Ronka 等人提出,地下空间规划中地下建筑面积主要由其最终使用目的决定;Nikolai Bobylev (2009)讨论了城市地下空间的服务功能、分类及特征,对城市地下空间的使用者也进行了区分与认定,对地下空间进行三维规划,优化布局,研究地下空间可能的功能与不同

① KALIAMPAKOS D C. Critical remarks in urban underground development[C]//IACUS 2006, BeiJing, 2006: 18.
② ASPLUND H. TWO towns[M]. [S. l.]: University of Lund, 1983.
③ PARKER W H. Planning practical and visionary USES of underground space[J]. Urban Planning International, 2007, 22(6): 1-6.
④ GODARD J P. Urban underground space and benefits of going underground[C]//IACUS 2006, BeiJing, 2006: 6.
⑤ GOLANY S G, OJIMA T. Geo-Space urban design[M]. BeiJing: China Architecture & Building Press, 2005.
⑥ STERLING L R. Urban underground space use planning: a growing dilemma[J]. Urban Planning International, 2007, 22(6): 7-10.

基础设施间的关系。

在利用与管理方面,Gerard Aends[1]意识到为了地下空间建设项目的成功,需要进行一体化的管理。除了确定地下空间法律地位的措施以及制定物质空间规划和一系列规则外,迟早还要为投资者提供有力的条件或奖励措施;Admiraal[2]提出了最早用于南荷兰省实践的地下空间发展态势论,这个概论结合了过去、现在与将来的多方设想,开创了一个创新性的解决问题的方法;有必要对地下空间项目进行经济效益预测,做好长远计划的储备,建立决策系统[3]。荷兰在1998年进行了一项利用地下空间资源解决城市问题的"Randstad 空间规划"研究,提出在地下建设100%的城市基础设施,城市按区域部分建设在地下,在特定地区可能获得多达50%的可用地下空间;Jaakko[4]等进行了地下空间在规划和土地利用方面的研究,提出依据岩石区、环境影响和投资对地下空间资源进行评估分类,建议了各种城市功能的可行深度分布;Delenbos 等提出将投资、内外部的安全性、对环境和居民的影响等因素均列入地下空间开发利用评价评价指标。

1.2.2 国内相关研究

我国城市地下空间大规模开发利用始于人防工程。目前,我国城市地下空间建设速度较快,主要是在城市交通的改善方面,地下轨道建设年增长率居世界首位。随之而来的地下公共空间开发也进入了规模化阶段。工程建设方面,地下空间开发利用规模正在日益扩大和开发速度加快。一些经济发达、实力较强的大中城市,对地下空间进行了相当规模的开发利用。

为适应市场的需求,许多城市开始编制城市地下空间规划或专项规划。自1990年代起,北京、上海、杭州、青岛、深圳、厦门等经济发达的城市相继完成了地下空间发展规划的编制工作。还有许多城市在修编城市总体规划时,也都编制了城市地下空间开发利用(含人防)专业规划。

科技研究方面,我国在城市地下空间开发利用上开始进行系统的研究,如中国工程院1999年完成了《中国城市地下空间开发利用研究》(又名:《二十一世纪中国城市地下空间开发利用战略及对策》),由同济大学地下空间研究中心束昱教授主持进行的《城市地下空间规划规范》编制课题,是近几年城市地下空间开发利用规划理论研究不断完善和技术进步的体现,也是目前世界城市规划建设史上针对地下空间资源的开发利用而进行规划编制的第一部《规范》。《规范》将有效解决统一和规范我国大中城市地下空间

[1] ARENDS G. Development of underground construction in the netherlands[C]//IACUS2006, BeiJing, 2006: 8.

[2] ADMIRAAL M J. A bottom-up approach to the planning of underground space[J]. Tunneling and Underground Space Technology, 2006, 21(3): 464-465.

[3] BESNER J. A master plan or a regulatory approach for the urban underground space development: the montreal case[J]. Urban Planning International, 2007, 22(6): 16-20.

[4] JAAKKO Y. Spatial planning in subsurface architecture[J]. Tunneling and Underground Space Technology, 1989, 4(1): 5-9.

开发利用的规划编制,特别是为规划编制中涉及的地下空间资源评估、地下空间开发利用的需求预测、地下空间开发利用的总体规划层次和详细规划层次的编制内容与技术要求以及成果文件等提出相应原则与技术规定①。

1. 地下空间规划相关的研究

这期间,一些重要的专著相继出版。典型的代表有:童林旭(1994年)著的《地下建筑学》,童林旭(1996年)著的《地下汽车库建筑设计》,陈立道、朱雪岩(1997年)编著的《城市地下空间规划理论与实践》,童林旭(1998年)著的《地下商业街规划与设计》,王文卿(2000年)编著的《城市地下空间规划与设计》,耿永常、赵晓红(2001年)编著的《城市地下空间建筑》,中国工程院课题组(2001年)编写的《中国城市地下空间开发利用研究(共4册年)》,深圳市规划与国土资源局(2002年)主编的《深圳市中心区城市设计及地下空间综合规划国际咨询》,童林旭(2005年)著的《地下空间与城市现代化发展》,陈志龙、王玉北(2005年)著的《城市地下空间规划》,《城市地下空间开发利用关键技术指南》编委会(2006年)主编的《城市地下空间开发利用关键技术指南》,钱七虎、陈志龙等(2007年)编著的《地下空间科学开发与利用》,朱建明、王树理、张忠苗(2007年)编著的《地下空间设计与实践》,童林旭、祝文君(2009年)著的《城市地下空间资源评估与开发利用规划》,上海市防空办公室、上海市地下空间管理联席会议办公室(束昱,2009年)编的《城市地下空间安全简明教程》,刘皆谊(2009年)著的《城市立体化视角——地下街设计及其理论》等,这些著作分别在理论研究、开发实践、管理法规、技术开发等方面对地下空间的开发与利用进行了分析与探讨。

一些研究单位还进行了一些专题研究,如《上海城市发展对地下空间资源开发利用的需求预测方法研究》(2007年),该研究成果结合国内外典型进行了分析与对比,并结合上海城市地下空间开发利用概念规划分析了市地下空间开发利用的现状,对城市发展与地下空间开发利用的关联性、城市地下空间需求预测的理论与方法、上海中远期发展城市发展与地下空间的需求预测展望等方面进行了研究,提出了城市地下空间"和谐发展需求预测"新的理论与方法,初步构建了城市地下空间开发需求预测的指标体系框架(来源:北京规划委员会)。

《义乌市城市地下空间开发利用管理研究》(2008年)完成了义乌市城市地下空间开发利用总体状况调查摸底,分析总结了近几年来义乌市地下空间使用权管理的主要经验及存在的问题,探讨了城市地下空间使用中涉及的规划管理、供地程序、供地方式、价格确定及产权登记等方面的政策要求及其操作管理办法,并研究起草了《义乌市地下空间开发利用及产权管理实施意见(建议稿)》等工作。

《天津市中心城区地下空间资源合理开发利用研究》(2009年)开展了岩石地层、生物地层、年代地层、磁性地层等方面的研究,建立了中心城区工程建设层的岩石地层层序,研究了主要区域性活动断裂对中心城区构造稳定性的影响,通过遥感影像的解译和分析,完成了中心城区地面空间开发利用现状的调查,划分出了地面建筑对地下空间开

---

① 马琳. 城市地下空间开发规范年内推出[N]. 中国房地产报,2012-2-9.

发的影响范围,基本查明了中心城区工程建设层的水文地质、工程地质、环境地质等条件,在分析中心城区工程建设层的工程地质特征的基础上,划分了工程建设层的不同成因类型,为工程地质层的划分奠定了基础。该项目对工程建设层的物理力学指标等进行了比较详细的研究,将区内 100 m 以浅的工程建设层自上而下划分为 12 个工程地质层和 107 个工程地质严层,对工程建设层地基土的物理力学指标等进行了比较详细的分析研究,并提供了各层的物理力学指标及原位测试成果,建立了工程地质数据库;分析阐明了软土、液化土层对地下空间开发利用的影响,为中心城区地下空间工程地质适宜性评价提供了依据;首次运用 MAPGIS 工作平台,采用模糊综合评价方法,对中心城区地下 0 m~60 m 深度范围内的地下空间资源质量按不同开发利用域的三个空间域进行了适宜性分区评价,进行了中心城区的地质构造稳定性区划,为中心城区地下空间开发利用的总体规划提供了重要依据。

《青岛市地下空间开发利用战略研究(研究报告,2012 年)》(同济大学地下空间研究中心,青岛市人防建筑设计研究院,青岛市规划设计研究院,总参工程兵第三研究所共同完成),结合青岛市城市空间结构的发展及所面临的城市问题,通过对青岛市地下空间利用需求与开发效益分析,青岛市地下空间开发现状、问题及趋势分析,新空间格局下青岛城市地下空间发展战略与目标分析,研究了在新空间格局下青岛城市地下空间总体布局和功能,青岛市地下空间开发重点地区规划引导与控制,青岛市地下空间开发专业系统规划引导与控制,青岛市旧城区与新城地下空间开发规划引导与控制以及青岛市地下空间利用规划的编制体系及内容等问题。

在城市地下空间规划的理论研究方面[①],束昱等(1988 年)结合上海市康健住宅小区人防及地下空间开发利用的规划编制工作时,创造性研究和提出了"城市发展对地下空间需求"的发展预测理论和实用方法;王伟强(1989 年)就城市地下空间开发利用的"形态模式"以及"与 GDP 的相关度"进行了开创性研究;吕小泉(1993 年)用系统动力学和对应场理论等科学方法,研究并揭开了城市地上与地下和谐协调的对应关系,为城市功能地下化转移比例提供科学以据;王璇(1997 年)对有关城市地下空间开发利用的"功能模式、形式布局、规划设计的原则与方法"等方面进行了系统研究;束昱(2002 年)归纳总结了国内外的相关研究成果,系统地提出了城市地下空间规划的编制内容与实用技法;陈志龙(2005 年)创造性地提出了用生态学理论来研究分析地下空间的开发利用,并建立了生态地下空间的需求预测理论和方法;束昱(2007 年)教授带领科研组结合"上海城市发展对地下空间资源需求预测研究"课题研究,运用城市社会、经济、规划、建设与管理科学、城市生态与环境科学、地下空间资源学、系统动力学和对应场理论、预测学等多种学科理论与方法,在充分吸纳既有研究成果的基础上,通过从"城市社会经济环境生态科技人文的和谐发展、城市地上与地下空间的和谐发展、地下空间各系统之间及内部的和谐发展"3 个方面对城市的和谐发展与地下空间资源开发利用之间的关系进行了系统的分析和论述,创造性地提出了城市发展对地下空间资源开发利用的"和

---

① 束昱,柳昆,张美靓 等. 我国城市地下空间规划的理论研究与编制实践[J]. 规划师,2007,23(10):5-8.

谐需求预测"理论的基本内涵,进而在"和谐需求预测"理论的基本框架内依据可操作性、全面性、重点性原则,从城市总体发展和城市局部区域发展两个层次分别对地下空间的功能类型和开发规模的预测方法进行了尝试性的探讨,提出了可供试用的预测方法。

与此同时,国内多名学者发表了大量论文,从各个方面进行了研究,可以归纳以下几个方面。

(1) 城市空间集约化及相关研究

未来城市的显著特点是竖向层叠化、一体化。进行城市绿地与地下空间复合开发是解决绿化用地不足、功能不全困境的重要途径,面对城市化进程中出现的种种矛盾和问题,城市空间必须进行集约化建设,建设空间相互整合的紧凑型城市。地下空间开发要制定分期发展规划,朱大明(1996 年)将地下空间开发与"山水城市"相结合,并提出了两者结合的四种模式:实现中心区的园林化、推广半地下掩土建筑、将处在城市自然山水风貌和历史人文景观重点保护地段或关键位置的建筑地下化、在保护山地自然生态的前提下开发掩土建筑或利用山体地下空间;范炜(2002 年)认为道路、桥梁、建筑物的上空和地下,再合适的情况下都可以成为建筑用地;奚江琳等(2004 年)认为多因素、多元素的符合开发实际是对地下空间的集约化运用,地下空间复合开发的意义在于:节约地下空间资源和投资,改善地下空间开发模式,提高地下空间的利用效率,适合中国部分城市的地质状况;顾民等(2005 年)总结了国外地下空间集约利用的现状和分层使用的情况,结合上海市分析了城市道路地下空间的需求特点,提出了我国道路地下空间应划分层次以满足空间的集约利用,并制定了相应的原则。

城市综合效益优先、城市要素开放、城市要素整合、城市环境宜人是进行城市立体化设计实施的四项原则,城市立体化的功能目标可分为城市地域功能系统整合型、城市历史与环境保护型和城市综合体利用型三种类型(董贺轩,2005 年)。立体化的城市开发行为不但使城市向空中发展,更要向地下延伸,体现出一种三维和立体的特征,城市设计必须对此种现象进行研究(王一,2005 年);建立在城市可持续发展与城市三维立体发展的战略思路上,将地下空间作为城市三维发展的一个维度,利用地下空间规划与设计实现商业开发的理论将会逐步充实完善(杨佩英等,2006 年)。

当代城市地下空间发展具有两个趋势:城市地下、地上空间一体化影响城市的发展,城市地下空间成为城市公共空间的重要组成部分(范文莉,2007 年);宿晨鹏(2008年)定义了城市地下空间集约化:改变以往粗放型的、相对盲目的地下开发模式,结合可持续发展理论,协调地下空间与城市发展的辩证关系,对城市地下空间进行前瞻性系统规划,从而最大化地实现地下空间在城市发展过程中的作用[1]。人口的高速膨胀已经使得土地成为一种稀缺资源,地下空间的高速发展已成必然趋势。在很多情况下,传统的二维城市规划方法已经不能适应地下、地上和空中空间系统的立体整合规划设计,城市要素的整合必然包括地上与地下空间的整合(卢济威等,2009 年);城市公共绿地地

① 宿晨鹏,梅洪元,陈剑飞.城市地下空间集约化设计内涵解析[J].华中建筑,2008(6):94-95.

下空间利用应达到保护开发、高效利用、满足公共服务需求、建立良好的生态环境三方面的要求(李孝娟等,2008年),地下空间利用的最终目的是为了创造文明、高效、丰富的城市中心区(汪进等,2008年)。

(2) 城市地下交通系统及交通设施研究

城市交通问题严重制约着我国城市空间利用集约化,立体化的交通,特别是城市地下空间的交通系统在城市空间发展中具有重要的作用。促进城市整体发展的前提是发挥地铁作用,城市设计是进行地上、地下整合的手段和方法。地铁的建设,在解决城市交通问题上具有重要的作用,而且能够优化城市空间体系、增加城市空间活力。钱七虎(2004年)指出了我国城市严峻的交通形式和交通前景,反思了特大城市的交通发展战略,提出要建设特大城市地下快速道路系统完善市中心与边缘集团的交通走廊,促进分散集团式新城市格局的建设;杜进有(2006年)提出并分析了铁路参与大都市区城市交通运输的四种模式:区域快速铁路、市郊快速铁路、城市高架铁路、轨道交通系统;刘学军(2006年)认为地下、地面、地上的立体化趋势,在铁路车站站前广场的建设中能够解决站前广场日久见长的车流和人流的矛盾。

地铁建设的过程中应当注重地下商业空间的开发,地铁站域公共空间的集约化发展是不可逆转的趋势,四通八达的地下空间有利于改善区域的可达性,提升旅游服务功能,改善区域环境。郝珺(2009年)结合上海市静安寺地区和陆家嘴中央商务区,探讨了城市轨道交通地下车站与地下空间统一规划模式;刘旭昱(2009年)探讨了城市下沉广场在城市轨道交通发展中扮演的重要角色,包括其带来的舒适性、安全性,以及如何衔接于周边商业开发的关系;赫磊等(2006年)从城市设计的视角探讨了地铁站及周边地区地上、地下空间整合的方法,概括了创建资源节约型、环境友好型社会对地下空间开发利用的方法论;黄骏(2007年)分析了广州依托地铁发展整合站域公共空间资源,提出了以地铁为核心、步行系统为联系纽带,形成网络化的站域公共空间体系;沈洁等(2008年)以波士顿中央干道/隧道改建工程为例,论述了波士顿城市交通空间与开放空间的整合对拓展城市交通空间、修复城市肌理以及改善城市生态环境所产生的积极影响;束昱等(2009年)针对6种不同类型的城市轨道交通综合体,根据系统动力学和对应协同原理,探讨了地下空间开发利用的区位特点、功能定位、用地布局、设施配置、空间形态规划和交通组织。

(3) 城市中心区地下空间研究

城市中心区是城市矛盾最集中的城市区域,地下空间是保护历史文物的重要方式,一些城市把开发利用中心区的地下空间作为解决矛盾的出路,取得了一些良好的效果。苏江川等(2004年)、田海芳等(2007年)、蔡庚洋等(2009年)、张建峰等(2009年)、束昱等(2009年)、何世茂等(2009年)、翁里等(2010年)研究了地下空间开发利用的模式、利用重点、地下空间权属等问题;奚江琳等(2005年)认为现代城市规划正逐步从注重物质形态规划向多学科渗透的综合科学发展,城市地下空间的规划也应包容更广阔的层面;奚江琳等(2005年)通过对政府和市场作用在地下空间开发中的对后发优势的影响,认为走向全面系统的地下空间开发是中国未来城市地下空间开发利用的现实选择;

郑永来(2007年)在预测城市中央商务区生态总空间的基础上,从空间协调角度出发,通过建立生态指标体系和不同的开发模式,利用多因素评价来确定空间协调系数,得到了一种基于生态系统指标的预测途径。陈志龙认为地下空间的开发规模预测应综合考虑城市地下空间建设的内变量(地块面积、地上建筑总量、区位条件年)、外变量(人均GDP、进出口总额、第三产业比重、城市综合实力)因素(2006年)①,"地面容积率、土地利用性质、区位、轨道交通、地下空间现状"(2007年)因素②。徐国强等(2009年)提出一种城市地下空间和谐需求预测方法,用于上海市新江湾城知识商务中心地下空间开发需求预测③。

历史文化名城的旧城保护地区面临城市更新的压力,必须科学合理地进行地下空间开发利用,张平等(2011年)提出,历史街区的地下空间开发应遵循开发与保护相结合、规模适宜性及地上地下一体化等原则,结合文物建筑保护区、文物及文物所在街区、文物遗址保护区和现有地下文物保护区在保护方面的不同要求和特点,因地制宜地确定地下空间开发利用模式,以达到既保护历史文化特色、保持历史街区风貌,又促进城市可持续发展的目的。利用地下空间保护历史文物的四种模式——必须开发(历史文化地段建筑物遗址扩建)、建议开发(地下历史文物库)、选择开发(不可移动的遗址)、慎重开发(未探明的历史文物)。历史街区的地下空间开发应遵循开发与保护相结合、规模适宜性及地上地下一体化等原则,结合文物建筑保护区、文物及文物所在街区、文物遗址保护区和现有地下文物保护区在保护方面的不同要求和特点,因地制宜地确定地下空间开发利用模式,以达到既保护历史文化特色、保持历史街区风貌,又促进城市可持续发展的目的。

卢济威等(2006年)设计了能充分利用地下空间的文化公园,力求地下与地面功能密切结合、相辅相成,地下与地面空间有机联系、互相渗透,地下设施与地面实体和空间构成形态有机整合、和谐协调;蔡夏妮等(2007年)从城市设计的角度解析了城市中心区地下空间的形态营造,重点从系统化、立体化和人性化三方面探讨了中心区地下空间的一体化设计,指出地下空间开发建设的实质是让地下空间系统融入整个城市环境中;陈志龙等(2009年)通过利用国内外城市中心区修建地下道路的实力进行分析,提出了未来中国城市中心区地下道路的发展模式;姚文琪等(2009年)以深圳市宝安中心区为例,讨论了围绕城市中心区地下空间规划的趋势与原则、内容与重点、实施与管理等问题。

(4) 城市地下公共空间研究

以地下商业、文化、娱乐休闲为主要功能的公共建筑,特别是大型地下综合体,正在越来越多的承担城市的整体功能,成为城市的重要节点或者城市的核心。卢济威等

① 陈志龙,张平,王玉北,等. 城市中心区地下空间需求量预测方法探讨——以武汉王家墩中央商务区为例[C].//2006中国城市规划年会论文集,2006:618-621.
② 陈志龙,王玉北,刘宏,等. 城市地下空间需求量预测研究[J]. 规划师,2007(10):9-13.
③ 徐国强,郑盛,胡莉莉,等. 基于和谐发展理念的地下空间需求预测研究[J]. 城市规划学刊,2008,(z1):231-234.

（2000 年,2002 年)以上海市静安寺广场为例,研究了如何通过地下地上一体化设计实现城市绿色生态化、多功能高效化,实现城市环境的整合;吴涛等(2006 年)从空间与环境塑造的角度对地下公共建筑进行探讨提出围合空间型、开敞空间型、空旷型三种地下公共建筑外形与特征设计模式;崔阳等(2007 年)、李鹏等(2006 年)研究了城市地下综合体公共空间的构成及公共空间一体化的必要性,从平面功能布局、交通流线组织、开放空间整合、文化意象协调、室内装修布置等几个方面,探讨地下综合体公共空间一体化设计;孟艳霞等(2006 年)提出在详细规划阶段地下公共空间设计引导的概念(道路系统引导、标识系统引导、区域系统引导、节点空间引导)和设计的基本要求;杨艳红(2008 年)系统性地论述了城市地下街的发展状况及规划原则和功能作用;潘斌(2006年)对中外博物馆实例进行了分析,探讨了博物馆建筑地下空间的几种模式,提出博物馆建筑地下空间对历史文化遗产保护、环境的结合、藏品安全等方面起到积极作用;代阳等(2008 年)认为城市设计应该广泛而多样化的利用寒地城市的地下空间,增加地下空间的吸引力;奚东帆(2012 年)提出地下公共空间已逐步成为地下空间系统的主体和核心,其在城市中的地位与作用主要体现在保障公共利益、构建系统骨架和引导城市开发。

(5) 城市地下空间管理

城市地下空间工程具有较强的系统性,陈详健(2002 年)认为应当利用我国民法典和物权法正在制定的有利时机,借鉴德、日等国的立法例,将其置入与其设立目的相同的用益物权章节中一并规定;苏江川等(2004 年)、胡正方(2006 年)认为应将地下空间开发利用的规划、地下空间资源的所有权、地下空间开发的使用权、地下空间开发利用设计及施工管理、地下空间开发利用环境保护和地下空间开发利用主管部门六个方面作为地下空间开发利用立法的主要内容。

《物权法》的出台不仅是我国社会主义法制建设的需要,而且是学习借鉴发达国家经验的产物,有助于我国城市规划的立法建设与制度完善(朱喜钢等,2006 年),空间权是一种新型的财产权利,空间权可以与建设用地使用权相分离,成为一项独立的权。在建设用地使用权与土地所有权发生分离之后,并不意味着空间权完全归属于建设用地使用权的内容,土地所有权人也仍然在一定范围内享有对空间利用的权利(王利明,2007 年);张健等(2008 年)通过深圳市地下空间资源规划和地下空间开发利用立法的实践,探索了如何通过规划管理的制度创新,推动以建设可持续发展的生态城市为目标导向的地下空间开发利用。

地下空间开发利用应完善法律法规(徐伟等,2009;束昱等,2009;何世茂等,2009年)。我国城市地下空间运营管理存在的主要问题是:地下空间运营管理的法律法规不健全,缺乏有效的约束监管机制,运营管理机制落后。针对这些问题,应确立地下空间运营管理的正确指导思想和基本原则,健全地下空间运营的法律、法规保障体系,强化政府的宏观调控、弱化微观市场干预,建立与完善地下养护体系等(郭翔等,2009 年)。地下空间管理体制应该建立适应决策、执行、监督的三权分设和依法行政的管理体制,成立研究咨询机构、决策协调机构和执行管理机构(何世茂等,2009 年),陈晓强等

(2010年)提出了城市地下空间综合管理的概念：以城市地下空间为客体，从系统的角度，采用法律、行政、技术和经济等手段，统一管理与专业管理相结合，对规划、建设、使用、信息等能动地进行决策、协调和控制，以期发挥城市地下空间开发利用整体效益的过程[1]。

2. 地下空间规划设计相关的学位论文

随着我国对城市地下空间的深入研究，本书通过"万方数据知识服务平台"，查询到与地下空间相关的学位论文数量在1985～2011年之间一直呈增长趋势。通过分析可以看出，学位论文的分布自2006年以来有了大规模的提升，这五年所完成的论文占总数的78.9%，很大程度上反映了我国学术界研究城市地下空间规划与设计的热情和积极性逐年递增。

这些论文从不同的角度，对地下空间的规划建设和未来发展进行的不同层次的探讨。

宿晨鹏[2]采用理论思辨、对比考察和实例解析等研究方法对城市地下空间集约化设计进行了全面系统的研究，拓展了建筑学与城市学、城市规划学、城市经济学、生态学等交叉学科的研究领域。

李鹏[3]就地下空间的开发利用对城市生态化建设的正负面效应进行对比分析，根据地下空间的特性以及生态城市的建设步骤，进行城市生态化建设过程中地下空间的功能发展层次研究，并在分析城市地面形态与地下空间形态之间的关系基础上，探讨地上、地下协调发展的城市地下空间平面布局与竖向分层的原则与方法，并结合上海市城市中长期发展规划以及2010年世博会园区总体规划思想，对园区地下空间开发利用的规划与设计进行探索性研究实践。

董贺轩[4]试图将城市立体化形态为研究对象，从城市立体化发展、城市立体化系统以及城市立体化建设实施机制等方面展开讨论，得出了城市设计整合城市要素的重要手段是城市基面立体化系统，并强调了城市立体化只是城市空间资源危机与城市形态发展需求之间的矛盾产物。

孔令曦[5]通过对自然资源可持续发展和地下空间可持续开发利用的相关研究综述，提出应从系统的观点出发，综合考虑地下空间资源开发利用同社会经济、生态环境、城市功能、人类活动……的相互影响和限制，构建指标体系作为城市地下空间可持续发展评价的基础框架，在评价指标体系的基础上，构建了一个三级的模糊综合评价模型。

方勇[6]针对我国目前城市中心区存在的问题，通过借鉴欧美发达国家这方面的成功经验，探讨了如何根据中国国情合理有效地整合城市中心区已有的地下空间资源，提

① 陈晓强,钱七虎.我国城市地下空间综合管理的探讨[J].地下空间与工程学报,2010(4):668.
② 宿晨鹏.城市地下空间集约化设计策略研究[D].哈尔滨:哈尔滨工业大学,2008.
③ 李鹏.面向生态城市的地下空间规划与设计研究及实践[D].上海:同济大学,2007.
④ 董贺轩.城市立体化研究——基于多层次城市基面的空间结构[D].上海:同济大学,2008.
⑤ 孔令曦.城市地下空间可持续发展评价模型及对策的研究[D].上海:同济大学,2006.
⑥ 方勇.城市中心区地下空间整合设计初探[D].重庆:重庆大学,2004.

高城市中心区品质,提出城市中心区地下空间整合设计的基本原则和设计原则指导下
的对策与措施。

付玲玲[①]在研究和借鉴国内外地下空间开发利用的理论和实践的基础上,探讨城
市中心区地下空间规划设计的理论和方法,论述了我国城市中心区地下空间发展的新
趋向,对城市中心区地下空间开发利用提出了建议。

李炳帆[②]运用了系统论的思想,将城市中心区中地铁枢纽型地下空间看作一个系
统,综合考虑人的特征、城市地下空间发展、城市中心区地面空间、地铁枢纽等各方面因
素的影响,分析了地下空间构成要素,得出城市中心区地铁枢纽地下空间规划中的功能
规模、空间组织、空间环境等方面的规划策略。

王珺[③]通过地下空间的特性与共性的分析,以及对不同类型的城市广场适宜的地
下空间开发的探寻,研究并总结了城市广场地下空间开发的原因、特点、以及开发利用
的原则,并且重点研究城市交通广场、行政广场,以及文化广场的开发特点,结合理论着
重剖析了国内外优秀的广场立体化开发的实例。

王光强[④]采用理论与实际相结合的分析方法,以土地集约利用为背景,围绕城市
CBD 土地利用问题,突出土地集约利用的必要性,分析了响螺湾商务区在地下空间开
发中的重要规划与做法。

1.2.3　国内外召开的与地下空间相关的会议

1.　国外会议

1977 年,在瑞典召开了第一届地下空间国际学术会议,此后又召开了多次以地下
空间为主题的国际学术会议,通过了不少呼吁开发利用地下空间的决议和文件。

国际隧道协会(International Channel Association)在 20 世纪 80 年代,提出"大力
开发地下空间,开始人类新的穴居时代"的倡议。

瑞典在 1980 年召开了"Rockstore"国际学术会议,提出"开发利用地下空间资源为
人类造福"建议书。

联合国自然资源委员会(Committee on Natural Resources,CNR)1982 年会议指
出:"地下空间是人类潜在的和丰富的自然资源。地下空间被认为是和宇宙、海洋并列
的最后留下的未来开拓领域"。

联合国经济和社会理事会(Economic and Social Council,ECOSOC)1983 年通过了
确定地下空间为重要自然资源的文本,并把地下空间的开发利用包括在其工作计划
之中。

1983 到 1996 年间,由来自加拿大、法国、日本和美国的专家和学者自发组织围绕

---

① 付玲玲. 城市中心区地下空间规划与设计研究[D]. 南京:东南大学,2005.
② 李炳帆. 城市中心区地铁枢纽型地下空间规划研究[D]. 成都:西南交通大学,2009.
③ 王珺. 城市中心广场地下空间综合开发研究[D]. 西安:西安建筑科技大学,2009.
④ 王光强. 城市 CBD 地区土地集约利用与地下空间开发研究[D]. 天津:天津大学,2011.

地下空间开发利用主题开展了一系列的国际学术会议。

澳大利亚悉尼在 1983 年召开了第一届地下空间国际学术会议。

美国明尼阿波利斯在 1986 年召开了第二届地下空间国际学术会议。

1988 年 9 月,第三届地下空间和掩土建筑国际学术会议在上海召开,首次明确城市地下空间在城市建设与发展中的重要地位。

东京召开的第四届城市地下空间国际学术 1991 年会议通过了《东京宣言》,提出"21 世纪是人类开发利用地下空间的世纪",并预测 21 世纪末"将有三分之一的世界人口生活在地下空间中"。

荷兰代夫特召开了第五届地下空间国际学术会议(1992 年)。

在法国巴黎召开的第六届地下空间国际学术会议(1995 年)上,成立了国际城市地下空间研究会(Associated Research Centers for the Urban Underground Space,ACUUS)。

随着学术活动的规模和影响逐渐扩大,为进一步加强和推动国际地下空间开发领域的学术交流与合作,1996 年秋在日本仙台共同发起成立了国际地下空间联合研究中心,致力于世界地下空间方面的研究、交流和合作,促进世界各国、各地区和城市的地下空间开发,促进不同国家和地区的各级政府对地下空间开发的支持和投入。该组织覆盖多种学科,包括:规划、设计、建筑、工程技术、考古、环境和地质等方面。1997 年 10月在加拿大蒙特利尔举行的第七届地下空间国际会议(主题:Indoor Cities of Tomorrow)后正式成立秘书处,总部(秘书处)设在加拿大蒙特利尔城市学院。

1996 年巴塞罗那国际建协 19 次大会议题"今天与明天城市中的建筑",指出:"不仅争取地上空间,还要争取地下空间"。

国际隧道协会提出"为了城市的可持续发展,更好地利用地下空间",并为联合国拟了题为"开发地下空间,实现城市的可持续发展"的文件,1996 年 22 届年会主题确定为"隧道工程和地下空间在可持续发展中的地位"。

蒙特利尔召开的第七届地下空间国际学术会议(1997 年),其会议主题是"明天——室内的城市"。

莫斯科在 1998 年召开了以"地下城市"为主题的国际学术会议,展现了地下空间在今后城市发展中的景象,论证了地下空间在城市可持续发展中的作用与地位。

以上两次地下空间国际学术会议,都提出了今后地下空间的开发利用将逐步向"地下城市"发展。

西安召开的第八届地下空间国际学术会议(1999 年)议题是"跨世纪的议程和展望"。

都灵召开的第九届地下空间国际学术会议(2002 年)议题是"Urban Underground Space:a Resource for Cities(城市地下空间—作为一种资源)"。

莫斯科召开的第十届地下空间国际学术会议(2005 年)主题是"Economy and Environment(经济和环境)"。

希腊雅典召开的第十一届国际地下空间学术会议议题为"Underground Space:Expanding the Frontiers",ACUUS 理事会批准了将 ACUUS 秘书处迁至中国北京的动议。

　　2008 年,由联合国经济与社会暑(联合国经济与社会理事会)及国际隧道与地下空间协会主办了"地下空间促进可持续发展国际学术会议",中国、美国、英国、荷兰、日本等国家的 7 位代表做了主题报告。

　　2009 年,第十二届国际地下空间联合研究中心年会在深圳召开,主题是"建设地下空间使城市更美好"。会议交流了"地下空间利用的发展前景"(Ray sterling)、"中国城市地下空间开发安全风险管理现状与前景展望"(钱七虎)、"深圳地下空间开发机遇"(赵鹏林)、"上海世博园区世博轴的地下空间开发利用"(俞明健)等主题报告以及"深圳地下空间开发的探索与实践"(林茂德)、"东京高层综合建筑群深度地下空间利用的概念规划"(Yotaro Kobayakawa)、"四川汶川地震隧道工程震害分析与启示"、"北京中关村地下空间运营与管理"(曹邟)、"深圳福田火车站地下空间开发的规划与建设"(李筱毅)、"上海 CBD 核心区井字通道规划与实践"(孙巍)等特邀报告,还就"地下空间利用与地下交通"、"地下建筑与地下空间规划"、"地下空间的安全管理与立法"、"地下项目技术"等进行了研讨。

　　2012 年,第十三届年会在新加坡召开,主题为"地下空间开发——机遇与挑战"(Underground Space Development - Opportunities and Challenges)。

2. 国内会议和展览

　　我国在 1997 年颁布了《城市地下空间开发利用管理规定》,标志着我国城市地下空间开发利用进入了一个崭新的阶段,它是我国城市地下空间规划、建设、管理方面的第一部法规性文件。

　　1997 年 12 月,城市地下空间学术研讨会在成都召开,会议主题是"21 世纪是地下空间的世纪",由中国工程院土木水利建筑学部和防护工程分会人防工程与地下空间专业委员会、隧道与地下工程分会地下空间学术委员会联合举办。

　　1999 年广州召开了地铁与地下空间开发国际研讨会。

　　中国岩石力学学会地下工程与地下空间学会于 2001 年 12 月在厦门成立。

　　中国岩石力学与工程学会于 2003 年 1 月在北京举行了国际地下空间学术报告会,此后,工程学会地下工程分会和地下空间分会,多次举办了海峡两岸地下工程学术及技术研讨会、城市地下空间会议等。

　　2006 年,在北京召开了地下空间国际学术会议,主题是"节约型城市与地下空间开发利用"。2008 年 2 月,在昆明召开了城市地下空间开发利用与地下工程施工技术研讨会。

第 2 章　城市空间开发的理论基础

城市的产生和发展是社会生产力不断发展和提高的体现,人类社会早期的城市规模都比较小,城市空间也不大。通过研究世界上各个国家的城市发展历史,可以发现城市空间组织都是自发的,随着城市人口的增长,城市空间在平面上呈现出点状发散和现状延伸的自然生长蔓延的发展形态。近代工业革命极大改变了传统城市的结构和面貌,工业在城市的集中和各种服务设施的完善,使城市人口迅速增长,大量的产业工人和农民涌入到城市。

大城市人口的高度集中带来了严重的城市问题和社会问题,许多大城市无序的向外蔓延,导致城市用地规模不断扩张。根据预测,如果我国每年城镇化率提高约 1 个百分点,城镇人口每年将增加 1 800 万人,需要新增近 2 000 km² 的城镇建设用地,相当于 20 个百万人口的大城市。

城市用地规模扩张的两个主要因素是城市人口的增长和城镇建设用地的开发,2001～2006 年,全国城市建成区面积增长了 40.1%,超大城市的扩张尤为迅速,面积增长达到 160.4%,如表 2.1 所列。

表 2.1　我国 2001 年和 2006 年各类城市建成区面积变化情况[①]

城市分类	2001 年 建成区面积/万 km²	2006 年 建成区面积/万 km²	增长率/%
全　国	2.40	3.37	40.1
超大城市	0.42	1.08	160.4
特大城市	0.34	0.45	31.1
大城市	0.42	0.59	38.4
中等城市	0.59	0.76	30.3
小城市	0.64	0.49	−23.4
东部城市	1.20	1.86	55.0
中部城市	0.82	1.00	20.7
西部城市	0.38	0.51	35.3

以北京市为例,北京市自 1951 年以来,随着政治、经济、文化、交通、体育、旅游等多种功能不断向以旧城为中心的市中心区过度聚集,逐渐形成以旧城为中心、环形加放射状的城市空间布局模式,如图 2.1 所示。

---

① 中国城市科学研究会.中国低碳生态城市发展战略[M].北京:中国城市出版社,2009.

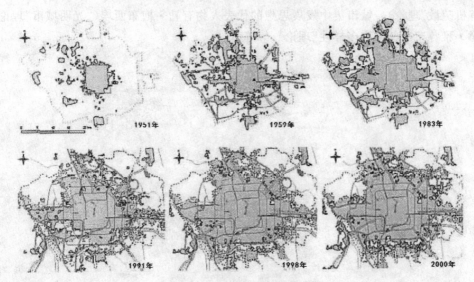

图 2.1　北京城市空间的蔓延①

　　自新中国成立到 2005 年,北京市区的建成区面积扩大了 4.9 倍,市区人口增加了近 4 倍,2010 年市区人口更是达到近 2 300 万,根据北京市规划委的数字,1 800 万人口将是北京可承载的最大极限。超出的这几百万人口,将对北京市的经济发展、社会发展、交通、环境,特别是水资源带来巨大压力。北京市 2004 年拥有机动车 220 万辆,在国家汽车产业政策和汽车消费政策的支持下,汽车生产量和消费量都以更快的速度增长,截止到 2010 年 12 月 19 日机动车保有量已达到 476 万辆,此后将在北京市限购的政策下每月稳定增加 2 万辆,2011 年全年共计 22 万人次获得了个人购车资格,与 2010 年相比,2011 年机动车增长数量减少了 50 万辆以上。随着各种各样的城市功能向城市中心聚集,引起中心区环境日益恶化,人口密度过高,开敞空间不断减少,公共社会空间不足,交通日益拥堵,由此引发了城市建设在城市边缘地区的无序发展,最终导致了城市空间的迅速蔓延,极大浪费了城市空间资源,严重制约了未来的城市发展。

　　可见,任何一个城市的空间发展,都不能以无限制的蔓延为主。本章通过研究 20 世纪初以来城市空间发展理论的进展,结合近现代国内外进行的城市更新与改造实践,论述"紧凑城市"理论的起源及其深刻内涵。

　　城市空间的集中和分散是近代城市研究的主线②,城市发展过程体现"聚"和"散"的特征,如图 2.2 所示。面对近现代城市所面临的种种矛盾,许多国家的学者对此进行了积极地探索与实践,期望能够找到一种解决城市问题的方法,创造一种适合现代城市的新型城市发展模式。城市分散发展思想的代表人物有英国城市规划师 E. 霍华德("田园城市"理论)、美国建筑师 F. L. 赖特("广亩城市"理论)和芬兰建筑师 E. 沙里宁

---

①　吴良镛,刘健.城市边缘与区域规划——以北京地区为例[J].建筑学报,2005(6):5-8.

②　祁巍锋.紧凑城市的综合测度与调控研究[M].杭州:浙江大学出版社,2010.

（"有机疏散"理论）。城市集中发展思想的代表人物有勒·柯布西埃（"光明城市"理论）和简·雅各布斯（"城市多样性"理论），等等。

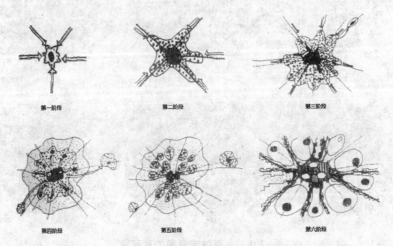

第一阶段　　　　　　　　第二阶段　　　　　　　　第三阶段

第四阶段　　　　　　　　第五阶段　　　　　　　　第六阶段

图 2.2　城市发展的不同阶段①

2.1　霍华德的"田园城市"理论

　　针对 19 世纪末的维多利亚时期城市的严重问题，霍华德所构想的"田园城市（Garden city）"②是绝对重要的第一反应。1898 年，霍华德（E. Howard）针对英国快速城市化所出现的交通拥堵、环境恶化以及农民大量涌入大城市所产生的"城市病"，指出了在工业化条件下，城市与适宜的居住条件之间的矛盾，大城市与自然隔离而产生的矛盾。他提出"城市应该与乡村结合"，并设计了以宽阔的农田林地环抱美丽的人居环境，将数量可观的人口以及就业岗位输出到这些全新的自给自足开阔乡村地区，如图 2.3 所示。1919 年，英国"田园城市和城市规划协会"与霍华德商议后，明确提出田园城市的含义：田园城市是为健康、生活以及产业而设计的城市，它的规模能足以提供丰富的社会生活，但不应超过这一程度。霍华德把城市作为一个整体进行研究，对人口密度、城市经济、城市绿化的重要性等进行了分析。霍华德的"田园城市"理论对现代城市规划学科的建立起到了重要作用。"田园城市"就在被妆扮成奇怪的模样，以致有时令人难以辨识的过程中，在世界许多地方得到了响应③，直接影响了后期欧美各国的城市规划实践。这些国家依据霍华德的理论，建设了完全依赖母城的"卧城"、半独立的卫星镇（new town）、基本完全独立的新城（new city）。

①　田银生，刘绍军. 建筑设计与城市空间[M]. 天津：天津大学出版社，2000.

②　HOWARD E. Garden cities of tomorrow[M]. Ebenezer：NABU PR，2010.

③　HALL P. Cities of tomorrow[M]. ShangHai：TongJi University Press，2009.

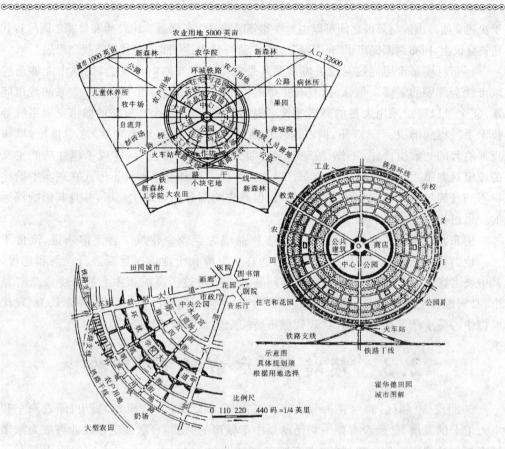

图 2.3　霍华德的"田园城市"图示①

2.2　柯布西埃的"光明城市"理论

1922 年,勒·柯布西埃在《明日之城市》一书中提出了"光明城市"理论,对城市人口密度、交通、绿化等城市问题的解决进行了探索,阐述了从功能和理性角度出发的对现代城市的基本认识,从现代建筑运动的思潮中所引发的关于现代城市规划的基本构思。他认为现代城市的恶魔就是它的高密度开发,对此的策略就是反其道而行之,去进一步提高城市密度。柯布西埃在书中提供了一个 300 万人口的规划图,规划的中心思想是提高市中心的密度,全面改造城市旧区,改善交通,形成新的城市概念,即城市应该提供充足的绿地、空间和阳光。柯布西埃在该项规划中还特别强调了大城市交通运输的重要性,他在城市的中心区规划了一个地下铁路车站,车站上面布置出租飞机起降场。中心区的交通干道由三层组成:地下走大型车辆,地面用于市内交通,高架道路用

———————————
① 童林旭.地下空间与城市现代化发展[M].北京:中国建筑工业出版社,2005.

于快速交通。市区与郊区之间可以由地铁和郊区铁路线来联系。1930 年布鲁塞尔国际现代建筑会议上,柯布西耶提出了"光明城"的规划,进一步表达了他的现代城市规划思想。

柯布西埃是希望通过对过去城市尤其是大城市本身的内部改造,使城市能够适应城市社会发展的需要。他认为,只有集中的城市才有生命力,由于拥挤而带来的城市问题,完全可以通过采用大量的高层建筑来提高密度,建立一个高效率的城市交通系统等技术手段得到解决。1933 年,柯布西埃在由他主持撰写的《雅典宪章》之中指出,城市规划的目的是解决居住、工作、游憩与交通四大活动的正常进行,体现了理性功能主义的城市规划思想。霍尔(Hall, 2001 年)这样评价:"这种城市的纯正形式在现实中始终得不到任何城市管理机构的赏识与许可,但是它的部分内容却实现了,并且其影响深远的效果堪比与之相反的霍华德的设想。"

柯布西耶是一位建筑大师,他的许多作品成为至今令建筑学者津津乐道,流传千古。他的目标是:在机器社会里,应该根据自然资源和土地情况重新进行规划和建设,其中要考虑到阳光、空间和绿色植被等问题,"必须通过提高城市中心的密度来疏解城市,必须改善交通并提高开敞空间的总量"。对于柯布西耶的规划思想,霍尔认为"现代城市中心是中产阶级的地盘"、"现代城市是完全阶级隔离的城市"。

2.3　赖特的"广亩城市"理论

20 世纪 30 年代,弗兰克·劳埃德·赖特(Frank Lloyd Wright)提出:随着汽车和电力工业的发展,已经没有把一切活动集中于城市的必要,分散住宅和就业将成为未来城市规划的原则。他所描述的"广亩城市"中(见图 2.4),每个独户家庭的四周都有一英亩土地(4 050 m²),能够生产供自己消费的食物和蔬菜;居住区之间有超级公路连接,公共设施沿着公路布置,用汽车作交通工具,加油站设在为整个地区服务的商业中心内。其规划的思想基础是希望保持赖特本人所熟悉的,19 世纪 90 年代左右在威斯康星州那种拥有自己宅地的移民们的庄园生活。

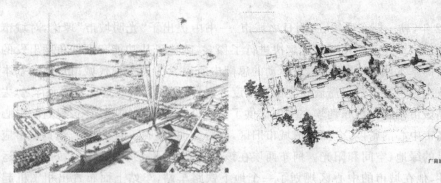

图 2.4　赖特的"广亩城市"①

---

① http://www.china-up.com.

赖特不怀疑"广亩城市"的现实性,认为这是一种必然,是社会发展的不可避免的趋势,"美国不需要有人帮助建造广亩城市,它将自己建造自己,并且完全是随意的。"在这个城市中,各种建筑被毫无关系地放置在一起,每一幢都非常优秀,这种单一而从不重复的状况表达了一种个人主义伦理,也说明该方案是一个完全脱离历史现实的作品。我们可以理解赖特当时处于美国的社会经济和城市发展的独特环境,他所表述的,应该是从人的感觉和文化意蕴中体验着对现代城市环境的不满和对工业化之前的人与环境相对和谐状态的怀念情绪。但是,他这种主张分散布局的规划思想同勒·柯布西耶主张集中布局的"现代城市"设想是根本对立的。

上述三种关于未来城市的设想,过于关注城市模式的追求和探索,偏重于城市良好的总体物质环境设计,却忽视了社会、经济和文化等一系列综合性问题的解决①,从而导致后来雅各布斯的严厉抨击。

2.4　沙里宁的"有机疏散"理论

1942 年,沙里宁(Eero Saarinen)在他写的《城市,它的生长、衰退和将来》一书中对有机疏散论作了系统的阐述,"城市是一本打开的书,从中可以看到它的抱负","让我看看你的城市,我就能说出这个城市居民在文化上追求的是什么","有机秩序的原则是大自然的基本规律,所以这条原则,也应当作为人类建筑的基本原则"。他认为当时趋向衰败的城市,必须对城市从形体上和精神上全面更新,需要有一个以合理的城市规划原则为基础的革命性变化,保持良好的城市结构,以利于城市的健康发展。沙里宁提出"有机疏散"的城市结构理论,他认为这种结构既要符合人类聚居的天性,便于人们过共同的社会生活,感受到城市的脉搏,而又不脱离自然。他认为,不能放任城市在发展中凝聚成"乱七八糟的块体",要按照"机体"的功能要求,把城市的就业岗位和人口分散到可供合理发展的城市中心以外的地域,如图 2.5 所示。

沙里宁的这套理论,是为缓解由于城市过分集中所产生的弊病而提出的关于城市发展及其布局结构的理论。理论的两个基本原则是:集中的布置"日常活动"的区域;分散布置"偶然活动"的场所。"有机疏散"理论在 1945 年后对欧美各国改建旧城,建设新城,以及大城市向城郊疏散扩展产生了较大的影响。在这个理论的影响下,1970 年代以来,有些发达国家城市随着城市的过度疏散、扩展,又产生了旧城中心衰退、城市陷入瘫痪和能源消耗增多等新问题。对于这些问题,"有机疏散"理论认为,不是现代交通工具造成的结果,而是城市的"机能"组织不善。

分散主义理论强调的是平面化的城市空间发展模式,城市内部的空间形态和组织结构并没有发生重大变革,长期实践不能解决城市空间紧缺与城市发展用地有限的本质性矛盾,甚至引发了更为严峻的城市问题,城市空间变得支离破碎。

---

① 钱才云,周扬.空间链接——复合型的城市公共空间与城市交通[M].北京:中国建筑工业出版社,2010.

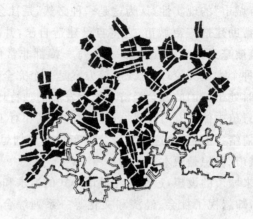

图 2.5　大赫尔辛基规划(1917 年)①

2.5　简·雅各布斯(Jane Jacobs)的"城市多样性"理论

　　1952 年,雅各布斯在负责报道城市重建计划的过程中,她逐渐对传统的城市规划观念发生了怀疑,并由此在 1961 年写作了《美国大城市的死与生》(The Death and Life of Great American Cities)一书,对当时美国有关都市复兴和城市未来的争论产生了持久而深刻的影响。她在书中大力抨击"正统的城市规划理论"的三种主要类型:霍华德的"田园城市"(家长式的政治和经济社会)、柯布西耶的"光明城市"(制度化、程式化和非个性化)、丹尼尔·伯纳姆的"城市美化运动"(标志性建筑把城市的文化和公共建筑分离开来)。她批评这些人所提出的城市改造方案实际上映射了一种自我中心的权威心态,她认为纽约城所散发出来的生命力与丰富性是最为珍贵的东西,并主张提高城市密度,深信正是密度造就了城市的多样性,也正是这种多样性创造了像纽约那样多姿多彩的城市生活(Breheny)。她指出②:"挽救现代城市的首要措施,是必须认识到城市的多样性与传统空间的混合利用之间的相互支持","保留老房子从而为传统的中小企业提供场所;保持较高的居住密度从而产生复杂的需求;增加沿街的小店铺从而增加街道的活动;缩小街块的尺度从而增加居民的接触均是补救城市蔓延的主要方式","Diversity is nature to big cities"。雅各布斯通过对纽约、芝加哥等美国大城市的深入考察,提出都市结构的基本元素以及它们在城市生活中发挥功能的方式,挑战了传统的城市规划理论,使人们对城市的复杂性和城市应有的发展取向加深了理解,也为评估城市的活力提供了一个基本框架。

---

① 　http://view.news.qq.com 　2009 - 12 - 28.
② 　(加拿大)简·雅各布斯,金衡山译.美国大城市的死与生[M].南京:译林出版社,2005.

2.6　马丘比丘宪章(Charter of Machu Picchu)

1978 年 12 月,一批建筑师在秘鲁的利马集会,对《雅典宪章》40 多年的实践作了评价,认为实践证明《雅典宪章》提出的某些原则是正确的,而且将继续起作用,如把交通看成为城市基本功能之一,道路应按功能性质进行分类,改进交叉口设计等。但是也指出把小汽车作为主要交通工具的制定交通流量的依据的政策,应改为使私人车辆服从于公共客运系统的发展,要注意在发展交通与"能源危机"之间取得平衡。《雅典宪章》中认为,城市规划的目的是在于综合城市四项基本功能——生活、工作、游憩和交通而规划,就是解决城市划分成区的办法。但是实践证明,追求功能分区却牺牲了城市的有机组织,忽略了城市中人与人之间多方面的联系,而应努力去创造一个综合的多功能的生活环境。这次集会后发表的《马丘比丘宪章》,还提出了城市急剧发展中如何更有效地使用人力、土地和资源,如何解决城市与周围地区的关系,提出生活环境与自然环境的和谐问题。

从环境保护到可持续发展的规划思想:1970 年代初,石油危机对西方社会意识形成了强烈的冲击,战后重建时期的以破坏环境为代价的乐观主义人类发展模式彻底打破,保护环境从一般的社会呼吁逐步在城市规划界成为思想共识和一种操作模式。

20 世纪 80 年代,环境保护的规划思想又逐步发展成为可持续发展的思想。1976 年人居大会(Habitat)首次在全球范围内提出了"人居环境(Human Settlement)"的概念。1978 年联合国环境与发展大会第一次在国际社会正式提出"可持续的发展(Sustainable Development)"的观念。1980 年由世界自然保护同盟等组织、许多国家政府和专家参与制定了《世界自然保护大纲》,认为应该将资源保护与人类发展结合起来考虑,而不是像以往那样简单对立。1981 年,布朗的《建设一个可持续发展的社会》,首次对可持续发展观念作了系统的阐述,分析了经济发展遇到的一系列的人居环境问题,提出了控制人口增长、保护自然基础、开发再生资源的三大可持续发展途径,他的思想在最近又得到了新的发展。1987 年,世界环境与发展委员会向联合国提出了题为《我们共同的未来》的报告,对可持续发展的内涵作了界定和详尽的立论阐述,指出人类应该致力于资源环境保护与经济社会发展兼顾的可持续发展的道路。1992 年,第二次环境与发展大会通过的《环境与发展宣言》和《全球 21 世纪议程》的中心思想是:环境应作为发展过程中不可缺少的组成部分,必须对环境和发展进行综合决策。大会报告的第七章专门针对人居环境的可持续发展问题进行论述,这次会议正式地确立了可持续发展是当代人类发展的主题。1996 年的人居二大会(Habitat II),又被称为城市高峰会议(The City Summit),总结了第二次环境与发展会议以来人居环境发展的经验,审议了大会的两大主题:"人人享有适当的住房"和"城市化进程中人类住区的可持续发展",通过了《伊斯坦布尔人居宣言》。1998 年 1 月,联合国可持续发展署在巴西圣保罗召开地区间专家组会议,1998 年 4 月召开可持续发展委员会第六次季会,讨论研究各国可持续发展新的经验。

2.7　新城市主义

　　城市的郊区化造成生活质量总体下降,能源消耗越来越大,城市环境恶化,犯罪比例升高。从第二次世界大战期间开始,美国人为了拥有机动性、私密性、安全性和私有住宅而纷纷由城市迁往郊区。郊区蔓延的发展模式造成了郊区的建筑形式千篇一律,公共建筑分散布置,大都市地区边缘的农业用地和自然开放的空间被占用,增加了通勤距离和时间以及对小汽车交通方式的依赖,加剧了能源消耗和空气污染,甚至导致城市与郊区发展的失衡、城市税源减少和种族隔离等问题。基于对城市向郊区蔓延而引发的一系列社会、经济和环境问题的反思,在美国逐渐兴起了一种新的城市设计运动——新传统主义规划(Neo-traditional Planning),即新城市主义。新城市主义主张借鉴二战前美国小城镇和城镇规划优秀传统,塑造具有城镇生活氛围、紧凑的社区,取代城市向郊区蔓延的发展模式。

　　新城市主义协会(Congress for New Urbanism)在 1993 年召开首次会议,研究和探索有关新区规划与城市改造的思想和方法,讨论的内容不仅仅限于建筑和规划领域,还扩大到了城市经济、人口、交通、种族等领域。1996 年,在美国南卡罗莱纳州查尔斯顿召开的第四届新城市主义会议发布了纲领性文件《新城市主义宪章》(The Charter of the New Urbanism),该纲领性文件成为新城市主义的宣言和指南。宪章制定了分别列在地区、邻里、街区三个大类之下的 27 项建设原则[①]。新城市主义在城市建设三个层面上形成自己的理论体系,包括新城市主义的区域规划和生态可持续发展、新城市主义的郊区设计理论和实践、新城市主义的旧城改造原则[②]。

　　新城市主义"试图以规划和设计的力量影响生活环境的一次努力,但其影响力远远超出专业领域,为社会公众、开发商及政府部门所关注"[③]。面对郊区蔓延所导致的一系列城市问题,新城市主义提出了"公共交通主导的发展单元"的发展模式,强调的核心是公共空间,试图从建筑的层次上,实现城市公共空间的连续性,尤其是街道空间的连续性。新城市主义建议减少地上的大面积停车场,改用地下停车以及沿街边停车的方式等,成功地把多样性、社区感、俭朴性和人性尺度等传统价值标准与当今的现实生活环境结合起来。新城市主义理论的来源是霍华德的花园城市,它的宗旨是通过塑造具有城市生活氛围、完整紧凑的社区取代郊区蔓延的发展模式。以新理念和新形态来创造和重新复兴城市社区,力图构筑更合理的城市空间,形成更优化的与原有城市互动的、具有新意念的城市社区[④]。其思想核心是:重视区域规划,强调从区域整体的高度看待和解决问题;以人为中心,强调建成环境的宜人性以及对人类社会生活的支持性;

---

① (美)新都市主义协会,杨北帆,张萍,等. 新都市主义宪章[M]. 天津:天津科学技术出版社,2004.
② TOKER Z. Recent trends in community design[J]. The Eminence of Participation Design Studies, 2007, 28(5): 309-323.
③ 王志刚,胡志欣. 城里城外——浅析新城市主义对城郊居住区开发的影响[J]. 城市环境设计,2006(1):44-47.
④ 邹兵. "新城市主义"与美国社区设计的新动向[J]. 国外城市规划,2000(2):71-79.

尊重历史与自然,强调规划设计与自然、人文、历史环境的和谐性①。

在这样的核心思想下,"新城市主义"形成了两种主要的发展模式:一种是 Andre Duany 和 Elizabeth Plater - Zyberk 夫妇提出了"传统邻里发展模式"(Traditional Neighborhood,TND),它强调城镇内部街坊社区建设理念;另一种是由 Peter Calthorpe 提出的"公交主导发展模式"(Transit - Oriented Development,TOD),它则更加强调城市从整体方面出发的建设理念。二者间没有本质区别,都体现了"新城市主义"城市建设的最基本原则。即紧凑性原则、适宜步行原则、多标性原则、珍视环境原则和可支付性原则。

紧凑性原则:新城市主义的邻里单元是一种限制在一定区域中和围绕着一个限定中心的城市化模式②,其社区具有固定边界,以利于对周围生态环境的保护。另外,在社区中应该达到足够的人口密度,保持人口居住的紧凑度,提高土地和资源的利用率。

适宜步行原则:新城市主义主张限制使用小汽车,因为小汽车的过度使用已经导致了城市生态环境质量的恶化,并且由于之前的郊区化发展模式浪费了大量的土地资源,这些都阻碍了城市生活的可持续发展。因而新城市主义认为应该发展大运量、快速的节约能源消耗的公共交通系统并辅以无须消耗能源的步行系统,并尽可能多的考虑步行易达空间,保持城市生态的可持续发展。但是新城市主义者也意识到汽车对于现代生活的必要性,他们并不排斥使用小汽车,而是推崇传统市镇的那种"网格状"道路体系,因为它既便于紧凑化的布局,又能提供灵活多样的出行路线,减轻交通干道的压力,提高运输效率。

多样性原则:主要表现为:人的多样性,主张在城市、社区和邻里内应该有多种多样的适合不同类型人群居住的房屋,包括不同类型,不同价格水平的房型,从而保持人主体的多样性,并强调社区互动加强这些不同主体之间的社会交流与联系,减少他们之间的分化与矛盾,以解决贫富隔离、社会两极分化等社会问题;社区功能多样性,反对过去的建设理念中过分注重功能分区的做法,强调城市特色和活力来自对丰富的资源的混合使用,使居民、工作单位、商业活动等融入邻里和社区的生活中③;社区环境多样性,强调在城市社区建设中应保持该地区的特色,维持当地文化与传统,最大限度地寻求各个社区的多样性,保持整个城市文化传统的可持续发展。

珍视环境原则:新城市主义把区域中的城市和郊区及其自然环境看作一个经济、社会和生态的有机体,共生共荣;城市既要注重内部更新、完善和有机组织,又要保持与郊区农田、自然生态环境的和谐关系。它主张建立多中心的有机的城镇体系结构,不同的城镇之间存在互补的关系。中心城市、普通城镇和郊区共同构建一个完整的城市生态体系。

可支付性原则:由于紧凑性的发展,一定程度上降低了土地及基础设施建设成本,

---

① 王慧."新城市主义"的理念与实践、理想与现实[J].国外城市规划,2002(3):35 - 38.
② 张遒伟,金超."新城市主义"的规划及建筑思想[J].城乡建设,2001(4):46 - 48.
③ 刘昌寿,沈清基."新城市主义"的思想内涵及其启示[J].现代城市研究,2002(1):55 - 58.

并且通过开发多种类型和不同价格水平的住宅，让不同阶层的家庭都能支付得起，这又有利于保持住宅主体的多样性。

2.8   城市的"精明增长"(smart growth)理论

"精明增长"是为了遏制几十年来城镇的无序蔓延而提出的城市发展理念。精明增长作为一种新的城市发展概念，其理念的核心是在区域生态公平的前提下倡导科学与公平的城市发展观，是对城市发展的三个关键问题(空间结构、用地模式、交通体系)的综合考虑。精明增长提倡一种以中心城区、公共交通、步行系统为导向的新的增长模式，通过合理控制空间向外的无序蔓延，创造一个更为紧凑、高效、可持续发展的城市空间。精明增长强调发展的密度和由公共轨道交通导向的发展，强调在大众交通换乘点附近进行土地开发[1]。该理论主张科学的规划城市，充分使用城市的空间容量，减少城市的盲目扩张，遏制"城市蔓延"(urban sprawl)，加强对现有社区的重建，重新开发废弃、污染工业用地，以节约基础设施和公共服务成本，减少对自然资源和能源的消耗。"精明增长"理论强调必须在城市增长和保持生活质量之间建立联系，在新的发展和既有社区改善之间取得平衡，集中时间、精力和资源用于恢复城市中心和既有社区的活力，新增加的用地需求更加趋向于已开发区域[2]。

英国伦敦金丝雀码头拥有悠久的历史和辉煌的过去。自19世纪初开始到1980年关闭，它一直是兴旺的贸易、工业码头。码头在英国人心目中具有浓重的历史感和认同感，生气勃勃的码头区氛围是道克兰(Dockland)地区独特的历史文化要素。此外，金丝雀码头的用地位置与连接伦敦西城最古老的城区、伦教塔桥和伦敦东侧格林威治地区的空间轴线重合，伦敦城市的历史与码头区的历史在金丝雀码头的用地相叠加，共同形成了内涵丰富的历史文化资源。金丝雀码头的开发与 Dockland 码头区复兴的政策与运作方式有着密切的关联，如图2.6所示。位于泰晤士河畔的 Dockland 码头区曾是伦敦最重要的港口，由于战后产业结构的调整和文通运输方式的转变，码头区日趋衰落。Dockland 的大规模复兴开始于1981年，保守党政府参照英国新城开发的成功模式成立 LDDC(伦敦码头区开发公司)，以吸引私营企业引领市场为核心理念[3]。

精明增长的特征主要表现在以下几个方面：保护开敞、绿色公共空间，包括对农田的保护；鼓励对中心城区、近郊区等已开发地区的投资；提倡以公共交通为导向的高密度、紧凑发展的开发模式；通过居住环境的改善，就业岗位的创造来增强中心城区的吸引力；提倡土地混合开发，反对用地功能的生硬分离；住房类型和价格的多样化；鼓励填充式的发展，即所谓的"垂直加厚法"。

---

[1] 吴缚龙,周岚. 乌托邦的消亡与重构：理想城市的探索与启示[J]. 城市规划,2010(3):38-43.
[2] HIRSCHHORN J S, SOUZA P. New community design to the rescue:fulfilling another american dream washington. d. c[J]. National Governors Association, 2001(2): 112-118.
[3] 韩晶. 伦敦金丝雀码头城市设计[J]. 世界建筑导报,2007(2):100-105.

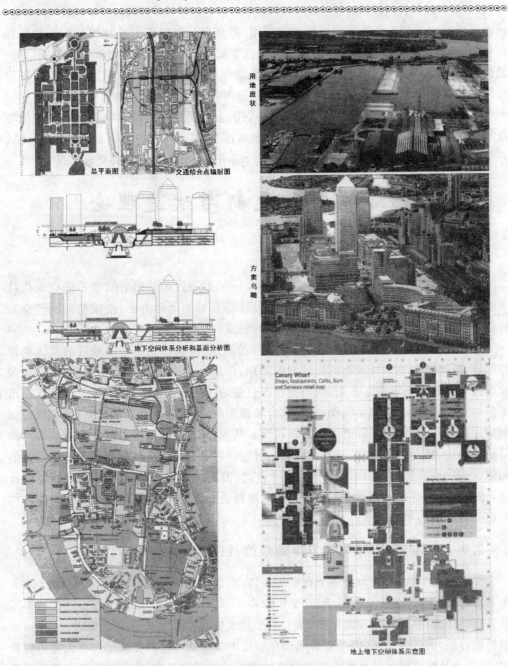

图 2.6　伦敦金丝雀码头的"城市复兴"①

　　精明增长是在拓宽容纳社会经济发展用地需求的途径基础上控制土地的粗放利用,改变城市浪费资源的不可持续发展模式,促进城市的健康发展。精明增长管理中倡导的提高土地利用强度的两项技术措施是填充式开发和再开发。填充式开发是指对市

①　韩晶. 伦敦金丝雀码头城市设计[J]. 世界建筑导报,2007(2):100-105.

区内公用设施配套齐全的空闲地的有效利用,再开发是对现有土地利用结构的替代和再利用,是对已利用土地的开发。其目的是改变城市蔓延造成的低密度用地格局、复兴城镇经济,因此不是见缝插针式的开发,而是以合理的规划为先导;开发出的土地不仅可以用于建设用地,也可用于绿地、开敞空间等所有利于改善人们生活质量的用途。

2003年,APA在丹佛召开规划会议,会议的主题就是利用精明增长来解决城市蔓延问题。会议指出了精明增长的三个主要要素:保护城市周边的乡村土地,鼓励嵌入式开发(infill development)和城市更新(urban regeneration),发展公共交通①。

2.9 城市的更新与改造理论

2.9.1 城市更新的概念释义

城市更新(urban renewal,urban regeneration)是通过改造原有城市不适应现代社会发展变化的交通、建筑、空间、环境、基础设施等领域的落后方面,使城市得到健全和协调的发展,推动城市的现代化,提高居民的物质和文化生活水平。

现代城市更新研究②指出,制定城市更新的政策,需要注重本国或地区的具体条件和问题,应坚持有效推行城市更新计划的原则,探索适合本国和本地区实情,具有本国或地区特色的更新策略。首先,城市更新不仅仅是物质性的再开发,还要更加注重城市更新的整体性、综合性和关联性,应在综合考虑物质性、社会性和经济性要素的基础上,制定出目标广泛、内容丰富的城市更新政策。其次,城市更新不能仅仅停留在表面形式的更新改造,只是为了解决一些物质和社会性的问题,而是应深入探索其深层结构性的问题,彻底解决城市衰退的本质矛盾。再者,城市更新不仅要注重城市物质环境的改善,还要注意社区得特有意向和性格以及区域特色的创造与保护,将原有城市空间结构和原有社会网络和社区维持下去。"

2.9.2 城市更新是城市发展的规律,但更新中也存在问题

邹德慈先生认为,城市是一个有机的实体,它的更新有如人体的新陈代谢,无时无刻不在进行,生命不息,更新不止,直至生命停止。一部城市发展历史,就是一部城市不断更新的历史,纵观世界各国城市,除了被严重天灾、战争、大火等完全摧毁的以外,一般都能存在几百、几千年,但是更新活动在城市中都是从未绝对静止过。在人类历史长河中,工业社会以前的时代由于经济社会的发展缓慢以致停滞,城市的更新也是很缓慢的,那时期遗留下来的古城及旧城区有的成为今天珍贵的遗产。世界进入工业社会后,经济、社会、科技、文化的高速发展和进步,促进城市发展和更新改建的需求空前高涨,大量旧时期遗留下来的城市经历了更新的过程,从城市的空间构架、房屋、道路、市政基

---

① 王朝晖."精明累进"的概念及其讨论[J].国外城市规划,2000(3):33-35.

② 阳建强,吴明伟.现代城市更新[M].南京:东南大学出版社,1999:100-105.

础设施等,无不接受了改建的洗礼,中国城市在国家进入工业化时期后遇到的挑战与世界各国的城市基本一致,20 世纪是全球城市发展和更新改建的一个伟大的世纪。

发达国家的大城市在 20 世纪,空间结构经受了两次大的冲击:一是 20 世纪初汽车进入城市,城市用地扩展,旧城区道路拓宽,网络结构改造;二是二次大战后,第三产业崛起,旧城区土地使用大调整。这两次大的冲击,"迫使"和促进旧城加速更新改造。

二战后大规模"城市更新"运动的主要内容是城市中心区的改造与贫民窟清理。雅各布斯在《美国大城市的死与生》中援用当地一位居民的话来评述城市的更新运动:"他们建这个地方的时候,没有人关心我们需要什么。他们将我们赶到这里,把我们的朋友赶到别的地方。在这儿我们没有一个喝咖啡或看报纸或借五美分的地方。没有人关心我们需要什么。但是那些策划者们跑来看着这些绿草说,'太美妙了! 现在穷人也有这一切了!'"

西方各国在 20 世纪 50 到 60 年代迅猛发展。从根本上来说,这时期的城市更新运动是试图强化位于城市中心区的土地利用,通过引入高营业额的产业(商业、工业、服务业)来使土地增值,城市中心原有的居民住宅和中小商业则被置换到城市的边缘地区。由于城市中心区地价飞速上扬,带动整个城市的地价上涨,更大程度上助长了城市向郊区分散、蔓延的倾向。由此加剧了潮汐式的交通堵塞问题,降低了城市中心区的吸引力。

我国目前正在重蹈上世纪西方国家城市更新的覆辙。

以北京市为例,自 20 世纪 80 年代以来,随着经济的高速发展和城市中心区公共服务水平的提高,北京市郊区人口和外来人口纷纷涌入中心区。根据王静文等对北京城市人口的演变研究,1998 年,城市中心区(崇文、东城、西城、宣武)人口总量增长到265 万人,2002 年达到 286 万人。城市人口的极度膨胀和机动车保有量的快速增长,导致中心区的城市功能过于密集,中心城区背负了沉重的住房、交通、设施和环境负担。住房建设的压力越来越大,因此产生了一系列的住房问题,如居住面积过小、住房价格过高、居住环境恶化等。

1990 年代所进行的城市土地市场化,为了使土地资源得到优化配置,城市中心区的土地与郊区土地的功能发生置换,一些原本用于开发住房建设的土地被开发成经济效益和社会效益更高的建设项目。由于土地价格较低,郊区依托相对低廉的价格和良好的环境等优势逐渐成为住宅开发的热点地带[1],同时,部分市民为了获得较为宽裕的住房和良好的居住环境,也纷纷到郊区买房居住。由此一来,北京城市中心区人口在2006 年降到了 207 万人,近郊区(石景山、海淀、朝阳、丰台)1998 年人口 493.3 万,2006年则增长到 773.6 万,增长幅度达到 56.82%,远郊区县在这期间人口总数也有增长,只是增长态势稍弱(29.25%),但是昌平区的增长幅度依然达到 80.43%,人口由 46 万增加到 83 万[2]。城市中心区的人口向郊区分散,是城市中心区发展到一定阶段,居民自发寻找更佳居住环境的结果,直接促进了城市郊区住房建设的大量增长。

---

[1] 路政冉. 健康理念下大城市边缘住区交通规划思想初探[C]//和谐城市规划——2007 中国城市规划年会论文集,2007:949-953.

[2] 王静文,毛其智. 北京城市近 10 年人口分布演变态势分析[J]. 北京规划建设,2010(1):131-137.

　　面对北京市"同心圆"式的蔓延方式及不断加重的城市问题,在 20 世纪 50 年代末曾经提出的"分散集团式"空间发展模式,再次被提出。北京城市总体规划(2004—2020)确定了昌平新城的城市性质和空间布局,在根据总体规划完成的《昌平新城规划》(2005—2020)中,规划了回龙观作为一个城市边缘集团,主要以经济适用房为主,为中心城中心地区人口疏散提供居住用地。按照总体规划,回龙观文化居住区规划总建设用地面积约 11. 27 km²,东西长 6. 2 km,南北宽 2 km,规划总建筑面积约 850 万 m²,规划居住人口约 30 万人(2007 年 11 月,《东亚北店商圈白皮书》公布回龙观人口已达到 40 万人,笔者调查后认为多出的这部分人口主要是过度膨胀的租房者)。回龙观文化居住区的开发建设,初期是为了着重解决科教人员的住房问题,在建设中兼顾回迁安置房与商品房的多种类型,为北京的中低收入者提供质优价低的精品住宅。虽然住区的建设为北京市危旧房改造及文化保护区建设提供了一定的拆迁安置房源,极大地缓解了北京市普通居民的居住困难,但是由于住区处于城市和乡村的结合部,公服务设施还欠发达,仅基本能够满足居民日常中低消费层面的需求。其城市建设还并非完善,也正处于从整体上完善整合的阶段①。

　　作为大型居住社区,如果专注于住区自身的空间形态,注重用地内部的道路规划,较少的考虑住区内部道路与城市外部道路的合理连接,很容易导致居民使用上的不便,以致规划失效,住区成了"缓解大都市生产和居住压力的人口密集区,并不是真正意义上独立的新城市②"。回龙观住区的对外交通存在严重的"瓶颈",城铁 13 号线位于整个住区的最南部(同成街南侧),每当上班高峰,成千上万的人口向车站汇集,足以导致回龙观地铁站及其周边站成为北京最拥挤的地铁站(见图 2.7)。另外,在道路交通方面,随着入住人口规模不断扩大和私人小轿车的增长,连接住区与城区之间的公共交通状况恶化,可达性差。笔者在调查时发现,为减少在进城路上被堵的时间,许多居民驾车停放到地铁车站附近,再步行至车站乘地铁上班,连接住区与城区之间的交通拥堵矛盾日益激化③。

图 2.7　上班族在北京地铁回龙观站形成的潮涌,AM. 7:35　(赵景伟 摄)

①　曹亮功. 建筑策划综述及其案例(续)案例之三:回龙观艺术村建筑策划案[J]. 华中建筑,2004(5):34 - 38.
②　谢奇,潘晓棠. 宜居的人文景观保护和合理开发——城市边缘地带以及乡村地带景观建设[J]. 小城镇建设,2009(1):10 - 18.
③　赵景伟. 浅论北京回龙观社区的规划与建设策略[J]. 青岛理工大学学报,2011,32(6):41 - 47.

2.9.3　十九世纪后半期欧美城市两次著名的更新改建运动

1. 1853-1870 年奥斯曼的巴黎改建计划

欧洲城市建设和改造的规划新模式成为巴黎改造的前提条件。巴黎改造计划的核心,是干道网的规划与建设。重新形成中心区和确定郊区街道的走向,延伸了巴洛克时期的林荫谙,路网形成大十字和两个内环。

重新形成中心区和确定郊区街道的走向:在 1785 年关税区边界内的老巴黎贯穿着一个总长为 384 km 的道路网。Haussman 时期又新建了总长为 95 km 的多条街道,还取消了 50 km 的原有道路,于是,中世纪形成的城市结构解体了。奥斯曼将巴罗克式的林荫道与其他街道连成统一的道路体系,使这些林荫道成为延伸到郊区的现代化道路网的一部分,住郊区又铺设了 7 km 长的道路。在密集的旧市区中,征收土地,拆除建筑物,切蛋糕似地开辟出一条条宽敞的大道,这些大道直线贯穿各个街区中心,成为巴黎交通的主要交通干道。奥斯曼在这些大道的两侧种植高大的乔木而成为林荫大道,人行道上的行道树使城市充满绿意,巴黎的林荫大道开世界风气之先,如今林荫大道已成为全世界都市计划的共同语言。

奥斯曼还从以下方面进行了改建:新建了主要的基础市政设施,即自来水管网、排水沟渠、煤气照明等。采用了当时先进的技术措施新建了学校、医院、大学教学楼、兵营、监狱等基础设施建筑,开辟了几个大型公园;采用新的城市行政结构,将巴黎伸展到面积 8 750 万 m², 人口扩增到 200 万。严格地规范了道路两侧建筑物的高度、形式,并且强调街景水平线的连续性,这些经过仔细规范,同时期新建的楼房统一了巴黎的街景,造就了一个典雅又气派的城市景观,等等,如图 2.8 所示。

图 2.8　奥斯曼的巴黎改建①

---

① 由作者整理图.

2. 城市美化运动

"城市美化运动"(City Beautiful Movement)的根源可以追溯到欧洲16～19世纪的巴洛克城市设计,经典的例子包括拿破伦三世的巴黎重建和维也纳的环城景观带。而城市美化运动作为一种城市规划和设计思潮,则发源于美国。1901年,伯纳姆、奥姆斯台德(Olmsted)和麦金姆(McKim)成为纽约城市美化运动的三人小组成员,负责华盛顿特区的城市美化,并与1922年完成,但是"在它的后面,可怕的贫民窟在继续扩大着"。

城市美化运动的核心思想就是恢复城市中失去的视觉秩序和和谐之美,伯纳姆"正朝向更加野心勃勃的事业迈进,将缺失的城市秩序带到美国的大型工业城市或者港口城市中来"(霍尔,2001年),并采用古典主义加巴洛克的风格手法设计城市。伯纳姆主持完成了"芝加哥规划",这个规划遭到了众多人的嘲笑,芒福德认为是"都市化妆品",人人都抨击它忽视住房、学校和卫生,"它以市民和商业中心为基础,没有考虑在城市其他地区提供商业扩张机会"。当年,在首届全国城市规划与拥挤大会上,"一些规划师和他们的事业支持者们看到了乌托邦所要求的超出了人们所愿意支付的","城市美化迅速让位于通过区划来实现的城市功能"。虽然当时伯纳姆的"芝加哥规划"由于未考虑经济问题,未被政府正式采纳,但其影响传遍世界各地。

城市美化运动"最为壮观的表现"是在1910～1935年期间英国殖民统治地,其中包括印度的新德里规划(赫伯特·贝克、勒琴斯)、非洲的索尔兹伯里、哈拉雷、卢萨卡、内罗毕、坎帕拉等,所有这些规划的共同之处,在于"土地使用和住区结构",将白人和印度人、非洲人等完全隔离开来,尽可能远的与欧洲区分隔,规划的纪念性意义无比重要。

虽然城市美化运动是特权阶级为自己在真空中做规划,装饰性大,并未解决城市的要害问题,未给予整体良好的居住、工作环境,但在堪培拉却是一个成功的例子。堪培拉规划是由沃尔特·伯莱·格里芬(Walter Burley Griffin)和马里奥·马霍尼(Marion Mahoney)的竞赛获胜作品(1911年)(见图2.9)。但随后遭到了众多人的否定,英国人阿伯克隆比认为"这个设计是一个尚需学习基本原理的业余建筑师的设计"。1913年,格里芬被任命为联邦首都设计与建筑的总监,1920年它以失败而告终,"议会做了许多工作要废止这个规划,直到最后它才被确定下来,但也并未采取任何措施来实施"。45年后,格里芬的规划开始成形,20世纪末终于建成。

图 2.9　堪培拉规划

霍尔认为,"堪培拉实现了成为最后一个美化城市,也就是世界上最大的田园城市的艰难伟业"。"通过这种方式,它甚至是极少数几个霍华德式的多中心社会城市中的一个:对于一个经历漫长岁月都不能发展的城市而言,这是一个不小的成就。""它与一些城市美化的其他案例不同,它努力使自己变得亲切。"

"城市美化运动"强调规则、几何、古典和唯美主义,而尤其强调把这种城市的规整化和形象设计作为改善城市物质环境和提高社会秩序及道德水平的主要途径。在上个世纪初的前 10 年中,城市美化运动不同程度地影响了几乎所有美国和加拿大的主要城市[①]。城市美化运动在回到欧洲后,却进入到大独裁者的时代。意大利的墨索里尼、德国的希特勒、苏联的斯大林,都是这一时期城市美化运动的直接发起者。"在整个 1940年代,它使自己表现出众多不同的经济、社会、政治、文化状况;就那些标签所具有的含义而言,作为金融资本主义的侍女,帝国主义的代理人,无论左派还是右派的个人极权主义的工具。所有这些宣言的共同之处在于完全集中强调纪念性和表面化,强调建筑作为一种权利的象征"(霍尔,2001 年)。

2.9.4 城市更新的动因

1. 自然衰老

城市的物质要素(建筑、道路、市政设施、工程构筑物等)均有一定的使用年限,超过该年限即进入衰老,不加维护修理,会导致这些要素的衰败或倒塌,从而失去使用价值,如新疆交河古城。

交河古城,位于新疆维吾尔自治区吐鲁番市以西 10 km 的雅儿乃孜沟村 30 m 高的岛状悬崖平台上,维吾尔语称雅尔果勒阔拉,因河水分流绕城下,故称交河。最早是西域 36 国之一的"车师前国"的都城,城系车师人所建,建筑年代早于秦汉,距今约2000-2300 年(车师又称作姑师,是生活在此城最早的原始居民),十六国至北朝期间为高昌国的交河郡城,唐贞观十四年(公元 640 年)以后为高昌郡的交河县城,以后逐渐衰落,至明永乐年间城中只剩几户人家。

交河古城四面环水,故城状如柳叶,为一河心洲,南北长约 1 650 m,东西最宽处约300 m,古城总面积 47 万 m²,但现存建筑遗迹 36 万 m²。古城分为寺院,民居,官署等部分,城内建筑物大部分是唐代修建的,建筑布局别开生面,独具一格,最为明显的是该城保留着宋代以前我国中原城市的建筑特点,它是目前世界上最大最古老也是保存的最好的土建筑城市,如图 2.10 所示。近年来考古工作者在新疆交河古城保护发掘中又发现了一座地下寺院和车师国贵族墓葬,并出土海珠、舍利子等一批珍贵文物。

图 2.10 新疆交河古城遗址

---

① 俞孔坚.国际"城市美化运动"之于中国的教训(上)——渊源、内涵与蔓延[J].中国园林,2000(1):27-33.

2. 经济、社会因素

这些因素主要包括：城市职能或功能的发展变化,新产业的兴起如制造业、第三产业、高新科技产业等;城市人口的增长导致新的住房需求增大,旧的住房老化,需要改善提高;城市公共服务设施、市政设施需要不断完善充实增加;城市的环境质量需要提高,旧市区内外增加绿地、水面,沿河两岸需要整治,城市面貌、艺术质量需要提高;西方大城市中心区、工业区、码头区由于衰退,造成大量失业、人口外迁、环境恶化、社会不稳定;发展中国家存在严重的贫民窟问题,如亚洲最大的贫民窟——塔拉维贫民窟。

孟买是印度最多有钱人居住的城市,也拥有亚洲最大的贫民窟。塔拉维贫民窟位于孟买市中心地带,总面积约 2 km^2,生活着约 100 万人。许多住宅狭小,有的只有几平方米。住宅虽有自来水管,但经常断水。整个贫民窟缺乏排污系统,每 1 500 人才拥有一个厕所。这里没有一家公共医院,常流行痢疾等传染病。一些路面不平,经常积水。居民区各种电线密如蛛网,存在安全隐患。2007 年,孟买市政府开始实施重建塔拉维贫民窟计划,总投资约 23 亿美元。2008 年虽然遭遇国际金融危机冲击,但重建仍在进行。

3. 人为因素

人为因素包括战争破坏和火灾、恐怖袭击等,如华沙重建。

在二战时期,华沙大学建筑系的师生们出于对祖国建筑文化遗产的热爱,他们停止了一般课程的教学,集中力量把华沙古城的主要街区、重要建筑物都作了测绘记录。战争爆发后,他们把这些图纸资料全部藏到了安全的山洞里,房屋街道虽然毁了,但它的形象资料保存了下来。战后,华沙大学的师生们把战前画的老城市图纸拿出来展览,人们逐渐形成了一致的意见,要恢复华沙原有古城的风貌,并最终迫使政府改变了原来的决定。华沙人为自己的古城得到重建而自豪,华沙古城后来作为特例被列入《世界遗产名录》。因为世界遗产一般拒绝接受重建的东西,但华沙人民自发地起来保护自己的民族文化和历史传统,为世界所有的古城作出了榜样,确实对欧洲的古城保护产生了重要影响。

2.9.5　城市更新的主要方式

城市更新落实到某一具体的街区或建筑物上,更新包括保护、改建、修复、整治、拆除重建等多层次的内容。

1. 重建或再开发(redevelopment)

重建或再开发,是将城市土地上的建筑予以拆除,并对土地进行与城市发展相适应的合理使用。

2. 整建(rehabitation)

整建,是对建筑物的全部或一部分进行改造或更新,满足能够继续使用。

3. 维护(conservation)

保留维护,是对仍适合于继续使用的建筑,通过修缮活动,使其继续保持或改善现有的使用状况。主要用于历史文化古城或城市中的历史保护地区、地段或街坊。

2.9.6　城市更新的几个实例

虽然可以将更新的方式分为三类,但在实际操作中应视当地的具体情况,将某几种方式结合在一起综合使用,实现多种目标,获得多样的综合效果。

例如,加拿大多伦多旧酒厂原是多伦多市 170 多年前的造酒厂,2001 年整个厂区改造成一个艺术区和休闲区,作为国家历史遗产对待。有几十个艺术馆和艺术家的工作场,还有许多设计公司,剧场,特色商店和餐馆,如图 2.11 所示。

图 2.11　加拿大多伦多旧酒厂改建而成的综合性文化艺术园区

德国鲁尔区杜伊斯堡传统工业区衰败后,将一家大型钢铁企业留下的铁路、仓库结合自然植物构建了一个"生态公园"。北杜伊斯堡景观公园采用游憩公园为主的改造模式,如图 2.12所示。北杜伊斯堡景观公园位于杜伊斯堡市(Duisburg),原为著名的蒂森钢铁公司(Thyssen)所在地,是一个集采煤、炼焦、钢铁于一身的大型工业基地,于 1985 年停产,公园面积约 2.3 km²。游客可同时观赏工业景观与自然景观,登上原五号鼓风炉顶端可俯瞰周围全景。园内利用原有工业设施组织了丰富多样的活动,废旧的储气罐被改造成潜水俱乐部训练池;用来堆放铁矿砂的混凝土料场,设计成青少年活动场地;原来存放炼钢用焦煤的水泥构筑物被改造成攀岩者的乐园;一些仓库和厂房被改造成展览馆、电影院、迪厅和音乐厅,甚至利用巨型的钢铁冶炼炉作为背景进行别开生面的交响乐演出活动;投资上百万德国马克的艺术灯光工程,更使这个景观公园在夜晚充满了独特的吸引力。

图 2.12　北杜伊斯堡景观公园

还有巴黎的拉维莱特公园(Le Parc de la Villette),原是一座牲畜屠宰场及批发市场,兴建于 1868 年,位于巴黎东北角,是远离城市中心区的边缘地带,人口稠密而且大多是来自世界各地的移民。为了改善城市居民的生活环境,减少城市污染,人们提出了将自然引入城市、以园林弥补城市之不足的观点。1973 年 10 月屠宰场关闭之后,德斯坦总统提议兴建一座大型的科技、文化设施,包括北面的国家科学、技术和工业展览馆及南面的音乐城和公园。1982 年 4 月,密特朗总统执政时期开始了拉维莱特公园国际性方案招标,这也是法国第一个为选择城市公园的设计师而组织的国际性方案竞赛。设计纲要明确指出:要将拉维莱特公园建成具有深刻思想内涵的、广泛及多元文化牲的新型城市公园:它将是一件在艺术表现形式上"无法归类"的并由杰出的设计师们共同完成的作品,如图 2.13 所示。

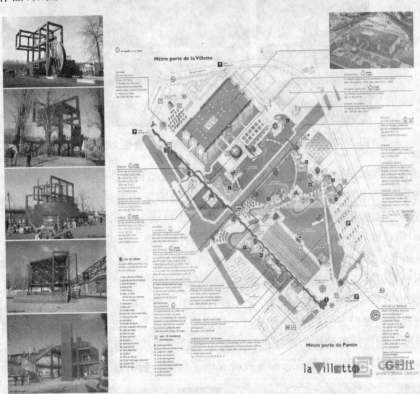

图 2.13　巴黎拉维莱特公园

拉维莱特公园面积 33 公顷,是巴黎市区内最大的公园之一,包括公园北面的国家科学、技术和工业展览馆以及南面的钢架玻璃大厅和音乐城,总占地面积达到 55 公顷。在交通上以环城公路和两条地铁线与巴黎相联系。公园被设计为一个由点(Folie)、线(纵横和曲线状的道路)、面(被树木等分割而成的活动空间)所构成的多层次镜像。这种"非建筑的"设计手法将建筑的各个组成部分肢解为一系列属于不同层次的记号,然后按照严格的逻辑对建筑的程序进行再构筑。对于深受解构主义哲学影响,并且纯粹以形式构思为基础的公园设计,伯纳德·屈米(Bernard Tschumi)认为是用明显不相关方式重叠的元素来建立方案的新秩序。这种概念抛弃了设计的综合与整体观,是对传统的结构、对功能与审美原则的反叛。他将各种要素分解开来,不再用和谐、完美的方式相连接与组合,相反却利用机械的几何结构处理,以体现矛盾与冲突。这种结构与处理方式更注重景的随机组合与偶然性,而不是传统公园精心设计的序列与空间景致。

东京惠比寿花园,原是札幌啤酒惠比寿工厂旧址,现在改建为一处多功能的城市中心。惠比寿花园(Yebisu Garden Place)在东京都涩谷区,对它的改建始于 1994 年,当时据说是"对山手线内最后 次大规模开发",是 20 世纪日本最后一个大型城市更新改建项目。惠比寿花园占地 83 万 m²,约 60% 土地被绿地和水覆盖,能充分感受到欧洲的气氛。经过多年的改造建设,这里已经转变成一个欧式庭院风格的综合性商业办公及购物中心,文化设施也很齐备。入口处右侧是啤酒广场,安放有巨大的啤酒发酵罐,可同时容纳数百人就餐的啤酒餐厅十分著名;建筑风格古老的惠比寿啤酒纪念馆介绍札幌啤酒的发展史,如图 2.14 所示。惠比寿花园是一个集中了住宅、办公室、商业和文化为一体的综合性设施,是城市开发规划的结晶,这个项目考虑到了周围环境的实际情况,实现了时间和空间的完美结合,设计中致力于把 40% 以上的空地可以作为公众利用空间。本项目成为了都市规划的象征,休闲广场也成为了惠比寿花园的核心。

我国在这方面也出现了一些比较好的案例,如北京龙须沟(见图 2.15)、上海蕃瓜弄(见图 2.16)、沈阳铁西区(见图 2.17)、成都宽窄巷子(见图 2.18),等等。

图 2.14　惠比寿啤酒博物馆

图 2.15　龙须沟改造前后

图 2.16　上海蕃瓜弄

图 2.17　沈阳铁西区

图 2.18　成都宽窄巷

综上所述,世界上各大城市纷纷进行城市旧城改造的进城逐渐加快,我国的城市更新主要具有以下几方面的动因。

首先,在高速城镇化的背景下,一些城市土地资源缺乏。不断拓展新城区,而且面积很大,基础设施投入大,城市无限扩展,显现诸多问题和不利。

其次,经济发展、人民生活水平提高,对住房及居住环境的要求越来越高,一些城市的既有住房质量较低、设施差,长期失修。

　　第三,刘易斯·芒福德曾说过"真正影响城市规划的因素是深刻的政治和经济的转变",对于我国的大部分城市来说,城市的政府关注民生,急于通过旧城改造,改变面貌,提升 GDP,做出政绩。

　　第四,人的需求变化也是一个更新的内在动因。城市是人类社会实践的产物,人是城市的主体,城市的发展是人的主体行为的结果。随着经济社会发展新阶段的来临,人的需求不断变化、需求层次不断提高,人的调整能力门槛的突破、原有的城市结构就会成为一种约束,对其更新是一种必然。同时,改革开放以来,居民生活水平不断的提高,人的不同层次的需求不断得到满足,对空间的需求的"量"也不断增加,这必然会在原有建成区的基础上进行城市空间扩展,而城市空间的扩展导致更新的必然性。

　　在我国,对于地方政府来说,形象工程作为政绩信号比较直观、也是比较快捷的途径。因此,在政绩机制的作用下,在组织城市改造时,进行脱离地方实际的城市建设,追求所谓的大广场、宽马路和标志性建筑(见图 2.19),在改造过程中,也会遇到非常大的阻力(见图 2.20)。

图 2.19　某市政府大楼及广场

图 2.20　更新中的阻力

2.10　紧凑城市(Compact City)理论

　　在 2.8 节中,论述了"精明增长"理论的本质含义。精明增长是在拓宽容纳社会经济发展用地需求的途径基础上控制土地的粗放利用,改变城市浪费资源的不可持续发展模式,促进城市的健康发展。城市的"精明增长"主要体现在两个方面:增长的效益,有效的增长应该是服从市场经济规律、自然生态条件以及人们生活习惯的增长,城市的发展不但能繁荣经济,还能保护环境和提高人们的生活质量。容纳城市增长的途径,按其优先考虑的顺序依次为:现有城区的再利用—基础设施完善、生态环境许可的区域内熟地开发—生态环境许可的其他区域内生地开发。通过土地开发的时空顺序控制,将城市边缘带农田的发展压力转移到城市或基础设施完善的近城市区域。因此,精明增长是一种高效、集约、紧凑的城市发展模式。我们可以从中看出,精明增长就是在不破坏目前赖以生存的资源条件下,建设现实的宜居、安全、现代化的城市,而紧凑节约是其核心[①]。在 20 世纪,为了寻求最佳的城市设计,紧凑城市被城市规划师、建筑师和社会学家采用,包括埃比尼泽·霍华德、弗兰克·L·赖特、勒·柯布西耶、保罗·索莱利。

2.10.1　紧凑城市的定义辨析

紧凑城市思想起源于 20 世纪 70 年代,紧凑城市首先由 G. B. Dantzig 和 L. Satty 在《紧凑城市—适于居住的城市环境计划》(Compact City: A Plan for a Liveable Urban Environment)一书中定义,该书出版于 1973 年,是紧凑城市理念最早的著作。同年,G. B. Dantzig 在奥尔良会议上阐述了采用紧凑城市理念的原因、紧凑城市的 17 个优点、需要进一步加以研究的工作领域和方法等内容。"紧凑"作为一个城市发展策略的关键字逐渐引发了来自政府和各学科专家的广泛讨论[②],但是直到 20 世纪 90 年代初才被西方广泛关注。针对发达国家近几十年来由于过度郊区化而使城市无控制的蔓延和无节制的浪费,1990 年 6 月,欧共体委员会(CEC: Commission of the European Communities)在布鲁塞尔发布了《城市环境绿皮书》(Green Paper on the Urban Environment),对欧洲城市环境现状和日益严峻的城市衰退困境首次提出了回归紧凑城市的城市形态,在世界上引起了重大的轰动,以英国和荷兰为代表的许多欧洲国家先后提出了各自的"紧凑"策略以应对当时的城市问题[③]。但是直到目前,世界上各国学者仍然对紧凑城市的定义进行争论,许多学者从不同角度试图给出紧凑城市的定义并提出相关模式:城市空间形态,城市生活性,交通和尾气排放以及市政设施使用经济性[④]。

哈若萨瓦(H. Harasawa)认为:紧凑城市就是指一个人口密度很高的城市,总体来看,其横向的衡量指标包括城市的总建筑基底面积和昼夜人口数,其纵向的衡量指标则包括城市的土地产出量和城市的能源消耗等,一个城市所具备的多种功能的特性塑造了城市的特征[⑤]。澳大利亚学者纽曼(Newman, 1992)和肯沃西(Kenworthy, 1989)在对全世界各大城市进行研究的过程中,将人均石油消耗量与人口密度进行比较,发现城市密度与人均消耗量之间存在着规律性,即城市密度越高,人均能耗量越少。密度最低而能耗量最高的城市往往在美国,欧洲的能源使用效率则相对较高,香港依靠庞大的交通系统的支持,在人口密度较高的城市中也产生了最经济的能效。由此他们得出结论:如果要减低能耗及尾气排放量,就必须采取措施提高城市密度并改善交通。美国学者戈顿(Gordon)、理查德森(Richardson)认为市场机制本身就完全有可能形成多中心化的城市,并相对的降低能源消耗,分散式的发展与有效的土地混合利用结合也能降低人

---

① 徐新,范明林. 紧凑城市——宜居、多样和可持续的城市发展[M]. 上海:世纪出版集团,2010.
② 李琳. 紧凑城市中"紧凑"概念释义[J]. 城市规划学刊,2008(3):41-45.
③ 李琳. 欧盟国家的"紧凑策略":以英国和荷兰为例[J]. 国际城市规划,2008(6):106-116.
④ 周静,彭晖. 历史主义视角下紧凑城市的再思考[C]//生态文明视角下的城乡规划——2008 中国城市规划年会论文集,2008:1-7.
⑤ HARASAWA H. "Compact city project"[C]//Proceedings of IGES/APN Mega-City Project (Rihga R, 2002:1-11.

均能耗,紧凑是高密度的或单中心的发展模式①。霍尔(Hall,1991)对纽曼和肯沃西的若干疏漏进行了批判,他指责这二人将城市密度的问题简单化,并指出交通距离不仅与城市密度有关,还与城市的结构相关。

希尔曼(Hillman)指出紧凑城市是缩短交通距离,进而降低废气排放量乃至抑制全球变暖趋势的一个途径,他承认居住空间密度的增加将意味着个人生活方式的某种改变,但又指出这样的变化不会产生负面影响,通过降低石油消耗,城市居民将会体验到由交通费用、取暖费用的降低及污染的减少所带来的种种裨益②。瑞达(S. Rueda)赞成紧凑城市是一个高密度、土地混合利用的城市空间增长模式,通过将各种分散的城市单元聚集到一起,来选择多样性的交通方式,通常被认为是强调城市空间网络中节点的开发③。埃尔金(Elkin,1991)等人指出要通过提高居住密度和集中化来增加城市空间的使用效率,"规划应以实现土地利用的整合化和紧缩化为目的,并达到一定程度的'自我遏制'"。布雷赫尼(Breheny)将研究者的立场大致划分为两个阵营:分散派和集中派。分散派主张城市的分散化发展,解决工业城市所面临的诸多问题为目标;集中派则倡导城市的高度密集化发展,并主张实行城市遏制政策。他认为城市集中化的支持者们所声称的这种收益可能根本就经不起考验,城市紧缩所带来的在可持续发展方面的收益是否能抵消城市居民所遭受的种种不便与"痛苦"还不得而知,主张采取一种折衷的立场:将集中化方案的优点(如抑制城市扩张,实现城市更新)及分散化方案(向小城镇及城郊的扩散,并提供一系列配套的基础设施)的优势相互结合起来,他认为折衷的立场并不是从理想主义的角度提出的,相反他来自于对现实的接纳——对于任何愿意接受现实主义的立场的人来说,它避免了极端的立场可能带来的激进的态度,分散论从集中论那里可以吸纳遏制政策、城市更新策略及全套的新内城环境更新工程,可以对自发的分散化过程加以有效的控制④。陈秉钊(2008 年)认为紧凑城市是明智的选择,紧凑的城市首先是土地资源的节约和集约,其次要以 TOD 的模式建构城市的空间结构,使城市既紧凑又有节奏,既节地、节能又生动、活泼,紧凑城市也能建成生态型的城市⑤。祁巍锋(2010 年)对紧凑城市进行定义:以防止城市蔓延、实现土地与能源的节约,提高城市运行效率为目的,具有要素集聚、形态紧凑、功能混用等空间特征的一种城市空间结构,是实现城市与区域可持续发展的基本理念、发展模式和策略手段⑥。

胡·斯特顿(Stretton)则对澳大利亚的城市紧缩化提出了批评,他指出城市"巩固"将会造成巨大的损失,实现可持续发展的解决途径在于改革城市的交通系统而不是

① GORDON P, RICHARDSON H W. Are compact cities a desirable planning goal? [J]. Journal of the American Planning Association, 1997, 63(1): 95 - 106.
② 迈克·詹克斯,伊丽莎白·伯顿,凯蒂·威廉姆斯. 紧缩城市——一种可持续发展的城市形态[M]. 周玉鹏等译. 北京:中国建筑工业出版社,2009.
③ RUEDA S. City models: basic indicators[M]. Quaderns: [s. n.], 2000: 225.
④ 迈克·詹克斯,伊丽莎白·伯顿,凯蒂·威廉姆斯. 紧缩城市——一种可持续发展的城市形态[M]. 周玉鹏等译. 北京:中国建筑工业出版社,2009.
⑤ 陈秉钊. 城市,紧凑而生态[J]. 城市规划学刊,2008(3):28 - 31.
⑥ 祁巍锋. 紧凑城市的综合测度与调控研究[M]. 杭州:浙江大学出版社,2010.

对城市的结构进行重新的改造。斯特顿结合澳大利亚的环境、经济、社会公平、社会生活对谴责澳大利亚不断扩展和蔓延并认为其"环境的不可持续发展、经济效率低、发展不均衡和群居性差"的学者进行了"强有力"的批判。他认为，提高居住密度可能并不是最妥善的解决途径，减少私家车的能源消耗可以为可持续发展做出一定的贡献，拥有私家花园的居民比公寓居民更加关心自然环境；按照澳大利亚现有的城市密度而论，其市场生产力、家庭生产力和城市对工业发展及家庭需要的满足程度都保持了良好的发展态势；澳大利亚的社会公平与社区生活也比欧洲优越的多，这在一个层面上回击了谴责者的质疑。

他指出现今城市应该努力从以下几个方面努力：制定规划及交通政策；改善老郊区人行道和自行车道的路况；利用提高税收所获得的收入来改善城市的公共交通条件；实行燃料配给政策；改造汽车[①]。胡·斯特顿的反击为如今高度紧凑的城市进程所遇到的问题提供了有效的解决方式，关键在于这种方式会不会引发新一轮的城市"大饼"现象，作者认为只有采取缩小城市差距、城乡差距，合理布置工业产业基地，加强混合土地利用和地下空间利用，走区域发展的道路，才能有希望实现这一目标。

尽管存在定义上的争议，但却不影响我们可以将紧凑城市发展模式与集约城市发展模式联系在一起。紧凑城市并不限于对土地的节约，实际上属于一种集约化的发展方式，包括对能源、时间等的集约利用[②]。紧凑城市发展模式和集约城市发展模式的研究背景及兴起时间都相同，而研究目标也是集中在如何转变城市蔓延的发展模式。节约土地是城市实现可持续发展的重要手段。这两种城市发展模式的核心思想是：在有限的城市空间布置较高密度的产业和人口，节约城市建设用地，提高土地的利用效率，建立起以步行非机动车系统与公共交通系统为主体的城市交通体系，以及完善城市功能和居住舒适、卫生安全的环境条件等。Ewing（1997 年）认为紧凑是就业与居住场所的集聚，包括城市用地功能的混合[③]。紧凑城市并不是一个可以决定城市的标尺，如区域、公共空间或人口的规模等，而是在一定程度上城市功能的恰当密集，既不贫乏也不过剩，城市的增长和环境负担保持良好的平衡、持续的发展状态，如图 2.21 所示。尽管紧凑城市发展模式与集约城市发展模式具有较大的共同点，这两者仍然还存在着一些微观的差异。首先，在研究的方向上各有侧重，"集约"概念中土地的属性被抽象化，其研究主要从单位土地的利用效率着手，"紧凑"将主要的研究方向放在城市空间的整体运作效率上；其次，"集约"更多的涉及经济效益，可被较为客观的度量，"紧凑"则涉及了关于城市生活质量的主观评价，客观的度量有一定的难度。

---

① 胡·斯特顿.澳大利亚城市的密度、效率和公平性[G].紧缩城市——一种可持续发展的城市形态.北京：中国建筑工业出版社，2009：48－56.

② 闫常鑫，刘新武.紧凑城市布局与城市交通[C]//2006 年湖南省城乡规划论文集，2006：7－9.

③ EWING R. Is LOS angeles - style sprawl desirable? [J]. Journal of the American Planning Association, 1997, 63(1): 107－126.

图 2.21   上海外滩建筑群①

赫德利·史密斯(Hedley Smyth)认为,紧缩城市由于市内交通尽量的被缩短,尤其是各个功能区在空间上毗邻,其环保效能是非常明显的。但是,"在提升、灌输和构建紧缩城市的理念时会遭遇经济上的实际困难","由于社会问题并不是紧缩城市理论的核心,于是整个城市的大环境无法得到关照,而特定的社会群体则从地理上被完全排除在了该理论的规划之外。"赫德利·史密斯强调了城市的紧缩化容易引发社会群体的两极化发展,导致收入较低的人口只能承担起郊区的低密度居住环境,并且依赖于交通速度而达到与紧缩空间的临近,"紧缩城市的方案将会迫使社会不利阶层从城市的中心及内城迁到过渡区","过渡区将会成为一个环绕着紧缩城市的由社会弱势群体所组成的'面包圈'式的包围圈","它构成了一个可怕的居住圆环,被无数充斥着危险与暴力的城市主干道所刺戳","强调紧缩城市的概念应包含更多的、公开的社会性内容","一个成功的紧缩城市应把对社会及经济问题的考虑放在与环境问题同等的地位之上"。

2.10.2 紧凑城市的内涵

城市的郊区化加速了城市的无序蔓延,使大量的土地浪费掉,并且导致了乡村景观特色的消失。人们的出行越来越依靠小汽车,大量的宝贵的能源被消耗,环境遭到破坏,人类正在面临前所未有的生存危机。事实证明,城市的无序蔓延不仅破坏了传统社区内部的有机联系,加剧了社会阶层的分化与隔离(见图 2.22),更有可能在蔓延的过程中会再次形成"城市病",导致郊区的衰退。

紧凑城市的思想反对城市无控制的蔓延和无节制的浪费,强调对资源的节约利用②。紧凑城市是一种集中的城市形态,以可持续性为基础,强调将土地利用、建设密

---

① 资料来源:http://www.nipic.com   2012-6-18.
② 闫常鑫,刘新武.紧凑城市布局与城市交通[C]//2006年湖南省城乡规划论文集,2006:7-9.

度和公共交通规划一体考虑。近年来,紧凑城市的内涵研究主要集中在高密度的城市开发、混合的土地利用、优先发展公共交通等方面[①]。

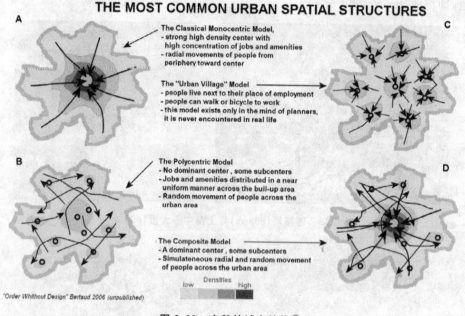

图 2.22 交替的城市结构[②]

1. 高密度的城市开发

城市高密度的开发具有保护土地资源和降低能源消耗的双重意义[③]。城市高密度的开发应该是在不改变城市用地空间范围的情况下,通过改变城市的内部结构(土地结构、空间结构、产业结构等),更新城市的内部机能(如基础设施、公共交通、土地使用效率),开发城市现有的潜在空间资源,从人口密度、建筑密度、经济密度、就业密度以及土地利用效率、质量等几方面达到提高城市密度的一种方式。

向城市上部空间的开发,修建高层建筑,是一种在20世纪20年代以来世界各国都采用的方式,至今仍在继续,如图2.23所示。但是针对近十几年来世界范围内高层建筑所频发的重大灾害,引起了不少学者对其安全性和节约性的担忧。

通常,城市拓展所采用的方式,是沿着城市的水平层面开发。这种开发简单,投资少,通过突破原用地范围来占用耕地,向城区以外疏散工业和人口,显然对于节约用地不利,很容易造成城市的"摊大饼"而无序蔓延,如图2.24所示。这种开发方式,不仅增加了人们的交通距离,提高了人们对小汽车的依赖程度,不容易实现步行和自行车通

① 赵景伟. 紧凑城市形态下地上地下空间整合原则初探[J]. 地下空间与工程学报,2012,08(3):449-454.
② http://www.alain-bertaud.com/AB_Files/AB_Brasilia_2010_20_August_1.pdf.
③ 徐新,范明林.紧凑城市——宜居、多样和可持续的城市发展[M].上海:世纪出版集团,2010.

行,而且还极大地消耗了地球上有限的能源,增大了地球受污染的程度,引发全球变暖。这种开发方式,要最大限度的的利用城市土地,特别是那些空闲的、荒废的和被污染的土地,即棕地(brownfield Site)。

图 2.23　迪拜塔(828 m)与上海中心大厦(632 m)

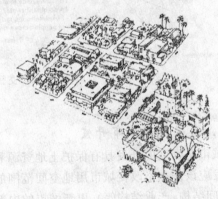

平面蔓延城市与紧凑城市　　　　　　　城市平面开发与紧凑开发

图 2.24　城市的开发①

　　最早的棕地概念是在 1980 年美国国会通过的《环境应对、赔偿和责任综合法》(Comprehensive Environmental Response, Compensation, and Liability Act, CER-CLA)中提出来的。在《英国的可持续发展策略》(英国政府,1994 年)报告里重申了他们对密集化过程(紧凑化过程)的承诺,并且提到:政府在 2012 年以前,要通过最大程度地利用城市土地(尤其是那些空闲的、荒废的和被污染的土地)和保护农村和城区中重要的开阔地来实现对全国土地资源的合理使用。在其一个居住报告《我们未来的家园》(英国政府,1995 年)白皮书里也申明:在现有的城镇范围内发展建筑远比开发那些郊区的绿地更利于可持续发展。

① SHEN Qing-ji. An analysis on rodney r. white S academic thoughts of ecological city[J]. Urban Planning Forum,2009(6):111-118.

目前,美国、英国、德国等欧美国家都在棕地的利用和立法上做出了积极的努力,并在城市更新及改造的实践中取得了非常显著的成果。世界银行东亚基础设施部 2005 年发表的城市发展工作报告《中国废弃物管理:问题与建议》指出我国的棕地数量目前大约有 5 000 块。在我国,把国有老企业的工厂、废弃厂房或仓库改造成为文化艺术园,形成一种新型的文化创意产业,也是有例可举,如北京 798 艺术区就是在原 798 厂所在地规划开发的文化创意产业园区(见图 2.25)。798 艺术文化艺术园区因其有序的规划、便利的交通、风格独特的包豪斯建筑等多方面的优势,吸引了众多艺术机构及艺术家前来租用闲置厂房并进行改造,逐渐形成了集画廊、艺术工作室、文化公司、时尚店铺于一体的多元文化空间。在德国,埃森市某工厂是德国矿业同盟工业文化园区的一部分,该园区曾是欧洲最大的采矿区与德国工业命脉,随着工业时代没落,这里以包浩斯建筑风格被联合国教科文组织认定为世界文化遗产,从废弃工业区摇身一变为艺术文化产业园,图 2.26 所示的是由废弃炼焦厂改建的游泳池。

图 2.25　798 艺术文化艺术园区内景　(赵景伟 摄)

图 2.26　由废弃炼焦厂改建的游泳池

向城市下部空间的开发,建设地下空间,可以取得比地上空间开发更有利的局面。

传统的二维的城市规划方法在很多情况下已经无法适应地下、地上和空中空间系统的立体整合规划设计①，而且在关于城市形态和功能的争论过程中，往往都忽略了城市地下空间的综合利用。由于地下空间资源十分丰富，地下空间的开发利用已成为人类在有限的地球上扩大生存空间唯一现实的途径，对人类社会未来的发展，有着难以估量的重要意义。开发利用地下空间，不仅可以节约城市土地资源，还能减轻地面交通和环境的负荷，方便地铁与其他交通方式的转换，并使城市活动避开寒暑、风雨等恶劣天气的影响而变得更加舒适，如图 2.27 所示。合理利用城市地下空间，不仅同样可以达到抑制城市无序扩张、节约用地的目的，而且可以缓解因城市高密度发展而给地面交通和环境带来的压力②。

图 2.27　地面建筑的地下空间利用

　　为了获得最理想的城市地下空间利用，必须考虑将其与其他设计概念相结合。这种城市发展在本质上被视为三部分，这个概念称为"三位一体概念"，包含三个要素：坡地、紧凑的城市形式、地下空间。城市设计和建设的三位一体概念倡导地下空间与紧凑的形式以及坡地选址整合为一体。城市规划师可以使用这三个要素中的任何一个，可以用孤立的形式并列使用一个要素，可以采用半整体的形式使用两个要素，或者采用完全整体的形式使用三个要素。这样，地下空间的有效利用可以全面的回应某些日益紧迫的城市问题③。城市的地上、地面、地下的高密度开发，体现了城市用地开发强度的提高，单位用地的人口、经济承载能力也相应提高，承载相同人口规模的高密度城市的用地相对较少，是实现紧凑城市的重要途径之一。

①　卢济威,于奕. 现代城市设计方法概论[J]. 城市规划,2009(2):66-71.
②　祁巍锋. 紧凑城市的综合测度与调控研究[M]. 杭州:浙江大学出版社,2010.
③　GOLANY S G, OJIMA T. Geo-Space urban design[M]. BeiJing: China Architecture & Building Press, 2005.

2. 混合的土地利用

每种类型的土地利用都可能产生对其他类型土地的潜在使用要求。混合的土地利用是通过土地的混合开发获取最大限度的土地资源，强调各种土地使用功能在一定范围内的混合，避免出现单一功能的用地。例如，克拉伦登公共市场位于哥伦比亚特区之外，是一个汇集了商场、饭店、办公楼、住宅、公共开放空间和公共停车场等混合用途的城区。在邻里住宅项目中可以进行商业零售的开发，混合用途的开发有利于为居民提供日常生活所需的基本服务(如干洗店、食品店、烟杂店)[1]。

混合的土地利用出现于 20 世纪 60 年代，随着雅各布斯的"城市功能的多样性"理念而受到重视，它是指综合利用开发的方式，也就是将居住用地与就业、休闲娱乐、公共服务设施用地等混合布局，可以在更短的通勤距离内提供更多的就业机会，扩大步行和自行车出行的可能。这种利用方式减少了对外交通和小汽车的使用，不仅减少了能源消耗，而且能够缓解城市交通的压力，减少对城市环境的污染排放。土地混用还可以促进混合区的人口密度，提升城市活力，并能预防犯罪、提升地区安全性[2]，有利于创造综合的、多功能、充满活力的城市空间，有利于形成和谐的社会氛围[3]，从而使得城市的质量和吸引力提升。

北京的西单商业区(见图 2.28)是北京市历史最悠久的三大商业区之一。

图 2.28　北京西单商业区(赵景伟 摄)

西单商业区发展到现在已成为日益繁荣的现代化商业中心区，南起宣武门，北至灵

① 林磊. 从《美国城市规划和设计标准》解读美国街道设计趋势[J]. 规划师, 2009(12): 94-97.
② 祁巍锋. 紧凑城市的综合测度与调控研究[M]. 杭州: 浙江大学出版社, 2010.
③ 吕斌, 祁磊. 紧凑城市理论对我国城市化的启示[J]. 城市规划学刊, 2008(4): 61-63.

境胡同,覆盖西单十字路口,南北长 1 600 m,东西宽 500 m,占地约 80 公顷。在 1983 年开始进行改造,通过逐步引入现代城市规划设计的理念,不断增加商业设施的投入,先后建成了西单购物中心、君太百货、西单赛特、中友大厦、中友百货、香港百骏明光百货等多家大型综合商场;新建了北京图书大厦、西单文化广场、明珠市场等各种特色商业场所;加上广州大厦、华威大厦、华南大厦、高登大厦、民族大世界、西单国际大厦、中银大厦、太运大厦、国际电力大厦、山水宾馆等一批新建、改扩建建筑与原有的民航大厦、北京电报大楼、民族文化宫等大型建筑构成了商业区现代化的建筑群,扩展了西单商业区的商业规模,提升了西单商业区的整体商业氛围。

　　针对西单商业区停车难的现状,西单商业中心在改造过程中实现了地下停车场区域的整合,同时将扩大了的西单文化广场地下空间与地铁西单站进行整合开发,建设了近 2 000 m² 的西单文化地下博物馆,并在新增恢复西单牌楼,优化了西单商业区的购物环境,集休闲、聚客、展示、宣传、购物、娱乐等功能于一体。随着大规模的建设改造和商业布局的调整完成,西单商业区已由传统的商业、餐饮业转变为以商业为主,餐饮、娱乐、健身、文化、旅游、金融、饭店、电信、房地产等多业并举的泛商业业态结构,成为混合土地利用的典范。不过,目前的西单商业中心仍然存在需要改善的地方,特别是在交通方面。

3. 优先发展公共交通

　　乘坐汽车的人以及在很大程度上还包括非乘坐汽车的人好像都没有认识到我们生活中不断增长的机械化所带来的危害,也没有认识到逆转这种进程比仅仅是减慢这种进程更能带来绝对压倒性的好处,主要是因为"较大量的交通反映了有活力的经济和社会的发展进程"而被说服的[①]。举例说明:北京市的人均劳动生产率为一年 10 万元人民币,分摊在每小时上的价值有 20 元。如果一天中有 200 万人坐车上下班,堵车一小时,按照一个人社会成本为 20 元来计算,因为堵车造成的社会成本一天就是 4 000 万元,一年的社会成本就达到 144 亿。相比于北京市 2004 年 3 300 亿元的 GDP 总量,可以发现交通堵塞造成的损失相当于 GDP 总量的 4%。在各调查城市中,北京的拥堵经济成本为 335.6 元/月,居各城市之首。其次是广州和上海,拥堵经济成本分别为265.9 元/月和 253.6 元/月。此外,北京居民上下班时间的花费也在各城市中居于高位,道路畅通时每天平均花费时间 40.1 min,而道路拥堵时则平均达到 62.3 min。机动车数量多是各地居民认为城市拥堵的最主要原因。

　　减少小汽车的使用,发展公共交通特别是轨道交通,鼓励步行和自行车出行,减少由于交通拥挤而浪费的时间,降低空气污染,最终实现减少能源消耗的目的,也是紧凑城市的内涵研究之一。高效率的城市交通组织,平等高效的公共交通系统,将居住区、

---

① 梅尔·希尔曼.支持紧缩城市[G].紧缩城市——一种可持续发展的城市形态.北京:中国建筑工业出版社,2009:38-47.

商业区、娱乐区和交通枢纽连接起来,为人们提供开车以外的零污染交通选择途径①,是维持紧凑城市的紧凑、高密度城市形态的基础。

香港总面积约 1 104 km²,已发展的土地少于 25%,郊野公园及自然保护区的面积多达 40%。2009 年底香港人口临时数字为 702.64 万人,人口密度为 6420 人/km²,是世界上人口最稠密的城市之一(见图 2.29),市区人口密度平均高达 21 000 人/km²。香港拥有高度发展及成熟的交通网路,公共运输的主要组成部份包括铁路、巴士(公共汽车)、小巴(公共小型巴士)、的士(计程车)及渡轮等,其中,铁路是香港最主要公共运输工具,每日载客约 412 万人次;其次是专营巴士,每日载客约 394 万人次。除此以外,香港政府为方便半山区居民往来中环商业区,并舒缓半山区狭窄道路的繁忙情况,修建了中环至半山自动扶梯系统(见图 2.30),整个系统全长 800 m,垂直差距为 135 m,由有盖行人道和天桥、20 条可转换上下行方向的单向自动扶手电梯和 3 条自动行人道组成,成为全球最长的户外有盖行人扶手电梯。依靠这个庞大的城市交通系统支持,香港产生了世界上最经济的能耗,这都是归功于提高城市密度并改善交通的好处。

图 2.29　紧凑的城市——香港

图 2.30　中环至半山自动扶梯系统

TOD 模式,即"交通引导开发"(Transit Oriented Development,TOD),本质上是指公

---

① 温春阳,周永章. 紧凑城市理念及其在中国城市规划中的应用[C]//和谐城市规划——2007 中国城市规划年会论文集,2007:681-684.

共交通。TOD的概念最早是由彼得·考尔索普(Peter Calthorpe)在1992年提出的,并在1993年出版的《The American Metropolis — Ecology, Community, and the American Dream》一书中提出了"公共交通引导开发"(TOD),并对TOD制定了一整套详尽而有具体的准则[1]。TOD是利用快速的、大容量的公共交通线路走向引导城市扩张方向,通过公交站点周边土地的混合开发和高效利用,形成用地紧凑、功能均衡、环境宜人的城市生长点,从而共同支撑城市的空间结构和形态,实现土地集约、高效的扩张和促进绿色、公平的居民出行的规划、设计和开发模式[2]。英国政府在公布的《英国的可持续发展战略》(1994年)及针对交通问题拟定的《规划政策指导13》(PPG13,交通部及环境部,1994年)中都表达了对城市实施遏制政策的取向,PPG13以ECOTEC(1993年)的研究报告为基础,倡导提高城市的综合密度,尤其是公共交通网络的密度,并指示"根据交通设施的状况来安排各类开发项目的位置;鼓励开发便于步行、非机动车通行及利用公共交通工具的各类项目"。1997年,塞维罗和科克曼(Cervero,Kockeman)提出了关于TOD的"3D"原则:密度(Density)、多样性(Diversity)、合理的设计(Design),倡导提高城市土地和公共服务设施的使用效率,增强城市传统功能区的活力,获得最大化的综合效益。

巴西库里蒂巴市区人口180万,26个卫星城人口70万,汽车近100万辆,优先发展与使用公共交通,尽量满足占城市居民大多数中低收入者的出行需求,通过建立零空间、零成本的巴士公交系统,鼓励人们使用公交出行(见图2.31)。自1974年以来,该市人口虽然增长了一倍,但是由于公共交通具有极大的诱惑力,许多有小汽车的人纷纷改乘安全、快捷、便宜的公共汽车出行,小汽车的交通量却下降了30%。库里蒂巴的公共汽车是巴西最密集最繁忙的交通系统,日平均输送190万人次,在繁忙的上下班时间,人们只需等45分钟就可以乘上公共汽车,现在市内75%的上班族都利用公共交通。

图2.31　库里蒂巴27米长的快速公交车　(颜欢 摄)[3]

综上所述,从紧凑城市的内涵研究可以看出,紧凑城市是以城市的可持续发展为目

---

①　陈秉钊. 城市,紧凑而生态[J]. 城市规划学刊,2008(3):28-31.
②　中国城市科学研究会. 中国低碳生态城市发展战略[M]. 北京:中国城市出版社,2009.
③　www.people.com.cn.

标,TOD 模式更加强调的是城市自身的"高品质发展",以保证紧凑城市结构的有机
生长。

2.11　小　结

自 18 世纪末以来的 100 多年城市发展历程中,城市规划运动和规划思想始终是在
不断争论的过程中发展、演变。早期的规划大多是由于思想、文化和社会环境的变迁,
而变得难以重构。霍尔(2001 年)认为,城市的规划总是与城市问题很微妙的交织在一
起,与城市的经济、社会与政治问题交织在一起,并且反过来与现实的整体社会—经
济—政治—文化生活的问题交织在一起。

霍华德的"田园城市"理论、沙里宁的"有机疏散"理论、赖特的"广亩城市"理论所体
现的思想都是以更大尺度的城市范围来讨论解决城市问题。他们认为只有通过建设城
市区域外的"田园城市"、"广亩城市"等新的生活和就业空间,向城区外疏散人口和工
业、商业等,才能解决城市中心区的过度拥挤、环境恶化和过于贫困等一系列的社会问
题和矛盾。柯布西耶的"光明城市"则提出只有通过提高城市中心区的密度,充分利用
城市上、下部空间,才能有效的将城市地面交通引向地下空间,为城市地面争取更多的
开敞空间和步行空间。雅各布斯的"城市多样性"理论,抨击了所谓的"正统城市规划理
论",提出了城市结构的基本元素以及它们在城市生活中发挥功能的方式,使人们对城
市的复杂性和城市应有的发展取向更加了解。

1980 年代后逐渐发展起来的"新城市主义"、"精明增长"、"城市更新"、"紧凑城市"
等规划运动,体现了为了应对现代城市的无序蔓延而导致的城市土地、空间资源的浪
费,能源的过度消耗和地面交通秩序的混乱、拥堵。城市中心区的衰退等众多的城市与
社会问题,而采取的城市"友好"策略。特别是在起源于 1970 年代的"紧凑城市"规划思
想,则是更加直接的提出"高密度城市"、"混合土地利用"和"优先发展公共交通"的城市
发展模式,它更加强调城市的交通—经济—社会—文化的一体化发展,对城市资源进行
集约化利用。

100 多年的城市规划运动及其思想演变,经过现代城市发展过程的沉淀和提炼,使
城市在未来的发展方向更加光明。这些城市规划理论及思想,必然会成为现代城市的
地下空间规划设计的理论基础,把握这些理论的内涵,将有助于实现现代城市三维空间
整合的理论创新,从而实现扩大城市地面开敞空间、增加绿化、改善交通状况,高效的调
节城市机能,扩展人类生存空间,节约土地、空间、能源等资源,在"低碳社会"时代其意
义重大。

第 3 章 国内外地下空间利用

学术界普遍认为，城市地下空间的开发利用，一般是以 1863 年英国伦敦建成的第一条地下铁道为起点[1]。本书在研究中，将 1863 年之前的这一时期划归于地下空间的古代利用时期，这一时期社会生产力不发达，城市规模不大，人类利用地下空间的处于比较原始的阶段，该阶段地下空间利用的实效性主要体现在单一功能上；将 1863 年至二次世界大战的这一时期划归于地下空间的近代利用时期，这一时期在欧洲由于文艺复兴运动和产业革命的影响，科学技术开始走在了世界的前列，特别是黄色炸药的使用和蒸汽机的应用，促进了国外隧道与地下工程的较快发展，该阶段地下空间利用的实效性主要体现交通和经济功能的复合；将二次世界大战以后至今的这一时期划归为地下空间的现代利用时期，这一时期世界发展以和平为主，各个国家都在致力于本国的经济建设和文化建设，城市规模越来越大，城市人口不断膨胀，城市矛盾不断涌现，城市环境质量恶化，土地资源逐渐减少，城市地下空间的开发利用延伸到各个方面，城市在更大的空间地域谋求新的发展，该阶段地下空间利用、三维空间整合的实效性体现在交通—经济—环境—文化多层次、全方位的功能复合中。

3.1 地下空间在古代的利用——单一功能为主

人类自远古时代起就自发的开始了对地下空间的利用。《易·系辞下》记载，"上古穴居而野处"，《礼记·礼运》谓"昔者先王未有宫室，冬则居营窟，夏则居曾巢"，意思是说原始人类都是居住在天然洞穴内，以抵御恶劣气候、防御猛兽和敌人。历史上，人们将当地的地下空间利用和世界上农村地区的低收入，以及无家可归人群等联系在一起。这种联系造成了一种负面印象，从而忽视了利用地下空间所能获得的明显益处[2]。根据目前的考古发现，中国、法国、日本、北非、中东都有古人类利用洞穴作为居所的现象，有些地区至今仍然沿用地下住宅，并不是由于当地技术水平低下或者人们对其他居住方法缺乏了解，而是因为地下住宅的实用性及人们充分了解如何有效利用环境，在干冷或干热气候区创造出适宜的室内气候。地下空间可以减少寒冷的天气对人们生活的影响，并且可以提供稳定的室内环境，这对于寒地城市发展地下空间是十分有利的条件[3]。

---

[1] 王文卿. 城市地下空间规划与设计[M]. 南京：东南大学出版社，2000.

[2] GOLANY S G，OJIMA T. Geo-Space urban design[M]. BeiJing：China Architecture & Building Press，2005.

[3] 代阳，徐苏宁. 关于提高寒地城市地下空间吸引力的思考[C]生态文明视角下的城乡规划——2008 中国城市规划年会论文集，2008：1-5.

在旧石器时代及其后的人类利用洞穴居住的证据发现于法国南部、以色列、中国北部、南非和世界上许多地方。在其他一些地区还曾经有相类似的实践,如非洲北部、西班牙、法国中部和南部、意大利南部(特卢里和西西里)、波兰(维利奇卡、克拉科夫附近的地下采盐矿井和洞穴)、美国西南部、加拿大(爱斯基摩住宅)、伊朗、印度、中东(纳巴泰王国的阿夫达特和彼特拉,阿富汗的巴米扬山谷)、埃塞俄比亚(阿迪卡多)、以色列(耶路撒冷,贝尔谢巴)、波斯等地区[①]。吉迪恩·S·格兰尼总结人类利用地下空间作为居住场所已有数千年的历史,直到今天还存在着三个主要的居住在地下空间中的当地群落,并且积累了成千上万年在这种住宅中居住的实际经验。

大约在公元前 4000 年(新石器时代后期),伴随着人类第一次劳动大分工,农业从渔牧业中分离出来,出现了以农业为主的生产方式,逐渐产生了固定的居民点(settlement),天然岩洞已经不能满足需要,所以大量掘土穴居住,从简单的袋形竖穴到圆形或方形的半地下穴,上面用树枝等支盖起伞状的屋顶(见图 3.1)。随着生产力的进一步发展,有了剩余产品,生活水平的提高和生活需求的多样化,结果产生了专门从事交易的商人和手工业者,商业与手工业从农业中分离出来,导致了最初居民点的分化,形成了以农业为主的乡村和以手工业、商业为主的城市。城乃"防御性的构筑物",市乃"交易场所"。《易经》载:"日中为市,致天下之民,聚天下之货,交易而退,各得其所。"

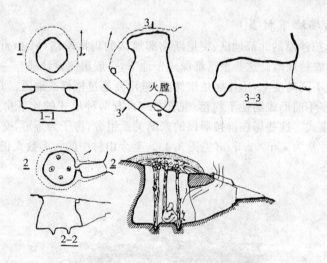

图 3.1　石器时代的袋形竖穴和横穴

我国已经发现新石器时代遗址 7 000 多处,其中最早的是河南新郑裴李岗及河北武安慈山两处,都有窑址和窖穴的发现。黄河流域典型的村落遗址有西安半坡(见图 3.2)、临潼姜寨、郑州大河村等,住房多为浅穴,房中央有火塘。氏族社会晚期的龙山文化遗址,出现套间房址和井址,地穴越来越浅,已开始向地面建筑过渡。

---

①　GOLANY S G, OJIMA T. Geo-Space urban design[M]. BeiJing: China Architecture & Building Press, 2005.

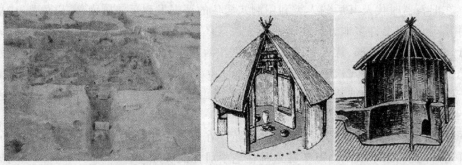

图 3.2　西安半坡遗址及圆形夹顶房屋复原图

　　早期的城市,由于社会生产力比较落后,城市规模比较小,城市空间是在原始居民点的基础上自发发展起来的。随着生产力的提高和城市人口的增长,特别是大量奴隶劳动力的出现,使建造大型工程成为可能,人们逐渐开始有意识的利用地下空间来满足自身的多种需求,比如隧洞可以用来储存物资和解决交通问题。因此,人类对地下空间的利用,经历了一个从自发到自觉的漫长过程。推动这一过程的,一是人类自身的发展,二是社会生产力的发展和科学技术的进步[①]。

3.1.1　地下居住空间

1. 玛特玛塔地下村落

　　散布在撒哈拉沙漠的北部地区、突尼斯南部地区的玛特玛塔(Matmata)平原,分布着二十多个设防的农村聚落。这些聚落都深建于地下,一般房屋设计都有一个深井,房屋布置在深井周围的不同高度上,用作居住于储藏,进出要通过楼梯或地道。其中最大的玛特玛塔村,是一千多年前形成的地下村落(见图 3.3),有两种形式的地下房屋,一种是地坑式,另一种是悬崖式。这些居住群按居民的亲属关系组合,房子为矩形,交角成弧形,天棚为曲面,房间尺寸常为 2 m×2.5 m(见图 3.4)。至今山村中的大多数人仍居住在地下,估计有五、六千人。

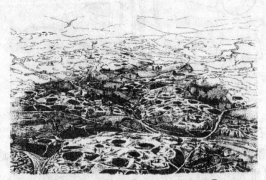

图 3.3　玛特玛塔地下村落鸟瞰[②]

---

①　童林旭.地下空间与城市现代化发展[M].北京:中国建筑工业出版社,2005.

②　GOLANY S G, OJIMA T. Geo-Space urban design[M]. BeiJing:China Architecture & Building Press, 2005.

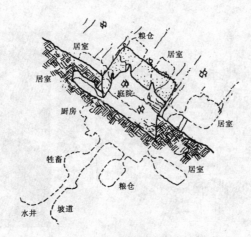

图 3.4　玛特玛塔地下住房示意①

2. 卡帕多西亚(Cappadocia)地下城

在土耳其中部的卡帕多西亚(见图 3.5),土耳其首都安卡拉东南约 300 km。数百万年前,位于今天土耳其境内的埃尔吉耶斯等多座火山大规模爆发,散落的火山灰在这一地区逐渐沉积下来,经过长达数千年的风化和雨水冲刷,最终形成了今天独特的地形地貌。卡帕多西亚的气候十分恶劣,冬天时常严寒刺骨,夏天气温能达到 40℃。这种恶劣的生存条件,吸引了许多渴望苦修的隐士们,在岩石中开凿出了教堂,教堂内部五脏俱全,结构较复杂的教堂还依岩石自身的形状设计有后殿和三重后殿。尽管不需要支柱等承重设施,教堂内还是设计有圆柱和拱顶等装饰,并且绘有赭红色的壁画。在卡帕多西亚地区的地表以下,隐藏着一个巨大的"地下城市",规模较大的德林库尤地下城,约有 18～20 层,一直深入到 70 m 至 90 m 的地下,有 1 200 多个房间,具有一套复杂的地下系统和通风系统。这一地区利用地下空间用于居住已有 6000 多年的历史。为便于长期在地下生活,居民还修建了功能各异的房间,有储藏室、葡萄酒窖、厨房、教堂、坟墓、学校,甚至还有畜养动物的地方。该地区的地下居住群直到拜占庭末期建成,是唯一发展了地下连通网络的地下城市②。

3. 古格王朝遗址

古格王朝遗址位于今扎达县境内象泉河南岸扎布让区的一座小山上,海拔3 700 m,分布着窑洞、房屋、碉堡和古塔等(见图 3.6),总面积 72 万 m²。整个城堡,从地面到顶端高 300 m 之多,由房屋、洞穴和佛塔以及雕堡、工事、地道组成,建筑的性质从山麓到山顶依次为民居、寺庙和王宫。山崖上的窑洞密如蜂巢,窑洞是古格人的主要居住方式。古格王朝大约从 9 世纪开始,经历过 16 位世袭国王,曾经是水草丰美,牛羊成群,歌舞升平,佛音绕梁。王朝在 17 世纪突然消失,与中美洲的玛雅文明、意大利的庞贝古城极

①　王文卿. 城市地下空间规划与设计[M]. 南京:东南大学出版社,2000.
②　李鹏. 面向生态城市的地下空间规划与设计研究及实践[D]. 上海:同济大学,2007.

为相似。

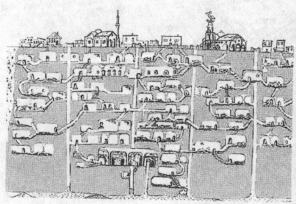

图 3.5　卡帕多西亚住宅地下城①

图 3.6　古格王朝遗址

4. 中国窑洞民居

我国黄土高原东起太行山,西至祁连山东端,北到长城,南至秦岭,面积约有 63 万 km²,占整个中国陆地面积的 6.6%。窑洞民居是我国黄土地带特有的一种民居类型②,是中国西北黄土高原上居民的古老居住形式,这种"穴居式"民居的历史可以追溯到 4 000 多年前。大部分民用洞穴都经过设计和建造来保持很长时间内的稳固性和安全性③。所以直到今天,我国人民仍然利用高原有利的地形,凿洞而居,目前大约有 3 500 万~4 000 万人口居住在农村和城市群落的窑洞中。窑洞的形式一般有靠崖式窑洞、下沉式窑洞、独立式等(见图 3.7),其中,应用较多的是靠崖式窑洞,它建筑在山

---

① 刘皆谊.城市立体化视角——地下街设计及其理论[M].南京:东南大学出版社,2009.
② 刘静.豫西窑洞民居研究[D].长沙:湖南大学,2008.
③ DUFFAUT P. Caverns, from neutrino research to underground city planning[J]. Urban Planning International, 2007, 22(6): 41-46.

坡、土原边缘处,常依山向上呈现数级台阶式分布,下层窑顶为上层前庭,视野开阔。下沉式窑洞则是就地挖一个方形地坑,再在内壁挖窑洞,形成一个地下四合院。

图 3.7　窑洞民居

3.1.2　地下水利工程和排水设施

1. 水利工程

　　由于自然环境、地理条件等限制,为了满足生活的需要,古代人民曾进行了地下水利工程的建设以满足农业灌溉和城市生活用水的需要。在这方面较为典型的工程是古代中国新疆的坎儿井,2 500 年前古巴比伦人在印度河谷建造的输水隧道,公元前 5 世纪波斯的地下水路,公元前 10 世纪古以色列人修建的保障耶路撒冷城用水的引水隧道,公元前 312 年至 226 年期间建修建的罗马地下输水道,等等。古希腊人和古罗马人都建造过用于输送目的的隧道,而且早在 15 世纪的下半叶,列奥纳多·达·芬奇(Leonardo da Vinci)就已经在绘制沟渠和道路位于不同高度上的三维城市构思了[1]。1613 年英国建成伦敦地下水道。

　　5000 年前诞生于伊朗中心小亚细亚的坎儿井设施,是干旱地区一种引导地下水的地下隧洞,初以伊朗高原为中心,逐步扩散到小亚细亚、中亚细亚、阿姆河流域、泊米尔高原北部、费尔干那盆地[2]。村上良完认为,中国新疆的坎儿井始于公元前 102 年的汉武帝时期,新疆吐鲁番盆地现有坎儿井 300 多条。可以说,我国新疆古老的地下引水工程坎儿井(见图 3.8)是与横亘东西的万里长城、纵贯南北的京杭大运河并列的古代三大工程之一,是伟大的地下水利灌溉工程。通过研究证明,坎儿井有很多优点,如能够减少水流蒸发、避免风沙埋没、自流灌溉、随地开挖独立成一灌区、施工简单、使用期长等,对当地的环境起到了保护作用。此外,我国陕西褒城的石门隧洞,以及陕西大荔县修建洛水渠时发现的给水隧洞,规模也都非常大。反映了我国古代在生产建设中,曾致

① STERLING L R. Urban underground space use planning :a growing dilemma[J]. Urban Planning International, 2007, 22(6): 7 - 10.

② 村上良完,朱大力. 古代地下空间利用[J]. 地下空间, 2001, 21(2): 14.

力于地下水利工程方面的开发,尤其是施工技术方面。

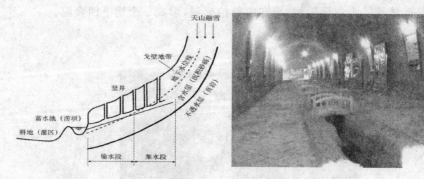

图 3.8　中国新疆坎儿井

2. 排水设施

古罗马在公元前 312 年建造了第一条地下水道,后来为配合城市需求,又辟建其他的地下水道,形成了排水系统。考古学一再地将古代人类社会首次使用排水沟和下水道的历史往前追溯[①]。《周书》记载:"沟渠通浚,屋宇洁净,无秽气,不生瘟疫病……",说明了我国古代城市在很久以前,就考虑为了避免疾病的产生和抵抗洪涝灾害,必须重视城市中的排水通道的延伸和控制,以方便地用于雨水和生活污水的传输,"时雨将降,下水上滕,循行国邑,周视原野,修理堤防,导达沟读,无有障塞"。作为众多人类早期文明的一个组成部分,这些构筑物一般情况下可能仅仅是地表水槽而已。

3.1.3　地下储藏设施

地窖用于安全储存食物和其他物品已有几百年了。设计得当的地下空间,可以利用当地劳动力和有限的外部资源,为存储水、食物和其他产品设备提供良好、安全的环境[②]。人类利用地下空间储存物品,使它们不受氧气、湿度和温度变化的影响,在我国有着悠久的历史,最常见的是地下储粮设施,"夫穴地为窖,小可数斗,大至数百斗,先令柴末,烧投其土焦燥,然后用以糠隐粟于内。"(摘自王祯《农书》)地下粮库的建造技术在隋唐时期发展成熟,并修建了许多大型的地下粮库。洛阳在 1971 年发掘出一座古代地下粮库,建造于隋朝(7 世纪),库区面积 600 m×700 m,一直使用到唐朝,以后逐渐发掘出半地下粮仓约 200 个。又如千嘉仓(605 年)、兴洛仓(606 年)等,在规模、防潮、防水以及建造技术等方面,都具有很高的水平。欧洲在地下储酒的历史也比较久远,至今许多欧洲国家仍在不断开发地下空间用以储藏葡萄酒。例如距摩尔多瓦首都基希讷乌市仅十几公里的"克里科瓦"地下大酒窖,始建于 1953 年,是由当时人们凿山取石后形

---

① STERLING L R. Urban underground space use planning :a growing dilemma[J]. Urban Planning International, 2007, 22(6): 7-10.
② PARKER W H, 所萌. 切实可行和富于远见的地下空间规划[J]. 国际城市规划, 2007, 22(6):1-6.

成的许多空荡废弃的地下隧道建成的,酒窖的总面积达 64 km²(总长度达 120 多 km),平均深度为 50~80 m,容纳了两个生产近 10 种葡萄酒和 4 种香槟酒的酒厂,还有一个酒博物馆,地下酒城还设有风格不同的几个品酒厅以及贵宾室、餐厅、厨房和供客人下榻的房间等一系列生活、服务、娱乐等辅助设施①。

由于地下空间的密封性,直接储藏液体也是可行的。古东罗马首都康斯坦布尔时代建造的多处地下蓄水池,位于土耳其的伊斯坦布尔,开凿于石灰岩层内的一个蓄水池,宽有 70 m,高 8 m,进深 140 m,由 336 个天然石柱支撑,在石柱的表面还可以看到美丽的图案。该遗址在 1930 年经过整修,用于储藏石油。

3.1.4　地下防御设施

古代人民很早就发现了地下空间作为防御设施的重要性,上千年以前就利用地下空间作为防御敌人和猛兽的攻击。如在土耳其中部的卡帕多西亚,城市的居民平时生活在地面上,每当有外敌入侵时,人们就会迅速从地表撤入地下,并在坑道中枢用巨石封堵,控制住进入的道路,将敌人挡在门外。我国陕西半坡村遗址中有一条长 300 m之多、宽 6~8 m、深 5~6 m 的壕沟,用来防止敌人和野兽的攻击。冷战时期英国政府为防核武攻击,于 20 世纪 50 年代在英格兰威尔特郡地下 37 m 深处兴建了一座占地246 英亩、超级庞大的"秘密地下城",城中有各种生活设施,及地铁站和发电站,还有长达 0.9 km 的隧道与外界相连,能容纳 4 000 人同时居住②。

3.1.5　宗教建筑

在古代,建造满足一些特殊宗教要求的建筑和陵墓是地下空间开发利用的重要方面,古埃及、古希腊、古罗马、中国的文明都有大量的地下宗教和地下陵墓遗址。

佛教在东汉时期传入我国后,统治阶级建造了大量佛教建筑,这些佛教建筑特别是佛塔(塔在佛教中是瘗埋舍利的标志,法门寺塔就是一座佛教舍利塔),其地下的空间(地宫)主要用来保存一些佛教艺术珍品,例如陕西法门寺(见图 3.9)地宫内保存了一节佛指真身舍利,以及唐代多位皇帝供养舍利的金银器、丝织品、瓷器等。佛教提倡遁世隐修,因此僧侣们选择崇山峻岭的幽僻之地,结合陡峭的岩壁,从山崖壁面向内部纵深开凿,这种洞窟形佛教建筑称为石窟寺,内有壁画、石刻等艺术作品。

比较著名的有龙门石窟(河南洛阳,北魏),云冈石窟(山西大同,北魏),莫高窟(甘肃敦煌,北魏到隋、唐、宋、元各朝),麦积山石窟(甘肃天水,后秦、北魏到明、清)等。我国现存的主要石窟群均为魏唐之间或宋前期作品,石窟艺术是佛教艺术,它不像其他艺术那样直接地反映社会生活,但它却曲折地反映了各历史时期、各阶层人物的生活景象

---

① 吴雅.摩尔多瓦地下有座美酒城[EB/OL]. http://epaper. dqdaily. com.(2009－08－17).[2011－09－29]. http://epaper.dqdaily.com/dqwb/html/2009－08/17/content_205100.htm.

② 袁海.500 万英镑秘密地下城有望成欧洲最大酒窖[EB/OL]. http://www. winetour. cn/html/0510/2005103159661205..(2005－10－31)[2011－09－29]. http://www. winetour. cn.

如图 3.10 所示。

图 3.9　陕西法门寺　　　　　　　　　　图 3.10　甘肃麦积山石窟

　　此外,我国古代还建造了大量的陵墓地下空间,我国考古工作者在新疆交河古城保护发掘中曾经发现一座地下寺院和车师国贵族墓葬,并出土了海珠、舍利子等一批珍贵文物。具有代表性的有秦朝的秦始皇陵、西汉帝陵中的茂陵、唐代的昭陵和乾陵、明代十三陵、清代东陵和西陵等。这些陵墓的建造以及内部的防水、防潮等,都达到了较高的技术水平。

　　国外古代在陵墓方面的地下空间利用也比较广泛,比较著名的是古埃及历代法老的墓葬群——金字塔。玛斯塔巴(Mastada)是金字塔的原形,埃及金字塔是埃及古代奴隶社会的方锥形帝王陵墓,最大的是开罗郊区吉萨的三座金字塔。大金字塔是第四王朝第二个国王胡夫的陵墓,建于公元前 2690 年左右,高度 146.5 m,底座每边长 233 m,金字塔里面有通道和墓室(见图 3.11)。公元前 1300～前 1233 年,埃及挖掘了更大的地下寺庙——阿布辛贝神庙(Abu Simbel)。

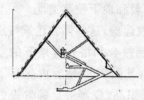

(a) 胡夫金字塔剖面　　　　(b) 玛斯塔巴（Mastada）群　　　　(c) 阿布辛贝神庙

图 3.11　古埃及的地下空间利用

　　在罗马帝国时代,罗马众神被认为是在地下的诸神,受迫害的基督教徒们躲藏在地下,在罗马挖掘了大量的纵横交错的地下陵墓。公元 9 世纪,居住在土耳其的基督教徒们除了建造地下居住建筑外,还建造了许多礼拜堂[①]。

3.1.6　地下隧道

　　古代的城市人口规模小,步行是主要的交通方式,没有修建城市地下交通设施的需

---

①　王文卿.城市地下空间规划与设计[M].南京:东南大学出版社,2000.

要,为满足一些特殊功能需求的地下交通隧道而修建的地下交通隧道数量上比较少。公元前 22 世纪,巴比伦王朝为了连接宫殿和寺院,修建了长达 1km 的穿越幼发拉底河的砖衬砌人行通道,是世界上第一座交通隧道。公元 66 年中国建成古褒斜道上的石门隧道,这是中国最早用于交通的隧道。

1830 年英国利物浦建成了最早的铁路隧道;1843 年伦敦建成穿越泰晤士河的水下人行隧道,长 1 200 英尺,隧道在 1865 年改建为水下铁路隧道,1679~1681 年法国修建了第一座通航隧道——地中海比斯开湾的连接隧道,长 170 m。

天然岩洞因其壮丽和神秘也吸引了欧洲大量人工洞穴住宅的发展,19 世纪早期,许多乡间别墅都建造在园林中的洞穴和隧道里,并逐步发展为神秘俱乐部的社交聚集场所,常常举办哥特精神下放纵狂欢的聚会。

3.2　地下空间在近代的利用
——交通与经济功能复合

1863 年在伦敦建成世界上第一条地铁,线路长约 6.4 km,标志着城市地下空间的开发利用正式进入快速发展的时期。大工业生产吸引大量农村人口进入城市,相应的交通运输方式的改变,商业和金融业的发展,都对原有的城市结构和形态造成强烈的冲击,要求城市不断进行改造、扩展和更新,以适应形势发展的需要(童林旭,1994 年)。

发生在 18 世纪中后期到 19 世纪中期的欧洲第一次工业革命,促使了工业从农业中分离出来,英、法、德等国家,社会生产力迅速发展,大大提高了城市化水平。一些工业化较早的国家,城市人口越来越多,城市活动也越来越复杂,越来越多样化,随之产生了一系列的城市问题。这些问题的出现,迫使这些国家的城市需要铺设更多的城市煤气管道和输电线路,改造城市基础设施,改善城市居民的生存条件等。这一时期,国外城市地下空间的开发利用主要经历了大型建筑物地下空间开发—以地下街为主的复杂的地下综合体[①]这一过程;同时,地下市政设施也从地下管网发展到较大型的共同沟系统,加强了城市基础设施的建设,地下管道邮政系统、地下大型能源供应系统、地下大型供水系统、地下大型排水及污水处理系统、地下水电站等设施也在这一时期产生并得到应用。

3.2.1　地下交通设施

早期城市地下空间,主要是满足地下交通、地铁发展的需要[②]。第一次工业革命后,蒸汽机除了应用于工厂作为动力装置外,还逐渐被用到蒸汽机车、蒸汽机轮船等新

---

① 蔡庚洋,姚建华.城市地下空间开发利用的若干思考[J/OL].地下空间与工程学报,2009,5(6):1071 - 1075.
② 范文莉.当代城市地下空间发展趋势——从附属使用到城市地下、地上空间一体化[J].国际城市规划,2007,22(6):53 - 57.

型的交通工具上,这些新型交通工具的出现极大地提高了社会的运输效率①。第二次工业革命(19 世纪末、20 世纪初)对欧美等国家的城市建设产生了巨大的影响。当时欧洲一些科技领先的城市,需要进一步提高社会效率,因此根据本国的地理特点,修建了相应的地下交通隧道以配合新型交通工具,地下隧道在城际之间、在旧城的改造再开发中发挥了重要的作用。如 1871 年穿越阿尔卑斯山连接法国和意大利长达 12.8 km 的第一条公路隧道开通,1870 年日本建成了其国内的第一条铁路隧道——石屋川隧道,1880 年采用人工挖掘时盾构建成粟子隧道。

第一条地铁在伦敦的出现,改变了伦敦的城市空间结构,其他国家也纷纷认识到这种新型交通工具的魅力,根据自身的特点和需求进行地铁建设。1876 年,本雅明·沃德·理查森②(Sir Benjamin Ward Richardson)就在他完成的《希格亚③,或者健康之城》(Hygeia, or the City of Health)手册中,表达了田园城市的中心思想:较低的人口密度,良好的住房,宽阔的道路,一条地下铁路线和大量的开敞空间④。法国巴黎在 1900 年 7 月开通了第一条地铁线,1942 年地铁建设扩展到 Pantin 和 Charenton,是世界上的第二条地铁线路。20 世纪前半叶的美国以汽车交通为主,1904 年 10 月全美第一条地铁在纽约市投入使用,解决了不断扩张的城市内部越来越多的"钟摆式"人流运送交通问题。芝加哥市 1906 年完工的货物地铁运输系统几乎覆盖了当时芝加哥城区的每条街道⑤。此外,柏林在 1902 年 2 月第一条地铁通车,是世界第 5 个建成地铁的城市;伊斯坦布尔的第一条地铁修建于 1910 年,只有 0.6 km;雅典第一条地铁于 1925 年通车,长 25.7 km;日本 1927 年在上野——浅草间开通了日本第一条地铁线路。到二战前的 1935 年,世界上已有纽约、东京、芝加哥、巴黎、布达佩斯、柏林、莫斯科及大阪等 20 个城市修建了地铁。1936 年~1949 年其间经历了第二次世界大战,各国都着眼于自身的安危,地铁建设处于低潮。

3.2.2　地下街

加拿大多伦多于 1900 年建设了一条地下隧道,是 Yonge 街 178 号的伊顿(T Eaton)百货公司主店地下层的商业交易空间。1917 年,市中心已建成了 5 条隧道,1927 年 Royal York 旅馆也修建了一条隧道。1930 年世界上第一条地下街建于东京上野火车站,最早用于地铁车站人流集散的过街地道,后来逐渐张贴了一些广告,在过街道两侧增设了柜台,形成了最早的地下商业街。也有学者认为 1932 年东京地下铁路(银座线)的神田站须田町与京桥两处地下街才是最早的地下街(刘皆谊,2007 年),这两处地下街属于小规模的地下商店型地下街,是沿地铁车站穿堂延伸的商业设施。二次世界

---

① 李鹏. 面向生态城市的地下空间规划与设计研究及实践[D]. 上海:同济大学,2007.
② 英国著名的医学家、卫生学家以及有关医药史的多产作家.
③ 希腊神话中的健康女神,为医药神 Asclepius 的女儿.
④ HALL P. Cities of tomorrow[M]. ShangHai: TongJi University Press, 2009.
⑤ 范文莉. 当代城市地下空间发展趋势——从附属使用到城市地下、地上空间一体化[J]. 国际城市规划,2007,22(6):53-57.

大战期间,日本停止了地下街的开发,这一时期的地下空间开发目的主要是进行防空、储藏的战备建设。1940 年代美国利用洛克菲勒中心区域下的地下交通系统,把第五大道至第七大道,介于 47 街至 52 街之间的各个大楼连在了一起,并与潘尼文尼亚火车站、中央车站、纽约公共汽车站连成一片,同时地下步道还承载了商店、餐馆以及其他服务功能,纽约洛克菲勒中心由此成为美国把地下空间建设成为城市公共空间的先驱。地下街在国外地下空间的开发利用及旧城的改造再开发中发挥了极其重要的作用。

3.2.3　地下市政设施

1861 年,伦敦建成了世界上第一条共同沟,这条共同沟是设置在地下的一条 12 英尺宽、7.6 英尺高的半圆形地下管道(Pipesubway),在管道空间内布置了上水、下水、煤气管以及通信、电缆等各种管线。此后,德国、苏联等国家也相继开始建设这种共同沟。1865 年,美国人 S. V. 西克尔在宾夕法尼亚州用熟铁管敷设了一条长 9 756 m 的输油管道。

采用管道运输和分送固、液、气体的系统,称为地下物流系统。地下物流系统的建设源于英国,最早出现于管道运输与地铁邮件传送。19 世纪末,人们开始采用气力管道系统和水力管道系统来运输颗粒状的大批量货物[①]。1853 年,在英国伦敦建立了世界上第一条靠气力输送的城市地下管道邮政系统,此后柏林(1865)、巴黎(1866)、维也纳(1875)和纽约(1876 年)等城市发展了这一系统,其中 1865 年在柏林建立的德国第一个管道邮政网(tube post network)是这一时期比较著名的气力管道物流系统,该系统在其全盛时期的管道总长度为 297 km,使用达 100 余年,在西柏林该系统一直运行到 1971 年,在东柏林直到 1981 才停止使用[②]。

3.3　地下空间在现代的利用——交通 —经济—环境—文化全方位功能复合

二次世界大战后,世界局势逐渐平稳下来,各个国家都致力于本国的家园重建和经济发展。在 1950 年代到 1970 年代,资本主义世界的各大城市随着战后经济的恢复和开始高速发展也进入了过去从来没有过的急剧发展阶段。在一个时期内又出现了 20 世纪初期曾发生过的盲目和畸形发展现象。由于私人小汽车的迅速普及,交通公害上升为主要矛盾,伴随着环境恶化,使中心区城市功能的发挥受到阻滞。这种状况使那些拥有私人汽车的居民纷纷迁到效区去居住,造成了中心区的衰退导致城市结构从向心集中到离心分散的演变。

1960 年以后,为了保持城市的生命力和恢复中心区的繁荣,地下空间开始与商业建筑、城市公共空间等进行功能和空间的有机结合。城市地下空间的开发与利用在经

---

①　张敏,杨超,杨珺. 发达国家地下物流系统的比较与借鉴[J]. 物流技术,2005(3):81-83.

②　李鹏. 面向生态城市的地下空间规划与设计研究及实践[D]. 上海:同济大学,2007.

历了从少为人知的城市基础设施阶段,逐步扩展到便捷安全的城市交通设施后,并进入
到城市公共空间领域①。城市地下空间开发利用建设进入一个高潮,在数量和规模上
发展非常快,如日本东京、大阪的地下商业街,美国曼哈顿的高密度空间,现代意义上的
大规模城市地下空间利用正式拉开了帷幕,在许多领域都有了迅速的发展。

　　瑞典建筑师阿斯普伦德在20世纪80年代提出“双层城镇”的理论,并在瑞典玛尔
默城和林德堡城居住区进行了试验。“双层城镇”追求了一种新的城市空间模式(见图
3.12),将与地面城镇对应的全部地下空间进行开发,分上下两层,人行在上,车行在下。
地下层中的道路与地面层上下对应,有3条双行道,间隔5 m,车行道两侧为停车场。
双层城镇使交通问题得到解决,省下来的土地扩大了空地和绿地,改善了居住区的
环境。

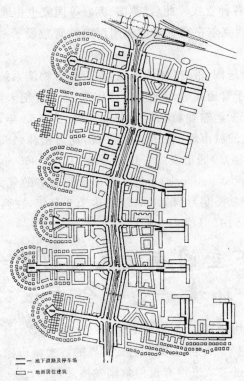

图 3.12　林德堡城居住区“双层城镇”规划地下层平面图②

　　① 王秀文.为城市活力与未来而设计——城市地下公共空间规划与设计理论思考[J].地下空间与工程学
报,2007(4):598-599.
　　② 童林旭.地下空间与城市现代化发展[M].北京:中国建筑工业出版社,2005.

3.3.1　国外城市地下空间的利用

1. 地下铁路

地下铁路是在城市地面以下修筑的以轻轨电动高速机车运送乘客的公共交通系统。地下铁路可以同地面或高架桥铁道相连通，形成完整的交通网。世界第一条地下铁路的诞生，为人口密集的大都市如何发展公共交通取得了宝贵的经验，特别是到1879 年电力驱动机车的研究成功，使地下客运环境和服务条件得到了空前的改善，地铁建设显示出强大的生命力。1950 年以前，由于技术水平比较落后以及战乱的影响，世界上只有少数的国家和城市为解决交通问题而修建了地下铁路，例如伦敦、格拉斯哥、纽约、芝加哥、费城、布达佩斯、巴黎、马德里、柏林、汉堡、维也纳、东京、大阪及莫斯科等 20 个城市，这些城市都是当时世界上的特大城市。

1950 年以后，城市中心区日益繁荣，带来了巨大的交通流量，一体化的交通，特别是地下铁路的建设，极大地促进了城市地下空间的大规模开发。目前世界上已有 40 多个国家和地区的 130 多座城市都建造了地下铁路，线路总长度超过了 7 000 km。在日本东京的一些地区建设了五层地铁线路，而且还在超过 50 m 的位置规划了新的地铁线路。

发达国家的经验表明，只有发展高效率的地下交通，能够使城市范围内的地下空间广泛沟通，形成地下铁路、地下高速公路、地下步行道、地下停车场、地下车站相连的、四通八达的地下交通网，才能有效解决城市交通拥挤的问题，改善地面环境。重要的是，地下铁路的规划建设改变了城市土地开发利用模式，改变了城市空间结构形态，拓展了城市地下空间资源开发利用的新领域，也改变了市民的出行及生活方式[①]。地下铁路和公路能够在上下班高峰时有效疏散人流和车流，缩短了人们的出行距离和时间，地铁的高效性和安全性使人们在地下通行变得轻松愉快。这种以地下交通线为主的线性地下空间是城市地下空间形态构成的基本要素和关键，也是与城市地上空间形态相协调的基础，连接点状地下空间的纽带，提高城市功能运行效率的保证，是城市重要的生命线。没有线性地下空间的连接，如果仅有一些散布的点状设施，不能形成整体轮廓，无法提高地下空间的总体效益。[②]

案例一：巴黎市列·阿莱地区

法国巴黎的 Les Halles 地区，是迄今为止城市建设中开发利用地下空间规模最大的地区之一。列·阿莱地区在巴黎旧城的最核心部位，西南侧有卢浮宫，东南方的城岛上有巴黎圣母院，东部是 1977 年建成的蓬皮杜艺术和文化中心，南临塞纳河，沿河有一条城市主干道。

列·阿莱地区在 12 世纪初开始形成，最初是围绕着一座教堂的村落，到 16 世纪，

---

① 束昱,赫磊,路姗,等.城市轨道交通综合体地下空间规划理论研究[J].时代建筑,2009(5):22-26.

② 赵景伟.城市生命线——城市线性地下空间的开发与利用[J].四川建筑科学研究,2011,37(4):249-252.

发展成巴黎的经济中心。从历史上看,这里并没有广场,而是一个农、副产品贸易中心。1854～1866 年,陆续建成 8 座平面为方形的结构农贸市场,到 1936 年增加到 12 座,分成两组,每组之内互相连通,总平面 4 万 m² 之多。在市场的西北角方向有一座教堂,建于 1532～1637 年,西端是一个 1813 年建成的有一个穹隆顶的交易所,周围有一些古典风格的住宅街坊,建于 17 和 18 世纪。

中央市场是巴黎地区最大的食品交易和批发中心。每天吸引着大量的人流和物流到这一地区,交通十分拥挤。显然,不论从保存这样一个历史文化古迹集中地区的传统风貌,还是从对中心区的现代化改造来看,这个地方已经没有存在的必要了,而且迫切需要改造和更新。

新规划方案的特点是实行立体化再开发,把一个地面上简单的贸易中心改造成一个多功能的公共活动广场,在强调保留传统建筑艺术特色的同时,开辟一个以绿地为主的步行广场,为城市中心区增添一处宜人的开敞空间;与此同时,将交通、商业、文娱、体育等多种功能都安排在广场的地下空间中,形成一个大型的地下城市综合体。在广场的周围,新建一些住宅、旅馆、商店和一个会堂,建筑面积共 8.5 万 m²;在广场的西侧,设一个面积约 3 000 m²,深 13.50 m 的下沉式广场,周围环绕着玻璃走廊,把商场部分的地下空间与地面空间沟通起来,减轻地下空间的封闭感。

广场西半部的地下商场,于 1974 年先行施工,1979 年 12 月建成开业,每天接待顾客 15 万人次,而地面上的规划方案,到 1979 年 3 月才最终确定,取消了地面上拟建的国际贸易中心,扩大了绿地面积,使广场成为欧洲城市中最大的一处公共活动场所。地下商场的建成,以其繁荣的商业、服务给人们留下良好的印象。

处于历史文化名城中心的列·阿莱地区的再开发,虽然曾面对非常困难的保存传统与现代化改造的统一问题,但是通过立体化再开发,改变了原来的单一功能,实现了交通的立体化和现代化,充分发挥了地下空间在扩大环境容量、提高环境质量方面的积极作用。一方面,使环境容量扩大了 7～8 倍,更重要的是,这个扩大并不是通过增加容积率而取得,相反,在城市中的塞纳河畔竟开辟出一处难得的文化休憩场所(见图 3.13)。

案例二:德国柏林中央车站

柏林中央火车站是德国战后最大的建筑工程,耗资 7 亿欧元、历时 10 年精心打造,于 2006 年世界杯前正式建成并投入运营。火车站位于柏林市中心的施普雷河河畔,毗邻总理府和新建的议会大厦。

柏林中央火车站是目前欧洲最大也是最现代化的中转车站。每天可以接纳 30 万乘客,能够停靠 1 100 次列车。其中远程列车 164 列,地方铁路区间车 314 列,城市快速交通列车 600 列以及今后可能还要增加某些线路的地铁列车。车站内安装了 54 座滚动式电梯,直升式电梯 34 座。新车站也是"通向世界的大门",是"建筑工程技术的杰出之作"。四面八方的列车都可以在这里停靠并继续前行,从莫斯科到巴黎,从罗马到斯德哥尔摩,等等。车站有如机场航站楼,地面轨道长 320 m,地下月台长 450 m,拥有80 多家商店。连接巴黎和莫斯科的东西线列车从高出地面 12 m 处进出,而连接哥本哈根和雅典的南北线则在地下 15 m 深处通过。如图 3.14 所示为中央车站形成了高架轨道、地面铁路、地下轨道的三维立体的交通换乘体系。

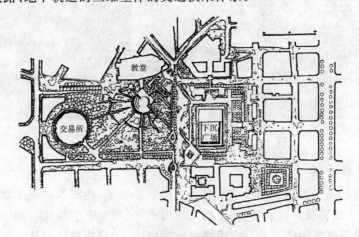

(a) 巴黎市列·阿莱地区

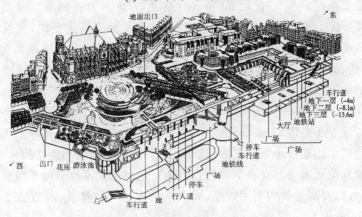

(b) 巴黎市列·阿莱地区再开发规划鸟瞰

(c) 列·阿莱广场全景

图 3.13　巴黎市列·阿莱地区再开发规划①

————————

① 童林旭. 地下空间与城市现代化发展[M]. 北京：中国建筑工业出版社，2005.

图 3.14　柏林中央车站(Lehrter Bahnhof)

2. 地下停车库

随着城市的高密度发展和机动车数量的进一步增加,使原本充裕的城市空间变得越来越狭小,土地资源日益紧张,停车越来越困难,利用地下空间建设地下车库越来越受到重视。地下停车的优点是不占用城市地面空间,大量建设地下停车库是维持城市正常运转的重要条件。从 20 世纪 50 年代后期开始,许多发达国家大城市纷纷大规模建设了地下停车库。英国伦敦结合市中心建设的两层地下高速公路,在其两侧建造了六层地下停车库。法国巴黎从 1954 年着手研究建立深层地下交通网的问题,到 1990 年代,巴黎已经拥有 83 座地下车库,可容纳 43 000 多辆车,欧洲最大的地下车库是弗约大街建设的地下四层车库,可停放 3 000 辆车。

日本在 1979 年底共建成地下停车库 75 座,总容量为 21 281 台,1979～1984 年又建造了 75 座,计划还要建 81 座①,图 3.15 为日本大阪长堀地下停车库剖面示意。目前各国还结合地铁车站建设地下停车库,机动车可停放在与地铁相连接的地下停车库,然后换乘地铁或其他地面公共交通工具去目的地。这种方式不仅有助于减轻市中心区的交通压力,还可以提高地铁的利用效率,减少机动车尾气的排放,并节省了城市的空间资源如图 3.16 所示。

3. 地下街和"地下城"

地下街的出现是因为与地面商业街相似而得名。国外地下商业街的建设起源于日本,它的发展是由最初的地下室改为地下商店,或由某种原因单独建造地下商店而出现的。地下街的一个重要组成内容是步行道或车行道,同时要具有四通八达或改变交通流向的功能。开发地下街的主要目的是把地面街设在地下,解决繁华地带的交通拥挤和建筑空间不足的问题②。

1953 年以后,日本将公共投资的目标转到地下街的开发③,当年就建造了两条地下街——银座三元桥地下街和石川地下街。其中,银座三元桥地下街是为了收容地上的露天商贩,石川地下街则是配合了地下铁路与车站,重视了公共步道的设置。1957 年

---

① 童林旭. 地下建筑图说 100 例[M]. 北京:中国建筑工业出版社,2007.

② 赵景伟. 城市生命线——城市线性地下空间的开发与利用[J]. 四川建筑科学研究,2011,37(4):249 - 252.

③ 刘皆谊.日本地下街的崛起与发展经验探讨[J].国际城市规划,2007,22(6):47 - 52.

完成的涩谷地下街,是为了实现步行与车行分离而进行城市改建所形成的第一个地下
街。到 1983 年,日本全国建成各种类型地下街 76 处,总建筑面积达到 82 万 m²,到
1986 年,面积超过 2 万 m² 的地下街共有 14 处。20 世纪 90 年代,由于贯彻了新的方
针,地下街的建设虽然在数量上有所减少,但单个地下街的规模越来越大,质量越来越
高,抗灾能力越来越强,例如 1996 年建成的 4 万 m² 的京都御池地下街和 1997 年建成
的 8 万 m² 的大阪长堀地下街。

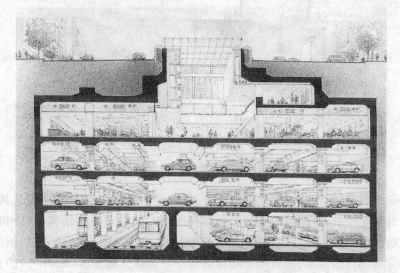

图 3.15　日本大阪长堀地下停车库剖面示意①

图 3.16　地下空间的综合开发②

大阪长堀地下街位于大阪市中心地区长堀街下(见图 3.17),全长 760 m,建筑面积

①　童林旭.地下建筑图说 100 例[M].北京:中国建筑工业出版社,2007.
②　摘自网址 http://nb.focus.cn.

8.2万 m²，地下共 4 层，商业街内共有店铺 100 家，地下停车场有停车位 1 030 个。地下街由于连接了建筑物地下空间与公共地下空间，所以它能够起到形成地下步行网络，疏导大量人行交通，改善城市步行交通环境和活跃商业等作用。

图 3.17　大阪长堀地下街地面景观①

　　地下街具有交通、购物或文化娱乐、人流集散等功能，可以起到使人流进地下，满足人们购物或文化娱乐的要求，地下街的开发与地面功能的关系相协调、对应和互补，促进了城市经济的发展。当前，世界各大城市地下街的建设往往与地铁车站建设结合，逐步朝着集交通、商业、停车、防灾等多功能的地下综合体方向发展（见图 3.18）。地下街已从单纯的商业性质演变为包括多个城市功能的、集交通、商业以及其他设施共同组成的相互依存的地下综合体②。

图 3.18　地下街结合地铁车站等空间形成的地下综合体

　　欧洲许多国家如法国、德国、英国等一些大城市，在战后的重建和改建中，发展高速

①　童林旭.地下建筑图说 100 例[M].北京:中国建筑工业出版社,2007.
②　崔曙平.国外地下空间开发利用的现状和趋势[J].城乡建设,2007(6):68-71.

道路系统和快速轨道交通系统,结合交通换乘枢纽的建设,发展了多种类型的地下综合体(童林旭,2007 年)。虽然每个地下综合体的内容或多或少,都有一些相似之处,但建设的目的和所承担的主要功能并不完全一致,有的以改善地面交通为主(巴黎),有的以扩大城市地面空间、改善环境、或保护原有环境为主(纽约曼哈顿区、费城市场西区、巴黎德方斯新城),也有的是为了适应当地气候的特点而将城市功能的一部分转入地下空间(多伦多、蒙特利尔)。此外,地下综合体还有其他一些功能,如抗御战争破坏和自然灾害,促使地下公用设施的管、线综合化等。

法国巴黎在列·阿莱地区再开发规划中将列·阿莱广场进行了立体化再开发建设(见图 3.13)。将一个交通拥挤的食品批发和交易中心改造成一个以绿地为主的公多功能共活动广场,列·阿莱广场地下综合体共 4 层,总建筑面积超过 20 万 m^2,成为一个大型的区域交通换乘枢纽和商业娱乐中心,集商业、交通、文娱、体育等多项功能。列·阿莱广场地下综合体的建设,充分发挥了地下空间在改善城市交通、扩大空间容量、提高城市环境质量等方面的巨大作用。

加拿大多伦多市的伊顿中心(Iton Center)商业总面积 56 万 m^2,是一个大型的综合型购物中心,值得一提的是,多伦多的地下通道(PATH)并不在街道下方,而是几乎都从建筑地块的内部穿越,与地面建筑设计充分结合起来,成为一种安全、舒适、系统化、多功能、全天候的步行者的城市空间[1]。蒙特利尔市一共建设了 6 个大型地下综合体,总面积达到 80 万 m^2,最早和最大的综合体在维力—玛丽广场(Plaza Ville - marie),共有各种商店、餐馆 240 家。这些大型综合体在通过地下步行通道相互连通,形成了规模宏大的“地下城”(见图 3.19)。蒙特利尔“地下城”连接了地面上高层办公楼(146 万 m^2)、6 家旅馆(5 300 间客房)、住宅(936 套)和一所大学(6.8 万 m^2)。“地下城”的范围达到 $36km^2$,至今还在不断的延伸(见图 3.20)。

4. 地下市政设施

为进一步改善城市环境,提高城市生活质量而研究、试验和兴建一些大型市政设施,是欧美等国家再利用地下空间方面所进行的重要举措。

由于地质条件好,地下供水、排水系统在北欧的应用范围非常广,瑞典南部地区的大型供水系统全部在地下,供水隧道长 80 km,埋深 30~90 m,靠重力自流;挪威的大型地下供水系统,在岩层中建造了大型贮水库,实现了水源的地下化,既节省了土地又减少了水分的蒸发损失;芬兰赫尔辛基的大型供水系统,过滤等处理设施全在地下,供水隧道长 120 km;瑞典大型地下排水系统的污水处理厂也全部设置在地下,保护了城市水源和城市生态环境;美国纽约的地下岩层大型供水系统,供水隧道长 22 km,直径 7.5 m,此外还有几组控制和分配用的大型地下洞室。

以共同沟的形式来收容各种市政管线,其主要优点是容易维修和便于更换,因而能延长市政设施系统的使用寿命,改善城市道路路面的环境状况(见图 3.21),同时可以

---

① 范文莉.当代城市地下空间发展趋势——从附属使用到城市地下、地上空间一体化[J].国际城市规划,2007,22(6):53-57.

保护道路免遭经常性的破坏。另外,共同沟的干线部分埋深可以降低到建筑物基础以下,改变市政设施管、线只能沿城市道路布置的传统,可以选择最经济的走向,从而缩短了共同沟和管、线的长度。

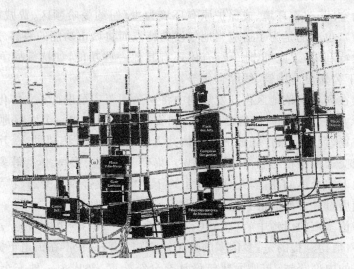

(a) 维力——玛丽广场　　(b) 艺术广场　　(c) 杜普斯广场

图 3.19　蒙特利尔"地下城"平面布局

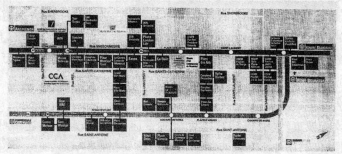

图 3.20　与蒙特利尔"地下城"相对应的地面高层建筑平面布局

图 3.21　共同沟修建前后地面交通和环境效果对比

日本在世界上是兴建地下共同沟数量最多的国家之一,2006 年末日本全国共同沟总长已达 500 km 之多。瑞典斯德哥尔摩市的地下共同沟建在岩石中,长 30 km,直径 8 m,战争发生时可转换为民防工程。俄罗斯的地下共同沟也相当发达,仅莫斯科地下就有除煤气外的各类管、线共 130 km 之多,但是截面较小,内部通风条件也较差。法国巴黎修建了总长达 2 100 km 的共同沟,这些共同沟在结构和功能上与众不同,上部为自来水管道、煤气管道、电缆、排气管道等市政公用设施,下部设有可以行船的水渠和人行道。

此外,地下空间在能源设施方面也得到了有效地利用,日本在 2004 年前已建成地下水电厂房 50 多座,地下水封式石油储备库 3 座,半地下常压低温 LPG 地下水封液体库 10 座,地下、半地下常压低温 LNG 储库 64 座[1]。20 世纪以来,全世界挖掘了数百个地下发电站[2]。

5. 地下物流系统

现代意义上的地下物流系统(Underground Logistics System,ULS 或 Underground Freight Transport System,UFTS),则给城市交通的发展带来了新的视野和解决途径,不仅可以将货物运输分流到地下,还具有低污染、低消耗、高效益的特点,是与传统的公路、铁路、航空和水路运输相并列的运输和供应系统。目前比较公认的是在基于区分城内运输和城外运输的概念下[3],把城外的货物通过传统运输方式运输到城市边缘区,再由 ULS 配送到各个终端,如工厂、超市和中转站。美国、日本、英国、法国、德国、荷兰等发达国家,在地下物流系统的建设和发展上,给现代城市作出了成功的表率[4]。英国在该方面的研究开始的最早,充分利用了气力囊体管道系统(Pneumatic capsule pipeline systems,PCP)和水力囊体管道系统(HCP);日本国内目前运用的地下物流运输系统主要是 PCP,有圆形和方形两种截面形式(见图 3.22)用于城市垃圾收集或工业矿石运输[5]。美国采用了 HCP 和线性电动机驱动管道运输(LM),用于长距离工业材料运输。德国从 1998 年开始研究以 Cargo Cap 为运输工具的地下物流配送系统,可以实现 36 km/h 的恒定运输速度。荷兰人计划在首都阿姆斯特丹机场与著名的花卉市场之间建立一个专业、高效的地下物流系统,在地下完成整个花卉的运输过程。2008 年的 IEEE 国际研讨会在印度举办,有学者撰文构建了地下货运系统(Underground Freight Transport System,UFTS),该系统包括管理信息中心、货物中心、地铁运输、操作工四个部分。

---

① 李小春,蒋宇静. 日本的地下空间利用[J]. 岩石力学与工程学报,2004(增 2):4770 - 4777.

② DUFFAUT P. Caverns, from neutrino research to underground city planning[J]. Urban Planning International, 2007, 22(6):41 - 46.

③ 聂小方,田聿新. 新兴的城市地下物流系统[J]. 综合运输,2003(9):52 - 53.

④ 杨文浩. 城市交通问题与城市地下物流系统[J]. 物流工程与管理,2009,31(5):14 - 16.

⑤ 李鹏,朱合华,王璇,彭芳乐. 地下物流系统对城市可持续发展的作用探讨[J]. 地下空间与工程学报,2007 (1):1 - 4.

图 3.22　气囊管道（PCP）运输系统①

6. 其他城市地下设施

除了上述的五类城市地下设施以外，国外的地下空间开发利用与旧城改造及历史文化建筑扩建相结合，还出现了数量众多的大型地下公共建筑（公共图书馆、大学图书馆、会议中心、办公、展览中心、音乐厅、体育馆、实验室等）、城市地下道路（地下快速路、地下公路、地下人行通道）、地下冷库、地下油库、地下核电站等多种类别的地下设施。

巴黎卢浮宫扩建（1984 年～1989 年，见图 3.23）。巴黎市的地下空间利用为保护其历史文化景观做出了重要的贡献。市中心的卢浮宫是世界著名的宫殿，为保持历史文化景观，原有的古典建筑必须要保持下来，但是市中心并无扩建用地，无法实现地面的扩建要求。贝聿铭先生在设计中将宫殿建筑所围合的拿破仑广场进行地下开发，开发出的地下空间容纳了全部扩建的内容，满足了扩建所增加的休息、服务、餐饮、贮藏、研究和停车的功能。参观路线在地下中心大厅分成东、西、北三个方向由地下通道进入原展厅，中心大厅则成为博物馆总的出入口。在广场正中和两侧设置的三个大小不等的锥形玻璃天窗，解决了采光和出入口布置。

在大城市中心区建设地下步行道系统，可以节省用地，改善交通（解决了人、车分流，缩短公共汽车与地铁的换乘距离）和环境，能够保证恶劣气候下的城市繁荣，同时也能够扩大城市的防灾空间，提高城市的防灾抗毁能力。加拿大的多伦多市，具有很发达、规模庞大的地下步行道系统，在 20 世纪 70 年代已有 4 个街区宽，9 个街区长，连接了停车库、旅馆、购物中心、电影院、商店、市政厅、证券交易所、联邦火车站、地铁车站和30 余座高层建筑的地下室，满足了在恶劣气候下各种商业、文化等活动的进行。在步行道系统中还布置了几处花园和喷泉，一共有 100 多个地面出入口。

为了较好地利用地下特性满足功能要求，合理解决新老建筑结合的问题，并为地面创造开敞空间。美国许多城市建设了大量的地下建筑单体，如美国明尼阿波利斯市南部商业中心的地下公共图书馆，加州大学伯克利分校、哈佛大学、伊利诺伊大学、密执安大学等处的地下或半地下图书馆，旧金山市中心叶巴布固那地区的莫斯康尼地下会议展览中心，等等。而北欧国家芬兰则开发了数量众多且水平高的地下文化体育娱乐设

---

① 李鹏,朱合华,王璇,彭芳乐.地下物流系统对城市可持续发展的作用探讨[J].地下空间与工程学报,2007
(1):1-4.

施,如临近赫尔辛基市购物中心的地下游泳馆(1993 年,10 210 m²),精神病医院地下的游泳馆和健身中心(1987 年),完成的吉华斯柯拉运动中心(1993 年,8 000 m²,内设体育馆、草皮和沙质球赛馆、体育舞蹈厅、摔角柔道厅、艺术体操厅和射击馆),库尼南小镇的球赛馆(1988 年,7 000 m²)。挪威则在 1994 年于 Gjovik 奥林匹克岩石地下体育馆举办了冬季奥林匹克运动会的冰球比赛(长度 91 m,高度 25 m,跨度 61 m),如图 3.24所示。

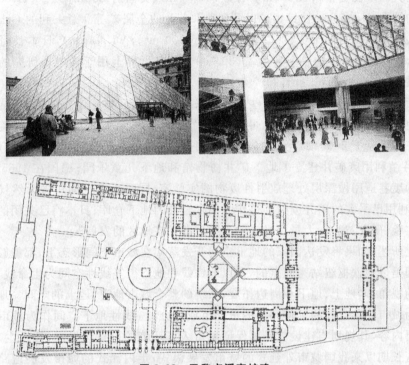

图 3.23　巴黎卢浮宫扩建

图 3.24　挪威 Gjovik 奥林匹克岩石地下体育馆

随着现代科学技术的发展,对进行科学研究的实验室环境的要求越来越严格,例如在对微中子(Neutrino)的研究中,为了减少宇宙射线的"噪音"干扰,若在地面上实现会很困难,实验室必须要建在地下尽可能深的位置,一些地下实验室被建造起来。一类是利用隧道建成,如 Mont Blanc 隧道、西班牙的 Somport 隧道、连接法国和意大利的 Frejus 隧道(1 600 m)、瑞士的 Gothard 隧道(1 640 m)等。另外一类是利用矿井建成,如美国南达科他州的 Homestake 金矿(1 500 m)、明尼苏达州的 Soudan 铁矿(750 m)、加拿大安大略萨德伯里市(Sudbury)镍矿(2 070 m)、英国的 Boulby 煤矿(1 100 m)、日本长野的神冈(Kamioka)铁锌银矿以及瑞典和芬兰的金属矿等。意大利的 Gran Sasso 国家实验室是欧洲目前最大的实验室(面积 6 000 m²,深 1 400 m),日本长野的神冈(Kamioka)铁锌银矿中的一个实验室(30 000 m³)是世界上用于微中子研究的洞穴中是容积最大的(Pierre Duffaut,2007 年)。

在废弃矿井利用方面,国外有些矿山开采深度较小,岩体稳定性较好,闭坑后可以改造为地下仓库或地下停车场,也可以作为垃圾处理站。例如,1965 年乌克兰外喀尔巴什州在地面以下 206~282 m 的岩盐矿矿井内,开办了一所医院和一个国家疗养院;1987 年芬兰利用废矿井建立了地下矿井博物馆和地下儿童乐园;德国在 1965 年将采掘岩盐的废巷道用做深层处理放射性废物的实验室,同时采矿空间用做天然气的储能库;法国利用已采完的矿井废旧巷道作为储存轻油的地下仓库;日本将已关闭的废旧巷道用于实验、研究、观光,大量观光者的光顾带动了该地区的发展[①]。

综上所述,如果将发达国家的地下空间开发落实在城市空间形态上,都能够反映出地下空间是以地铁枢纽站为起点的,并以地铁线和地下街等线性空间为生命线,基于紧凑城市的视角,向地上、地下和周边拓展,系统的整合城市地下、地上的空间。地下空间正在成为城市公共空间的延伸和新的重要组成部分[②]。线性地下空间作为城市空间的一个重要内容,其规划与建设就是要保证城市人居环境的可持续发展,建设生态城市,就要改变长期以来我国城市外延式的城市发展模式,走内涵式的城市发展道路。这要求城市空中、地面、地下空间科学合理地利用。而线性地下空间的有效利用对于整个城市地下空间的开发,对于扩大城市容量,使城市人口、资源、环境、经济、社会协调持续发展至关重要[③]。

3.3.2 国内城市地下空间的利用

我国在地下空间开发、建设和利用方面,认知程度不高,建设起步晚于发达国家近百年的时间。1949 年新中国成立以后,国家非常重视人防工程的建设,初期的城市地下空间开发利用也主要集中在人防工程(人防坑道、地道和防空地下室)的建设上,人防

---

① 郑淑芬,罗周全.提高我国城市地下空间开发综合效益对策研究[J].地下空间与工程学报,2010(3):439 -
443.

② 范文莉.当代城市地下空间发展趋势——从附属使用到城市地下、地上空间一体化[J].国际城市规划,
2007,22(6):53 - 57.

③ 赵景伟. 城市生命线——城市线性地下空间的开发与利用[J]. 四川建筑科学研究,2011,37(4):249 -
252.

建设的最根本目的在于保持战争威慑力、保存战争潜力、保卫祖国和人民的生命安危。北京的人防系统在遭遇核袭击的情况下，在特定时间内能够容纳将近城市人口的二分之一——500万人。整个人防网络为每个社区提供彼此连接的子系统，并利用地下隧道通至北京城市外围数公里处（Golany，1989年）。

我国现代城市地下空间较大规模地开发利用始于1960年代的人防工程建设。自1978年开始研究编制人防工程与城市建设相结合规划。1990年代开始，随着城市轨道交通建设的兴起，开始研究编制城市轨道交通（地铁）规划，这实质上是城市大规模开发利用地下空间资源中的一项专项规划。由于轨道交通（地铁）的规划建设全面引导了沿线及车站地区的城市改扩建与新建，引导了车站周边地区房地产的大规模开发建设，引导了车站临近建筑的大型化、综合化、上天入地及地下室的多层化发展趋势，仅仅轨道交通规划已经不能适应其引发城市发展的新需求，急需研究编制轨道交通引发的沿线和车站地区地下空间综合开发利用规划。与此同时，城市防空防灾设施的一体化和地下化建设、城市市政基础设施的地下化、集约化与管廊化建设，城市公共服务设施与大型轨交地铁车站或大型公共建筑的结合，都引发了城市公共服务设施的地下化和综合化。

在矿山利用方面，姜玉松（2003年）探讨了矿业城市在矿井废弃后地下巷道二次利用问题的国内外现状、优点、遵循的原则以及主要用途等，提出废弃矿井的利用应该纳入城市规划，同时建议矿井在设计时就要考虑到二次利用问题，并加强废弃矿井二次利用的研究；郑淑芬等（2010年）将"建立完善的政策法规，人性化设计，建立封闭性再循环系统，合理利用矿山采空区，地下空间大深度发展和地下空间保护性开发"看作是提高我国城市地下空间开发综合效益的对策。

随着国际上冷战时代的结束，我国的城市建设工作逐渐步入正轨，城市化水平不断提高，由此带来了发达国家的城市在早期所产生的各种城市问题，注重城市地下空间的平时使用功能成为城市建设的重点。1986年的"厦门会议"，国家人防委、建设部联合发出了《关于加强人民防空与城市建设相结合工作的通知》，转变了人防建设的思想，强调注重人防工程的平时使用与城市建设相结合，以提高地下空间的利用效率[①]。1988年又下发了《人防建设与城市建设相结合规划编制办法》。

此后，各地在《通知》和《办法》思想的指导下，拟了人防建设与城市建设相结合的规划，逐步将大量的人防工程改造为能够平时利用的地下工程，并进行了其他功能类型的地下空间的开发，如上海人民广场地下商城的再开发、沈阳新客站地区的开发、大连体育场前地下停车库和商城、北京市西单商业区的再开发、兰州市中心广场的再开发等。人防工程改造成为国内在这一时期城市地下空间利用的重要内容，体现了我国"平战结合"的地下空间利用模式。这时期地下工程的特点是：内环境在注意平战结合的同时，更多考虑平时使用的美观和舒适，发挥平时经济、环境与社会效益，外环境方面与城市公民和形态相结合，使得我国人防工程建设与利用水平有了质的飞跃（侯学渊，2006年）。

---

① 王继山. 北京地铁国贸站地下空间的设计[J]. 铁道标准设计，2006(5)：59-61.

随着城市化进程的加快,城市建设快速发展,城市规模不断扩大,城市人口急剧膨胀,许多城市都不同程度地出现了建筑用地紧张、生存空间拥挤、交通阻塞、基础设施落后、生态失衡、环境恶化等城市病,给人们居住生活带来很大影响,也制约着城市经济与社会的进一步发展,成为我国现代城市可持续发展的障碍。在这样的背景下,我国城市地下空间发展由 1990 年代前的人防工程建设转变到 1990 年代以"城市可持续发展"为目标的地下空间开发利用的发展战略上来。

1. 地下铁路的建设

1965 年 7 月,北京市在西郊玉泉路开建第一条地铁线路,也是中国第一条地下铁路,1969 年 10 月建成通车,全长 23.6 km,第二条环线于 1984 年 9 月建成通车,全长 19.9 km。此后以北京、天津、上海、广州、深圳和南京为代表的大城市均修建了一定数量的城市地铁设施,如上海轨道交通 1 号线自 1993 年(虹梅路站至徐家汇站区间试运营,长 6.6 km,5 个车站)通车以来,到 2010 年 4 月已经有 11 条轨道交通线投入运营,运营里程达 420 km(见表 3.1)。

至 2016 年我国将新建轨道交通线路 89 条,总建设里程为 2 500 km。另外,香港除建有地下街、步行通道和大型地下停车场外,四通八达的地下铁路构成了地下系统的交通运输体系,地下空间得到充分利用,大大地改善了香港地面交通环境和城市的空气质量。

表 3.1　国内已开通地铁的城市资料统计

城　市	首条线路运营时间	目前建成地铁线路数量	运营里程/km	规划 2015 年前运营里程/km
北京	1969.10	15①	372	560②
天津	1984.12	4③	131	410
上海	1995.5	11	420	620
广州	1997.6	8	236	470④
深圳	2004.12	5	178	245⑤

① 2010 年 12 月 30 日,大兴线、亦庄线、昌平线及房山线等 5 条轨道交通线路开通运营。2011 年 12 月 31 日下午 2 时,地铁 8 号线二期北段、9 号线南段(含房山线剩余段)、15 号线一期东段开通试运营,2012 年底将再开通 6 号线、8 号线二期、9 号线、10 号线,线路总长达到 442 公里。2012 年 9 月 15 日,这 4 条线路已全面开始运行调试。

② 据新京报 2010 年 12 月 31 日报道:北京市轨道交通建设管理有限公司有关负责人透露,2015 年前,北京将加速中心城区轨道交通建设,有 10 条地铁新线提前启动建设。到 2015 年,北京轨道交通里程将超过 620 km,力争达到 700 km。

③ 截至 2012 年 10 月,天津地铁已经开通 1、2、3 号线及 9 号线(部分)四条线路。

④ 2010 年数据,广佛地铁线 2010 年 11 月开通。广州地铁的远期规划长度是 600 km。

⑤ 截止到 2011 年 6 月,深圳地铁 2 期工程已全线开通,5 条线路,全长共计 178 km。根据《深圳市城市轨道交通建设规划(2011～2020 年)》,在地铁部分,近期方案的重点是在一、二期工程基础上,提出 2011 年至 2020 年间的建设方案,其中包括龙华线的北延段(三期),以及 8 条新建的地铁线路:6～12 号线,总长约 245.4 km,远期方案规划了至 2030 年的 16 条地铁线路,总长 585.3 km。

续表 3.1

城　市	首条线路运营时间	目前建成地铁线路数量	运营里程/km	规划 2015 年前运营里程/km
南京①	2005.9	2	85	617
成都	2010.9	2	60.3②	274
沈阳	2010.10	2	49.86	400③
重庆④	2011.7	2	37.66	513
西安	2011.9	1	20.5	252
苏州	2012.4	1	25	318⑤
杭州	2012.10	1	61	449⑥
昆明⑦	2012.6	1	25.4	304

注:本资料统计到 2012 年 9 月,不含香港、澳门、台湾地区。

除表 3.1 中所列出已开通地铁的城市以外,我国目前还有重庆、杭州、武汉、青岛、长春等城市正在或即将进行地铁建设,如表 3.2 所列。

表 3.2　国内正在或即将进行地铁建设的城市资料统计

城　市	首条地铁线路开建时间	预计开通时间	首条线路运营里程/km	规划里程/km
哈尔滨	2008.9	2012.12	14.33	340
武汉	2006.8	2012	28⑧	333
宁波	2009.6	2014	45	248
青岛	2009.6	2014	25	227

① 根据南京市《南京市城市总体规划(2007~2030 年)》中轨道交通规划篇,到 2030 年南京市的轨道交通线网将由 17 条轨道交通线构成共计 617 km 的网络。

② 2010 年 9 月 27 日正式开通试运营 1 号线 1 期工程,地铁 2 号线 1 期工程于 2012 年 9 月 16 日开通试运营。

③ 1998 年沈阳地铁规划总里程为 182.5km,2008 年沈阳市地铁线网总规划增至 400km,地铁二号线通车时间 2011 年 12 月 30 日。

④ 重庆已于 2005 年 6 月开通运营轨道交通二号线(较场口站、临江门站和大坪站为地下站),是中国第一条也是目前唯一一条建成通车的跨坐式单轨,一期工程由较场口至动物园(14.35 km),二期工程线路由大堰村至新山村(4.8 km),于 2006 年开通运营。

⑤ 苏州成为中国大陆第一个开通运营轨道交通的地级市,苏州地铁 2 号线 1 期工程将于 2014 年开通试运营;2 号线东延线于 2015 年开通试运营;4 号线将于 2016 年开通试运营。苏州市远期(2020 年)轨道交通线网规划将建成 9 条线,总长为 318 km。

⑥ 杭州至 2020 年将建成包括 1 号线、2 号线、3 号线、4 号线和 5 号线,累计 171 km。

⑦ 地铁 6 号线是连接东风路 CBD 与昆明新机场之间的地铁线路,全长 25.4 km,于 2012 年 6 月 28 日开通观光试运营。地铁一号线是贯穿昆明新老市区南北的骨干线路,全长约 41.4 km,与 2012 年 12 月运营。

⑧ 轨道交通 1 号线是武汉市第一条全高架的快速轨线路,全长 28.87 km,一期工程于 2004 年 9 月投入使用,二期工程于 2010 年 7 月投入全程试运营。

续表 3.2

城　市	首条地铁线路 开建时间	预计开通时间	首条线路运营里程 /km	规划里程/km
大连①	2009.7	2012	63.8	230
郑州	2009.3	2013	26	202
福州	2010.5	2014	184	
合肥	2009.12	2013	25	181②
长春③	2010	2014	38	179
长沙	2009.9	2013	46④	172
南昌	2009.7	2014	28	162
无锡	—	2015 年前	31	158

注:本资料统计到 2012 年 9 月,不含香港、澳门、台湾地区。

2. 地下人行道路、地下公路隧道、越江(河、湖)或跨海隧道

1970 年代初,武汉在航空路道口西侧修建了一座横穿利济北路的地下人行通道,全长 41m,它是我国城市中的第一座地下人行通道。同年,上海市在黄浦江下率先修建了我国城市地下第一条隧道——长 2 736 m 的打浦路隧道。1980 年代末,在浦东和浦西之间修建了延安东路隧道——全长为 2 261 m。这些地下交通设施的建设,为国内城市地下空间的开发利用奠定了基础。

随着城市中心区机动车交通量的增大,居民的出行时间越来越长,地面上的交通环境日益恶化,在城市中心区交通最紧张的一些主干道路下方开发地下公路(立交)隧道是有效解决城市交通问题的方法。另外,许多大中城市为改善交通状况、提高城市效率,纷纷结合城市自身特点修建了城市越江(河、湖)或跨海隧道,如图 3.25 所示。例如:厦门翔安海底隧道(连接厦门岛与翔安区),上海越江隧道,胶州湾海底隧道(连接青岛与黄岛),武汉长江隧道,以及上海浦东—长兴岛隧道。上海市为开发利用崇明岛而在长江入海口处修建的越江隧道(全长近 9 km)等。

另外,城市高架快速路已经被欧美发达国家排除在城市道路建设设施之外,原因主要在于它割裂了城区,破坏了城市景观,对环境的影响很大,城市地下快速路可以有效解决上述问题。例如南京玄武湖隧道通车后,通行时间由原来的半个小时缩短为三四分钟,玄武湖的景色及周边的建筑景观也得以保全。杭州的跨越钱塘江隧道工程建成

---

① 大连城市快速轨道交通:3 号线于 2003 年 5 月 1 日正式运营,7 号线于 2009 年 12 月 28 日运营。
② 根据《建设规划》,合肥轨道交通建设分为远景、远期和近期,轨道交通远景线网总长 322.5 km,其中市区线路 7 条,全长 215.3 km;市域线 5 条(含 1 条机场专用线),全长 107.2 km。远期中心城区城市轨道交通远期规划方案由 6 条城市轨道交通线路组成,共设置了 15 个轨道交通枢纽,全长 181.1 km。
③ 2001 年 12 月,长春率先建成中国大陆第一条轻轨线路,2002 年 10 月 30 日,长春轻轨一期工程长春站—卫光街试运营。
④ 2 号线一期工程和 1 号线一期工程线路总长 45.92 km,2009 年 9 月开建的是 2 号线一期工程,2010 年 9 月,地铁 1 号线一期工程开工建设,2014 年 9 月,地铁 1 号线一期工程通车。

后,将作为杭州市江东、临江区块通往上海的一条快速路,可极大改善钱塘江两岸投资环境,进而加快杭州湾产业带的形成。由此可见,对于人多地少的我国城市来说,是今后需要加大力度发展城市地下交通设施。

上海市邯郸路地下公路　　　　　　　　厦门翔安海底隧道

上海越江隧道　　　　　　　　　　胶州湾海底隧道

图 3.25　地下公路隧道、越江(河、湖)或跨海隧道

3. 地下停车库

交通用地在城市总用地中应保持适当的比例,才能使城市交通比较通畅。随着城市中心区的高度繁荣,停车需求量越来越大,但是中心区的建设用地日益紧张,使停车设施的发展受到限制,导致了停车越来越难。为了解决城市静态交通——停车为目的问题,地下车库在国内各大中城市得到了快速的发展。上海环球金融中心总建筑层数共 104 层,其中地上 101 层,地下 3 层,地下有 2 层辟为停车场。大规模的地下停车设施作为城市立体化再开发的内容之一,使城市能在有限的土地上获得更高的环境容量,可以留出更多的开敞空间用于绿化和美化,有利于提高城市环境质量(见图 3.26)。在寒冷地区,地下停车可以节省能源,在防护上有优越性。

4. 地下商业设施和地下综合体的建设

我国在早期就已注意将城市地下空间开发利用与商业发展结合,许多大城市在城市建设中都在城市中心区的公园、广场或大型地面建筑群的下面修建了较大规模的商场、商业街等设施,或者在交通繁忙、商业发达的地区建设地下过街道型商业设施。1980 年代末,为配套汉口火车站建设,在其站前广场下修建了一座汉口地下商城,面积 5.5 万 m²。目前,地下空间内的商业功能日趋大型化和多功能化,地下商业设施的空间环境得到改善,如济南地下人防商城(见图 3.27)、上海人民广场地下街(见图 3.28)、广州康王路地下商业城、重庆杨家坪地下商场、大连胜利广场地下街等。

图 3.26   上海市太平桥公园停车库及其地面环境

图 3.27   济南英雄山路地下人防商城   图 3.28   上海人民广场地下风情街

　　人流高聚集是地铁的典型效应特征。结合地铁车站将商业设施布置在地铁车站的周围,充分利用地铁人流发展商业,并辅以停车库、过街人行横道、银行、邮局等设施,能形成以车站为主体的大型地下综合体。小型地铁车站站厅内可以设有小型零售商业,大型车站还可以进一步放大站厅,设置商场、快餐、茶室、咖啡室、旱冰馆、舞厅等。上海市地铁一号线徐家汇地铁车站周围,共有太平洋百货滩海店、百胜、东方商厦、太平洋百货徐汇店、名品商厦 5 家大型商场,地下车站与 4 层地下商场直接相连。

5. 地下市政设施

　　城市的给水、排水、电力、电信、燃气、热力等市政管线工程,俗称生命线工程[1],是城市基础设施的重要组成部分,是城市物流、能源流、信息流的输送载体,是维持城市正常生活和促进城市发展所必需的条件。我国进行共同沟的建设起步较晚,虽然目前多

----

① 钱七虎,陈晓强.国内外地下综合管线廊道发展的现状、问题及对策[J].地下空间与工程学报,2007(2):11.

数大、中城市的市政设施基本都实现了地下化,但依然存在各个系统的设施相对独立、分散的问题,导致交通路面破坏、运营负担增加、环境破坏甚至对城市的发展都造成非常不利的影响。

借鉴国外发达国家的建设经验,我国也越来越重视共同沟(地下综合廊道)的建设,国内许多城市为了实现市政设施的综合化,都在积极创造条件规划建设共同沟。1992年,上海市政府规划建设了当时国内第一条规模最大、距离最长的共同沟——浦东新区张杨路共同沟。

2006年在中关村(西区)建成了我国第二条现代化的共同沟[1]。此外,杭州钱江新城、广州大学城(小谷围岛)、上海松江大学城、上海安亭新镇、宁波东部新城、昆明呈贡新区等几乎全部规划建设了共同沟,主要分布在上海、广州、北京等经济发达的城市和新区。随着近几年国内掀起的又一轮的城市建设热潮,越来越多的大中城市,如重庆、南京、青岛、沈阳、福州等,已经开始进行共同沟建设的试验和规划。

我国在近20年的地下空间开发利用中也不仅局限于以上所述的设施,也陆续开发建设了一些城市地下文化体育设施,如西安汉阳陵外藏坑保护展示厅。该展厅是我国遵照国际人类文化遗产保护准则和遗址文物保护的通行办法建造的第一个全地下遗址博物馆(见图3.29),也是陕西省第一个多国、多学科合作设计的博物馆[2],建筑面积近8 000 m²,建筑顶部则覆土植草种树,恢复陵园原有的历史环境风貌和自然景观。此外,我国还有些城市还结合地面建设,建造了一些中小型的地下体育健身设施。

图3.29　西安汉阳陵外藏坑保护展示厅内外空间

综上所述,现代城市中以隧洞为主要形式的线性地下空间设施起到了举足轻重的作用。这些设施主要包括地铁、地下道路(地下公路、人行通道)、市政基础设施管线、地下管线综合廊道(共同沟)以及地下排水(洪)暗沟等。线性地下空间是城市地下空间形态构成的基本要素和关键,也是与城市地上空间形态相协调的基础,连接点状地下空间的纽带,提高城市功能运行效率的保证,是城市重要的生命线。没有线性地下空间的连接,仅有一些散布的点状设施,不能形成整体轮廓,无法提高地下空间的总体效益。

① 冯好涛,庞永师.浅谈我国地下空间现状与发展前景[J].四川建筑,2009(5):26-27.
② 张平,陈志龙.历史文物保护与地下空间开发利用[J].地下空间与工程学报,2006(3):354-357.

3.4　小　结

城市的产生和发展是社会生产力发展的结果。本书将人类对地下空间利用的进程按照功能特点(实效性表征)划分为三个阶段:1863年前的古代利用阶段;1863年至第二次世界大战之间的近代利用阶段;第二次世界大战之后的现代利用阶段。

人类社会早期的城市,由于受到社会生产力发展水平的限制,城市规模一般较小,城市用地和城市空间容量之间的矛盾并不突出。在这一时期,人类在地下空间的利用上,主要是以间断性或偶然性出现单一功能的特殊空间为主,其实效性也只能体现在居住、水利、防御、宗教、埋葬等功能上,没有大规模的地下空间利用和"空间整合"的概念。

1863年到第二次世界大战期间,随着城市人口的增长和社会生产力发展水平的提高,城市居民的活动趋向多元化。由于受到城市空间容量的限制,特别是自工业革命以来,工业在城市的集中促使城市规模的逐渐扩展,新型交通工具的出现也使人们的出行距离越来越长。这一时期的地下空间利用,逐渐体现出有意识地发挥地下空间在交通和经济方面的效益为主要目的的地下空间类型,例如地下铁路交通、地下商业街以及地下市政设施等。由于处于人类自觉开发利用地下空间的初级阶段,这一时期的地下空间开发还不重视地下地上在空间、环境等方面的整合意义。

随着第二次世界大战的结束,各国都将目光转向本国的经济建设和人居环境建设,城市规模和城市空间进一步扩展,特别是在1980年代以来,其扩展的速度尤为明显。这一时期,越来越多的农村人口涌向城市,因为在那里找到就业和居住住所,还有各种各样的便捷的生活和服务设施。这一时期的地下空间利用逐渐体现出以解决城市交通拥堵、生态环境恶化、生存空间不断减小等诸多问题与矛盾的城市三维空间整合思想,在整合的实效性上则体现了交通—经济—环境—文化全方位整合特点。

综上所述,人类利用地下空间的历史,其实就是有自发到自觉、由低级到高级开发利用,并逐步重视其实效性(二战后)、由单一功能转向多功能复合的过程。现代城市在高速的发展中遇到了许多复杂的矛盾,城市三维空间的整合则更多反映了城市可持续发展的主流。

第4章 城市地下空间开发强度及布局模式

压缩城市用地,杜绝城市"摊大饼",防止城市蔓延(见图4.1),充分开发利用城市地下空间,提高城市土地的紧凑程度,是缓解我国大中城市日益紧缺的土地资源问题的最佳出路(见图4.2)。土地紧凑利用城市的物质形态与它周围的自然开敞环境之间发生了一个清晰的分界。这种天然的对比,在现实和下意识里,都造成对自然环境的强烈意识和社区的凝聚力[1]。但是,伴随着城市的不断扩张和高度紧凑的发展形式,城市中心区的活力却明显下降,直接导致城市中心区的空间舒适性降低。通过整合城市中心区公共空间的地下空间资源,不仅能够缓解城市中心区复杂的城市矛盾,创造出舒适的城市三维空间复合体,提高城市空间的品质,而且能够"重新创造城市场所,带给人们能产生记忆和创造记忆的工具,担负着整合破碎凌乱城市空间和启动地区活力的责任,形成完整连贯的城市空间场所"。

图4.1 城市用地的扩张

图4.2 地下空间开发构想

我国虽然国土面积居世界前列,但是人口众多,正经历着人类历史上最大规模的城市化,至2009年底,城市化水平46.59%,也就是说目前约有一半的人口居住在城市中,人地矛盾日益尖锐。我国在水土资源方面,人均占有量与世界其他大国比较还处于相当低的水平,如表4.1所列。

表4.1 中国水土资源与世界其他大国比较[2]

国 家	俄罗斯	加拿大	中国	美国	巴西
人口密度(人/km²)	8.6	3.2	131.0	27.5	19.1
人均耕地面积(km²)	1.39	2.5	0.21	1.64	1.47
人均水资源(m³/人)(1995)	30 599	98 462	2 292	9 413	42 975
森林总面积(万 km²)	75.49	24.72	13.38	20.96	56.60

① GOLANY S G, OJIMA T. Geo-Space urban design[M]. BeiJing: China Architecture & Building Press, 2005.
② 仇保兴.第三次城市化浪潮中的中国范例——中国快速城市化的特点、问题与对策[J].城市规划,2007, 31(6):9-15.

加强紧凑城市理论的研究,建设新型的紧凑城市,加快城市中心区地下空间的开发和建设,采取有效的方法与技术,指导城市地上、地面与地下空间的整合,创造良好的人居环境,是一项极为紧迫的任务。

4.1　地下空间的紧凑理念分析

世界上反对紧凑城市论的理由主要有四点[①]:第一,它可能不会产生预期的环保效应;第二,似乎不太可能阻止城市的分散化进程;第三,即使有紧凑政策,绿地的开发也在所难免;第四,城市高密度并不可能带来集中派所承诺的高质量的城市生活。

解决上述四点问题的关键环节,无疑是在城市空间利用方面做足文章,充分拓展城市的地下空间资源,发挥城市地下空间的环保、集聚、节地和品质等优势;否则,城市生活的质量将会随着城市密度的增加而愈发恶化。

城市空间的整体运作效率与城市功能布局和空间组织关系,空间释放能力和承载能力以及与市民生活内容的契合度相关[②]。开发利用城市地下空间资源,就是要扩大城市地面的使用空间,在单位面积内容纳更多的城市功能和城市活动。通过对空间紧凑程度的把握,实现城市地下空间资源利用效率最大化,满足紧凑城市理论中的功能紧凑、规模紧凑和结构紧凑的三个理念。在紧凑型城市中,为了实现人性化理念和城市空间综合开发与土地集约利用等方面的有机结合,同时强调体现建筑功能群组与城市空间组织的三维性,所以采取以城市公共空间[③](Urban Public Space)、建筑公共空间及城市主要交通要素相结合的有机组合体[④]。因此,应根据城市地下空间所处的城市区域空间环境特点,选择最佳的地下空间开发类型,使其更好的与城市区域空间相结合,并采取措施"保证相邻城市地下空间(如地下交通枢纽、地下商城、高层建筑地下空间等)相互联系的便捷性与可能性,为多元的城市地下空间功能构成创造条件。"[⑤]地下城

①　迈克·詹克斯,伊丽莎白·伯顿,凯蒂·威廉姆斯编著周玉鹏等译.紧缩城市——一种可持续发展的城市形态[M].北京:中国建筑工业出版社,2009.
②　李琳.紧凑城市中"紧凑"概念释义[J].城市规划学刊,2008(3):41-45.
③　当前,城市公共空间的概念并没有一个完全统一的认识。同济大学李德华认为,城市公共空间可以分为狭义的概念(尤其是指开放空间,街道、广场、居住区绿地、停车场、公园、运动场等)和广义的概念(公共设施用地空间,如城市商业区、城市中心区等)。张春和在《人·开敞空间·城市》一文中认为"开放空间一方面指比较开阔、较少封闭和空间限定因素较少的空间,也指向大众敞开的为多数民众服务的空间"。同济大学赵民认为"城市公共空间是人工因素占主导地位的城市开放空间"。钱才云在《空间链接——复合型的城市公共空间与城市交通》一书中,归纳概括了城市公共空间的概念"指在城市或城市群中,在建筑实体之间或具有较强公共属性的建筑实体内的局部空间存在着的为公众服务的开放空间体,它是公众进行公共交往活动的开放性场所,……,是城市形象的重要表现之处。"本书归纳认为,城市公共空间一方面是指位于城市地面上的开放空间和为城市公众交往活动服务的建筑实体内的局部空间,另一方面也指位于城市地下的具有较强公共属性的建筑实体空间(地下综合体、地下交通枢纽等),其作用是为城市公众提供基于公共价值领域的各种物质、能量、信息以及情感交流的场所,现代城市公共空间能够融合城市的交通、商业、休闲、娱乐、交往等多种功能,并能够促进城市中心区土地和空间的高度集约化利用。
④　钱才云,周扬.空间链接——复合型的城市公共空间与城市交通[M].北京:中国建筑工业出版社,2010.
⑤　宿晨鹏,梅洪元,陈剑飞.城市地下空间集约化设计内涵解析[J].华中建筑,2008(6):94-95.

市通过建立水平和垂直用地的临近性,强化了紧凑的土地利用,这样减少了上下班往返时间,加快了服务的传输,建立了一个摆脱了地上交通及其相关环境损害的城市①,如图 4.3 所示。

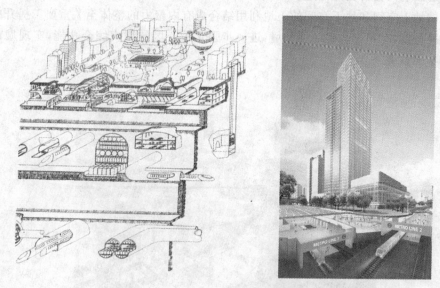

图 4.3　城市土地的竖向利用

4.1.1　城市中心区的紧凑

现代大城市的中心区都具有以下几个特征:容积率的提高与经济效益的增长;地价的高涨与土地的高效率利用;就业人口的增加和常住人口的减少;基础设施的不足与环境的恶化,等等。紧凑城市的理念强调在城市建设的过程中,要在已有的各种规模、各种类型的城市中心基础上形成紧凑的城市中心②。城市中心区(Urban centers)是城市人口和城市交通、商业、金融、办公、文娱、信息、服务等功能最集中最集中的地区,由于土地资源紧缺,各种矛盾也最集中,因此,城市地下空间的利用对城市中心区的发展具有重要的意义,土地的利用在某种程度上能通过利用"第三维"的空间(空中和地下空间)而得到密集化(Owens,1992 年)。市中心区的紧凑开发是遏制向郊区扩张的有效手段,在新的城市发展背景下,地下空间利用成为大城市中心区土地利用新的发展方向,将其传统粗放型、平面外延式③拓展的模式,转变为节约型、紧凑式的拓展模式(见

①　GOLANY S G, OJIMA T. Geo－Space urban design[M]. BeiJing:China Architecture & Building Press,2005.

②　温春阳,周永章.紧凑城市理念及其在中国城市规划中的应用[C]//和谐城市规划——2007 年中国城市规划年会论文集,2007:681－684.

③　姚文琪,唐晔.城市中心区地下空间规划的实践与探索——以深圳市宝安中心为例[C]//城市规划和科学发展——2009 中国城市规划年会论文集,2009:1398－1409.

图 4.4）。开发利用城市中心区的地下空间,不仅可以节约土地资源,还能减轻地面交通和环境的负荷,方便地铁与其他交通方式的转换,并使城市活动避开寒暑、风雨等恶劣天气的影响而变得更加舒适。在城市中心区实行"分层分流"的立体开发模式[①],把中心区的地上空间和地下空间的土地利用结合成有内聚力的整体至关重要。提升中心区的紧凑程度,有利于改善居住环境,进一步强化中心区的城市综合功能,实现城市中心区的功能紧凑。

图 4.4　杭州市钱江新城某大型公共综合体

　　功能是城市地下空间发展的动力因素,是地下空间存在的本质特征[②]。城市综合体的出现是城市集约化发展中的一个典型现象[③]。在城市中心区,实现功能紧凑目标的最主要的地下空间类型是大型地下综合体。地下城市综合体一般包括以下一些内容:城市地下铁道、公路隧道,以及地面上的公共交通之间的换乘枢纽和各种车站组成;地下过街人行横道、地下车站间的连接通道、地下建筑之间的连接通道、出入口的地面建筑、楼梯和自动扶梯等内部垂直交通设施等;地下公共停车库;商业设施和饮食、休息等服务设施,办公、银行、邮局等业务设施;市政公用设施的主干管、线;为综合体本身使用的通风、空调、变配电、供水排水等设备用房和中央控制室、防灾中心、办公室、仓库、卫生间等辅助用房,以及备用的电源、水源、防护设施等。

　　在城市中心区,要进行城市地下空间竖向划分分析,强调进行较深层次的地下空间立体构成设计,只有这样才能够形成更大规模的地下空间容量,满足多种城市功能的地下分层紧凑布置,提高城市地下空间资源的利用效率。

　　例如,宁波东部新城中央商务区是一个楼宇密集的高强度开发地区,面积 2 km²。中央商务区的大型地下综合体主要由建筑物地下停车场、地铁站、社会公共停车场地下

①　丁小平.城市中心区节地模式的探讨——以长沙市新河三角洲开发新模式为例[J].国土资源情报,2008(10):43-47.
②　陈志龙,伏海艳.城市地下空间布局与形态探讨[J].地下空间与工程学报,2005(1):25-29.
③　董贺轩.城市立体化——城市模式发展的一种趋向解析[J].东南大学学报,2005(增刊1):225-229.

商业街、步行空间(人行通道)、地下道路和下沉式广场等组成,通过多个下沉式花园广场,使地下空间与外部空间形成有机的联系。位于地面建筑物的地下停车场为1～3层,部分互相连通形成地下网络,并与地下公共停车场、地下街衔接,利于控制地面出入口的数量。中央商务区借助于开发地下空间,不仅形成了集交通、步行、商业、办公等多种功能为一体的区域,同时还减少了地面交通的平面交叉对城市活动的干扰,保持了地面景观的整体性和连续性,如图4.5所示。

图4.5　宁波东部新城中央商务区地下空间示意图[①]

　　地下交通系统也是城市中心区实现紧凑目标的地下空间类型。以北京金融街中心区为例,金融街南起复兴门内大街,北至阜成门内大街,西自西二环路,东邻太平桥大街,南北长约1 700 m,东西宽约600 m,规划用地103万 m²,总建筑面积300多万 m²,如图4.6所示。利用城市立体化的设计方法,通过合理组织立体交通系统,避开城市地面上的二维交叉,可以化解城市中心区的矛盾。金融街中心区充分利用地下空间,实现了分层立体交通,设计了人车分流交通系统,解决了城建中最关键的交通问题。

图4.6　北京金融街区位(地图)及空间三维图像

　　"金融街地下交通工程"是北京首个与周边建筑物有机结合的地下空间项目,位于北京市金融街核心地块,东起太平桥大街,西至西二环路,南至广宁伯街,北至武定侯街,全长约2.4 km,分别于太平桥大街、西二环设置单向车道出入口。行车系统设于地

----

① http://www.zjsr.com 2006-9-19.

下 8～12 m 处,工程总建筑面积约 2.6 万 m²,地下车库可存放至少 8 000 辆,与西二环及太平桥大街相连通。该地下交通工程实现了地下空间与城市交通的功能互补,促进了地下停车、地下铁路与城市交通系统的整合。

工程具有以下几个方面的特点:净化了金融街中心区的地面交通,为实现中心区高档建筑群的办公、商业、休闲功能创造必要的交通环境(见图 4.7);为中心区地下车辆左转进出城市快速路及城市一级干道提供通道,提高该区域的工作效率和节奏;地下、地上交通网络相互补充,增加金融街与周边区域的连接点;提高中心区的土地利用率;地下人行系统位于地下一层,共两处,连接了中心区休闲公园南北和公园西侧各建筑,能够起到缓解地面层人车交叉的矛盾,创造全天侯人行环境的作用,如图 4.8 所示。

图 4.7　金融街地面景观

图 4.8　金融街中心区地下综合交通系统

紧凑城市的发展理念强调的是城市自身的"高品质发展",也就是说原有的建成区面积不继续扩大的前提下,城市的建设面积、城市的人口、城市土地利用的有效性等得到持续增加[①]。城市中心要构建一个高质量的生活环境,就必须使之具备足够的市场吸引力、完善的服务设施以及良好的建筑设计及交通设施。为了提高城市的运作效率,现存的中心区应具备适宜的公共基础设施,并对空间加以综合利用和多样化利用[②]。交通问题和环境问题是城市中心区需要解决的主要问题。通过对地下铁路、地下快速道路、地下停车系统、地下步行系统和地下商业设施等的开发利用,不仅增加了城市中心区的空间容量,还吸引了大量的城市居民进入地下进行活动,减轻了对地面交通的压

① 温春阳,周永章.紧凑城市理念及其在中国城市规划中的应用[C]//和谐城市规划——2007 中国城市规划年会论文集,2007:681-684.

② 赫德利·史密斯.穿越夹笮(chi)刑道:围困在腐烂面包圈里的紧缩城市[G].紧缩城市——一种可持续发展的城市形态.北京:中国建筑工业出版社,2009:110-123.

力和环境的污染,从而获得良好的地面环境。合理发展地下空间不仅可以提高建筑密度,满足城市形态紧凑集中的原则,也可以大大节省能源消耗①。通过开发城市地下空间、整合空间功能,能够使城市获得更为丰富的空间资源,促进空间的集约化利用,遏制城市蔓延,便于城市在功能上、规模上和结构上实现紧凑。这种通过城市空间开发达到的紧凑,有利于实现资源、服务、基础设施的共享,减少重复建设对土地的占用,降低城市运行的能源和资源成本,提高城市发展的可持续性②。

4.1.2　城市核心区之间的紧凑

城市核心区是城市政治、经济、文化等公共活动最集中的地区,是能代表城市形象,承载重要功能(行政、商务、宗教、景观等),具有一定集聚效应(人、物、信息流的集聚等),并对周边地区产生辐射作用的城市核心区域。按照城市核心区性质和功能的不同,城市核心区可分为:城市综合性公共中心、城市行政中心、城市文化中心、城市商业中心、城市体育中心、城市博览中心、城市会展中心、城市休闲中心。路易斯·托马斯和维尔·卡曾斯认为应该存在一种可以使区域内的紧缩化与区域间的紧缩化互为补充的居住模式——连接各开发区的道路畅通无阻,可以有效地缩短交通距离与时间③。里卡比(Rickaby)通过对土地利用模式及交通能源利用状况的研究发现,高密度的线性开发还不如"村庄的分散化发展格局"的能效高,并提出,一种将分散分布的各个集中化开发项目连接起来的高速的轻轨交通系统可能会提高这种城市形态的吸引力和能源效率。迈克·詹克斯等认为紧凑城市的概念"需要进一步扩展,以便把更大范围的居住区的密集化方案包含在内,如泛中心区及郊区,可以用便捷的交通网络将它们连接起来"。

城市空间结构可分为单核集中点状结构、星形连片放射状结构、线形带状结构、双城结构分散型结构和多核结构(余颖,2004 年)。国内外城市建设的经验证明,多个核心的城市比单核心的城市发展有利。这是因为,城市可由多个中心组成,每个中心具有相对完整的功能形式和各自的影响范围,中心与中心之间具有强有力的联系④。对于多核心发展的大中城市,为提高其核心之间的紧凑程度,更有必要开发利用其核心内部及核心之间区域的地下空间。为此,可通过修建地铁和地下快速路,促进核心之间公共交通网络的形成和发展,进一步保护地面的环境景观,使人们能够方便快捷地抵达目的地,体现城市公共交通快速高效的优点⑤。

经过几十年来单核心的空间发展,中心城区周边地带具有强烈的向心和集聚倾向,沿核心向外层层扩展,最终形成了目前的这张"大饼"。吴良镛教授针对北京单核心的城市空间发展模式带来的种种弊端,提出了北京市应采取"串葡萄"式的分散集团发展

---

① 蒋向荣,万婷,蔡傅懿.提升寒地城市地下空间吸引力对策研究[J].低温建筑技术,2011(1):31-32.
② 陈华斌.紧凑型城市空间发展模式探讨——以济南市为例[J].规划师,2007(S1):59-61.
③ 路易斯·托马斯,维尔·卡曾斯.紧凑城市——一种成功、宜人并可行的城市形态?[G].紧缩城市——一种可持续发展的城市形态.北京:中国建筑工业出版社,2009:57-69.
④ 余颖,扈万泰.紧凑城市——重庆都市区空间结构模式研究[J].城市发展研究,2004(4):59-66.
⑤ 王海阔,陈志龙.地下空间开发利用与城市空间规划模式探讨[J].地下空间与工程学报,2005(1):50-53.

模式,即交通轴加上一些城镇建设的区域,再加上生态绿地,就像一个葡萄藤、葡萄叶、葡萄珠之间的关系,有序的安排城市发展的空间,有序的组织城市建设①。《北京城市总体规划》(2004 年～2020 年)对北京市的空间布局进行了战略调整,改变了原来单核心聚焦蔓延的状况,构建了"两轴、两带、多中心"的城市空间结构(见图 4.9),形成"中心城—新城—镇"的市域城镇结构,并在原有卫星城基础上,规划了 11 个具有相对独立性的新城(通州、顺义、亦庄、大兴、昌平、房山、怀柔、平谷、密云、延庆、门头沟)。大兴是北京市所确定的 11 个新城之一,承担疏解中心城人口和功能、集聚新的产业,带动区域发展的规模化城市地区,具有相对独立性。

根据《北京城市总体规划》(2004 年～2020 年),大兴是北京未来面向区域发展的重要节点,在北京发展中具有重要的战略地位。引导发展生物医药等现代制造业,以及商业物流、文化教育等功能。规划提出,要发挥基础设施的引导作用,采取以公共交通特别是轨道交通为导向的城市发展模式,土地开发与交通设施建设相互协同,建立以公共交通为纽带的城市布局及土地利用模式,促进新城的理性增长。2010 年 12 月 28 日,北京地铁大兴线将与 4 号线贯通运营,这条贯穿北京南北向轨道交通的骨干线,总里程达 50 km,成为国内地下里程最长和车站最多的轨道交通线路(见图 4.10 和图 4.11)。

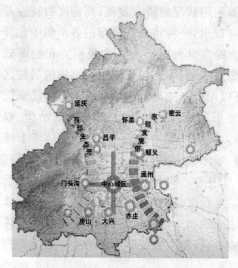

图 4.9 北京城市空间结构规划图

图 4.10 大兴线地铁

地下交通设施为城市中心区向城市边缘疏散产业和人口提供了便利的条件。北京市针对中心城区人口膨胀、交通压力过大、资源耗费严重的情况,结合城市轨道交通建设,在《北京城市总体规划》(2004 年～2020 年)规划出 10 个边缘集团:北苑、酒仙桥、清河、东坝、丰台、定福庄、南苑、西苑、石景山、垡头,如图 4.12 所示。在边缘集团的发展和建设中,鼓励混合功能综合开发,促进本地就业,推进产业、居住、公共服务设施的均衡发展,改变边缘集团居住功能单一、配套设施不全的局面,缓解中心城区的巨大压力。

---

① 徐新,范明林.紧凑城市——宜居、多样和可持续的城市发展[M].上海:世纪出版集团,2010.

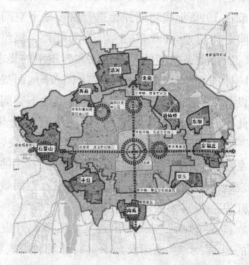

图 4.11 北京轨道交通大兴线线位示意图　　图 4.12 北京中心城功能结构规划图①

4.2　地下空间开发利用的指标体系

4.2.1　地下空间开发利用指标体系研究概况

　　城市空间为获得可持续发展要求走向自然与人工的融合②。城市的地上、地面和地下三维的空间利用,不只是关乎能够扩大城市空间容量的城市功能即,空间的三维布局,更为重要的是能够提高城市运作效率的城市形态物质性结构的三维构建以求"取得'城市拥塞'和可持续发展"之间的平衡③。我国的城市规划编制工作,一直缺少与发展项目相关的量化指标体系,经常导致人口、用地等指标在短时间内就会突破原有的规划目标,致使规划失去指导和控制作用(童林旭,2009 年)。

　　紧凑城市理论强调提高城市土地的利用效率。在 GDP 不断增长的情况下,控制城市用地不增长才能够提高城市土地的利用效率。有关资料表明④,目前北京地下空间建成面积已达到 3 000 万 m²,到 2020 年,这一数据有望达到 9 000 万 m²,人均拥有地下空间建筑面积可达到 5 m²;上海把地下空间作为城市基础建设的"第二空间",全市

　　①　见《北京城市总体规划》.
　　②　范炜. 城市空间的集约化思考[J]. 华中建筑,2002(5):91-93.
　　③　董贺轩,卢济威. 城市三维空间利用的思考[J]. 城市规划,2009(1):31-40.
　　④　张巍,曲巍巍. 城市地下空间开发潜力探究[J]. 建筑经济,2010(6):116-118.

已建成地下工程 2.3 万个,总建筑面积超过 2 800 万 m^2。这些数据揭示了在现代大城市的建设中,通过对地下空间的开发与利用,可以大大提高城市土地的利用效率。

地下空间的开发利用,通过地下动静态交通的连接,从孤立的点状地下工程向局部网络地下空间发展,地下空间开发趋于功能多样化、综合化和规模大型化[①]。我国部分城市在 1990 年代初期开始进行城市地下空间规划,目前只有少数城市编制了城市地下空间总体规划,如北京、上海、深圳、南京、杭州、常州、青岛等。

城市地下空间的建筑密度和容积率的要求与城市地表空间明显不同,在空间环境、设防标准、配套设施等方面都有不同于地面规划设计的特殊要求,应该在城市地下空间建设规划层面上,研究制定适合城市地下空间开发利用规模和容量的规划技术指标[②]。因此,在加强城市总体规划"定性控制可量化,定量控制更加具体,定位控制更为准确"[③]的前提下,随着城市化进程的逐步加快,必须要抓紧进行城市地下空间规划指标体系研究,使地下空间能够科学、合理、有序的发展。完善的城市地下空间指标体系,是实现地下空间发展目标,提高城市土地利用效率和城市空间容纳效率,增强城市地下空间开发利用实效性的有力保障。

柳昆等(2011 年)提出地下空间资源开发利用的适宜性评价是指在对地下空间资源的地质、水文、地形及地下空间开发利用现状等条件进行分析和研究的基础上,总体判断地下空间开发利用工程难度和确定可开发的资源分布情况,目的是为地下空间开发利用总体规划和详细规划的编制提供依据[④]。

孙卫无(2007 年)提出应当明确开发容量、土地利用、设施配套、建筑建造以及引导性指标之间的关系,建立地下空间规划指标体系,并通过案例对各种指标进行比较、验证和修正,完善城市地下空间规划指标体系的表达与应用。付磊(2008 年)将地下空间指标体系分为资源子系统(地下空间资源、经济基础)、生存子系统(地下空间容量、城市交通地下化、市政设施地下化、资源储存地下化、城市防空防灾)、发展子系统(社会发展水平、人口素质与生活)、环境子系统(环境质量、环境保护)四个子系统,对其中的 56 项指标进行了研究。童林旭(2006 年)将地下空间指标体系分为两类,即基本指标体系和参照指标体系。基本指标体系包含了土地利用效率指标和空间容纳效率指标,城市基础设施地下化指标,资源的地下回收、储存、再利用指标,环境改善指标和城市安全指标,表 4.2 为基本指标体系的概念性框架。基本指标体系能够直接反映地下空间开发利用的作用、目的以及与城市现代化的关系,作为在规划期内必须实现的控制性指标。参照指标体系包含了经济发展水平,社会发展水平,人口素质与生活水平和环境质量,表 4.3 为参照指标体系的概念性框架。

① 陈志龙.城市地下空间研究现状与展望,2009~2010 岩石力学与岩石工程学科发展报告[R],2009.
② 孙卫无.城市地下空间规划综述[J].建材与装饰,2007(9 月下旬刊):30 - 32.
③ 童林旭,祝文君.城市地下空间资源评估与开发利用规划[M].北京:中国建筑工业出版社,2009:186.
④ 柳昆,彭建,彭芳乐.地下空间资源开发利用适宜性评价模型[J].地下空间与工程学报,2011,7(2):219 - 231.

表 4.2　城市地下空间规划基本指标体系框架

序　号	指标类型	指标构成	单　位
1	土地利用	城市用地面积	km²
		单位城市用地面积 GDP	亿美元/km²
		单位城市用地社会商品零售额	亿元/km²
2	空间容量	地下空间开发量占地面建筑总量的比例	%
		单位城市用地面积建筑容纳量	m²/km²
		容积率提高贡献率	%
		建筑密度降低贡献率	%
3	城市交通地下化	地下轨道交通运量占公交总运量的比例	%
		地下快速道路分流小汽车交通量的比例	%
		地下物流占货运总量的比例	%
		地下停车位占停车位总量的比例	%
		交通枢纽的地下换乘率	%
4	市政设施地下化、综合化	污水地下处理率	%
		中水占供水量的比例	%
		雨水地下储留量占年总降水量的比例	%
		固体废弃物地下资源化处理率	%
		市政管线地下综合布置率	%
		市政设施厂站建筑物、构筑物地下化率	%
5	资源的地下储存与循环利用	地下储存清洁水占总供水量的比例	%
		余热、废热回收热能占城市供热能耗的比例	%
		新能源开发利用占总能耗的比例	%
		地下储存热能、水能、机械能占能源总量的比例	%
6	环境保护	绿地面积扩大对环境改善的贡献率	%
		空气污染减轻对环境改善的贡献率	%
		降低城市热岛效应对环境改善的贡献率	%
7	城市安全	家庭地下公共防灾掩蔽率	%
		个人地下公共防灾空间掩蔽率	%
		城市重要经济目标允许最大破坏率	%
		城市生命线系统允许最大破坏率	%
		救灾食品、饮用水、燃料等地下储备的保障能力	天/人
		燃气、燃油、危险品的地下储存率	%

表 4.3　城市地下空间规划参照指标体系框架

序　号	指标类别	指标构成	单　位
1	经济发展水平	人均 GDP	美元/人
		农业产值占 GDP 比例	%
		第三产业产值占 GDP 比例	%
		第三产业从业人口占总人口比例	%
2	社会发展水平	城市人口占总人口比例	%
		非农业劳动力占总劳动力比例	%
		科技进步贡献率	%
		基尼系数	%
3	人口素质与生活水平	成人识字率	%
		适龄人口大专学历占总人口比例	%
		每 10 万人拥有医生数	人
		平均预期寿命	岁
		人年均收入	元/人
		恩格尔系数	%
		人均居住面积	m²/人
		家庭住房标准	套/户
4	环境质量	绿化覆盖率	%
		污水处理率	%
		固体废弃物无害化和资源化处理率	%
		空气中可吸入颗粒物允许超标天数	%
		空气质量二级和二级以下天数	天

注:基尼系数是衡量收入差距程度的系数,反映一个国家或地区普遍富裕的程度和贫富差距的状况,数值在 0 和 1 之间;恩格尔系数,是指食品支出占家庭支出的比重,用以衡量人民的生活水平,60%以上为极贫,20%以下为极富。

　　以上的基本指标体系和参照指标体系作为宏观的指标体系,在城市地下空间规划(总体规划、详细规划和专项规划等)的编制中具有普遍的要求,是一个城市是否制定地下空间规划的宏观前提和城市地下空间发展的综合目标。地下空间的开发深度、建设时序、适建项目等内容均在城市地下空间规划中确定,但在土地使用性质分类、土地使用强度和容量控制、建筑布局控制等规划技术指标和标准规范等方面,需要加强研究[①]。

———————————————

① 城市地下空间总体规划重点解决:确定地下空间的功能,预测地下空间的需求规模,确定地下空间的布局形态以及地下空间的近期建设安排。城市地下空间详细规划重点解决:不同使用性质空间的定位,确定各种地下空间的开发容量,地下空间的交通组织,安排地下空间的各类配套设施,工程量估算和综合技术经济指标分析以及制定地下空间使用管理规定。

4.2.2　地下空间开发利用指标体系

指标体系具有结构严谨、信息丰富、功能性强的特点。紧凑城市视角下的地下空间指标体系,不仅包含着资源、空间发展、开发技术、环境影响等客观性的指标体系,还应该包含三维空间的整合度和地下空间规划设计实效性评价指标(土地利用、道路交通、公共空间、历史文脉、公共意向)体系。本书基于国内的一些研究结论,经过筛选与修正,形成地下空间开发利用的两大指标体系。在每个体系中,可分为若干子系统,每个子系统又包含若干指标。

1. 客观性指标体系

(1)"源"系统(Source System)

"源"系统是城市地下空间开发利用的基础和先决条件以及对城市空间紧凑程度的客观评价,包括城市土地利用、地下空间资源、社会经济发展水平、空间容量 4 个指标主题,如表 4.4 所列。

表 4.4　"源"系统指标

指标主题	指标构成	单　位
城市土地利用	城市用地面积	km²
	城市人口	万人
	城市人均用地面积	m²/人
	城市人均用地面积目标	m²/人
	单位城市用地面积 GDP	亿美元/km²
	单位城市用地社会商品零售额	亿元/km²
地下空间资源	地下空间可供开发总量	万 m²
	地下空间重点开发区域可供开发总量	万 m²
	地下空间开发难易程度	
	目前地下空间开发总量	万 m²
	地下空间开发总量目标	万 m²
社会经济发展水平	人均 GDP	美元/人
	农业产值占 GDP 比例	%
	第三产业产值占 GDP 比例	%
	第三产业从业人口占总人口比例	%
	城市人口占总人口比例	%
	非农业劳动力占总劳动力比例	%
空间容量	单位城市用地面积建筑容纳量	m²/km²
	单位城市用地面积建筑容纳量目标	m²/km²
	城市地面建筑容纳贡献量能力	m²/km²
	城市地下建筑容纳贡献量目标	m²/km²
	城市建筑容积率	%

注:地下空间开发难易程度分为"困难、较困难、较容易、容易"四个层次。

(2)"发展"系统(Development System)

"发展"系统是地下空间规划功能最主要的表现形式,是客观性指标体系中最核心的内容,包括地下空间容量、城市交通地下化、城市市政设施地下化与综合化、资源储存地下化、城市防护与防灾、历史文物(建筑、地段)保护 6 个指标主题,如表 4.5 所列。

表 4.5　"发展"系统指标

指标主题	指标构成	单　位
地下空间容量	地下空间开发量占地面建筑总量的比例	%
	中心城区地下空间开发率	%
	容积率提高贡献率	%
	地面建筑密度降低率	%
	地面开敞空间增加量	万 m²
城市交通地下化	地下轨道交通运量占公交总运量的比例	%
	地下快速道路分流小汽车交通量的比例	%
	地下物流占货运总量的比例	%
	地下停车位站停车位总量的比例	%
	交通枢纽的地下换乘率	%
城市市政设施地下化与综合化	污水地下处理率	%
	中水占供水量的比例	%
	雨水地下储留量占年总降水量的比例	%
	固体废弃物地下资源化处理率	%
	市政管线地下综合布置率	%
	市政设施厂站建筑物、构筑物地下化率	%
资源储存地下化	地下储库在全部储库中的面积比例	%
	余、废热回收占城市供热能耗比例	%
	新能源开发占总能耗比例	%
	地下储存热能、水能、机械能占能源总量的比例	%
	地下储存清洁水占总供水量的比例	%
城市防护与防灾	家庭地下公共防灾掩蔽率	%
	个人地下公共防灾空间掩蔽率	%
	城市重要经济目标允许最大破坏率	%
	城市生命线系统允许最大破坏率	%
	救灾食品、饮用水、燃料等地下储备的保障能力	天/人
	燃气、燃油、危险品的地下储存率	%
历史文物(建筑、地段)保护	城市历史文物(建筑、地段)的保护价值	
	城市历史文物(建筑、地段)的数量及分布	
	城市历史文物(建筑、地段)占用城市用地面积	万 m²
	城市历史文物(建筑、地段)地下空间开发量	万 m²

（3）"技术"系统（Technology System）

"技术"系统是开发城市地下空间的重要保障,应根据城市的地理、地质条件以及城市所在区域的自然气候条件,采用合理、经济的开发方案,包括明挖技术、暗挖技术、托换技术3个指标主题,如表4.6所列。

表 4.6　"技术"系统指标

指标主题	指标构成
明挖技术	支撑技术
	围护技术
	软土深基坑稳定和变形
暗挖技术	盾构技术
	岩体松散压力控制设计的矿山法
	岩体变形压力控制设计的新奥法
托换技术	设施冲突、空间交叉以及文物和环境保护分析
	基础扩大托换技术
	坑式托换技术
	预试桩托换技术
	压入桩托换技术
	打入桩或灌注桩托换技术
	树根桩托换技术
	锚杆静压桩托换技术
	基础加压纠偏法托换技术
	基础减压和加强刚度法托换技术
	化学加固法托换技术
	地下铁道穿越托换技术
	结构物的迁移技术

（4）"环境"系统（Environment System）

"环境"系统反映了城市地下空间规划与宏观环境之间的关系。地下空间的开发利用,可以降低城市地面上的建筑密度,扩大城市的开敞空间,因此能够间接地起到改善环境的作用。"环境"系统包括环境质量和环境保护2个指标主题,如表4.7所列。

2. 主观性指标体系

城市地下空间开发利用增加了城市空间容量,改善了城市空间环境,提高了城市的宜居性。但是,对城市地下空间的开发仅凭上述客观指标进行评价,还存在明显不足。城市的主体是人,人的活动的便利程度以及对人城市环境的认同,将是确定城市地下空间开发是否成功的另一关键。因此,有必要建立城市地下空间实效性主观评价的指标(标准)以及基于公众的评价体系,才能协调城市地上、地下空间的协调有序发展,促进城市的可持续发展。

表 4.7　"环境"系统指标

指标主题	指标构成	单　位
环境质量	绿化覆盖率	%
	污水处理率	%
	固体废弃物无害化和资源化处理率	%
	空气中可吸入颗粒物允许超标天数	天
	空气质量二级①和二级以下天数	天
	地下空间的低碳化贡献率	%
	地下空间建筑材料的环保率	%
环境保护	绿地面积扩大对环境改善贡献	%
	空气污染减轻对环境改善贡献	%
	降低城市热岛效应对环境改善贡献	%
	对人文、历史景观保护贡献	%
	交通枢纽的地下换乘率	%

主观性指标体系应包括以下内容:城市空间区域内的空间形态(功能布局、开放程度、舒适度、拥挤度、安全度、公共服务设施等)评价;城市空间区域内的道路交通(机动车保有量、出行方式、可达性、连通性、拥堵度、环境设施系统等)评价;城市空间区域内的公共空间(安全性、社交性、人性化设施、空间尺度、公平性、便捷性)评价;城市空间区域内的公共意向(个性、标志、识别、文化认同、公共意向)评价,等等。对于该部分内容,本书将在第 6 章中详述。

城市地下空间开发利用指标体系如图 4.13 所示。

---

① 根据《环境空气质量标准》(GB3095-1996)规定:环境空气质量功能区分三类,二类区为城镇规划中确定的居住区、商业交通居民混合区、文化区、一般工业区和农村地区。环境空气质量标准分为三级,二类区执行二级标准,是为保护人群健康和城市、乡村、动植物,在长期和短期接触情况下,不发生伤害的空气质量要求。

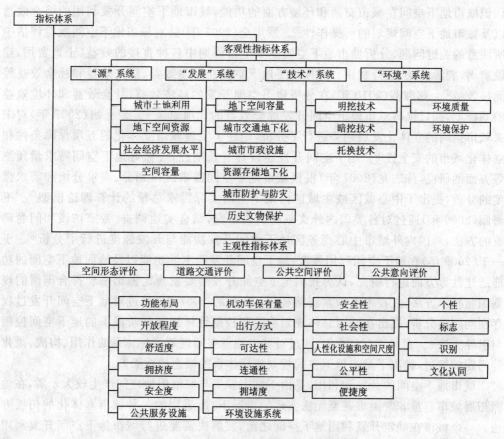

图 4.13　城市地下空间开发利用指标体系

4.3　地下空间开发利用导则

4.3.1　研究基础

国内学者通过不同的方面对城市地下空间规划相关指标进行了相关的研究。朱大明(2004 年)认为城市地下空间开发具有 6 个方面的规律:城市集聚扩散与地下空间资源有效利用的需求、地上与地下空间开发整体协调、地下空间功能环境适应性、维护城市环境生态平衡、地下空间资源开发的价值以及地下空间开发依靠技术进步推动[①]。周晓璐(2005)通过分析我国城市地下空间规划的主要内容和技术路线,对地下空间开发利用的量化测算、地下空间开发建设方式、地下空间开发深度与强度控制进行研究[②]。陈志龙(2006 年)在强调充分考虑地下空间资源重要性的基础上,提出应该充分

---

①　朱大明. 城市地下空间开发基本规律初探[J]. 地下空间,2004(3):365-369.

②　周晓璐,刘晶晶,邓骥中. 试论城市地下空间规划的研究方法与编制内容[C]//2005 城市规划年会论文集,2005:529-537.

认识城市地下空间在城市交通和环境方面的功能,城市地下空间开发利用的综合效益以及城市地下空间规划的可操作性[①]。罗周全(2007年)针对城市地下空间效益评估中所注意的关键问题,分析城市地下空间整个生命周期中各种直接的效益(土地费用、建设费用、能源消耗、运行费用),并探讨了地下空间在环境效益、防灾效益和社会效益等间接效益[②]。郑淑芬(2010年)在分析地下空间开发的经济效益、社会效益和环境效益的基础上,探讨提高城市地下空间开发综合效益的几项对策[③]。楚秀娟(2007年)对未来城市空间的立体化发展趋势进行了分析,论述了实现城市立体化的五项保障条件和立体化城市的安全性[④]。地下空间开发建设具有长期性,应做好地下空间需求量预测等方面的研究,陈志龙(2007年)根据城市地下空间需求区位划分、需求分级和需求强度的分析,提出了中心城区或主城区内地下空间实际需求总量的计算理论模型[⑤]。王海阔(2009年)通过对各类国内外文献的调查研究,结合实地调查、专家访谈和问卷调查的方法,对国内外城市中心商务区地下空间开发功能与开发强度进行了分析[⑥]。于一丁(2009年)在地下空间利用强度、地下空间开发的主导功能以及地面地下空间的功能适建性等方面进行研究,认为我国地下空间开发需要量身定做出一套符合国情的规划编制技术方法,在技术上探索新路径[⑦]。陈志龙(2007年)通过对地下空间开发过程存在问题的分析,提出在城市总体规划阶段和控制性详细规划阶段下的地下空间控制与引导方法[⑧]。童林旭(2006年)通过对城市地下空间规划指标体系的作用、构成、量化等问题的探讨,提出了城市地下空间规划指标体系的概念性框架[⑨]。

城市地下空间的开发和利用,是由于城市发展与城市用地之间产生较大矛盾,在地面拓展城市容量非常困难甚至无法实现的情况下,所采用的一种城市立体化的拓展方法。一个城市在确定开发利用地下空间之前,要解决需要进行城市地下空间开发利用的开发区域、开发类型、开发深度、开发强度、综合效益目标等控制要素,以保证在地下空间开发完成后,能够与地面和地上空间相互融合,功能协调互补,创造出既能最大化利用空间资源又能够促进城市经济和人居环境发展的有机增长型的城市。

4.3.2　城市地下空间开发导则

在城市的发展过程中,人力、财力、物力和信息等不断向城市集中,促进了城市的用

① 陈志龙.浅谈城市地下空间规划的前瞻性和可操作性[J].地下空间与工程学报,2006(7):1116-1120.
② 罗周全,刘望平,刘晓明,等.城市地下空间开发效益分析[J].地下空间与工程学报,2007(1):5-8.
③ 郑淑芬,罗周全.提高我国城市地下空间开发综合效益对策研究[J].地下空间与工程学报,2010(3):439-443.
④ 楚秀娟,傅贵,袁军,等.未来"立体化城市"的安全性分析[J].地下空间与工程学报,2007(3):412-415.
⑤ 陈志龙.城市地下空间需求量预测研究[J].规划师,2007(10):9-13.
⑥ 王海阔,陈志龙.城市地下空间规划的社会调查方法研究[J].地下空间与工程学报,2009(6):1067-1070.
⑦ 于一丁,黄宁,万昆.城市重点地区地下空间规划编制方法探讨——以武汉市航空路武展地区为例[J].城市规划学刊,2009(5):83-89.
⑧ 陈志龙,蔡夏妮,张平.城市地下空间开发控制与引导研究[C]//和谐城市规划——2007中国城市规划年会论文集,2007:959-964.
⑨ 童林旭.论城市地下空间规划指标体系[J].地下空间与工程学报,2006(7):1111-1115.

地范围的不断扩大。这些要素在城市的集中为城市建设和经济发展提供了基础,为文化、教育、科技、娱乐、医疗以及其他城市基础设施的发展创造了条件,提高了城市的吸引力(见图 4.14)。但是,城市人口的高度聚集也带来了城市空间容量不足、城市发展受到限制的危机,特别是在城市中心区,这里汇集了大量的商业、交通、教育、医疗、娱乐等高水平的设施,成为居民热衷的住所和去向。由于城市各功能区之间的流线过长,交通压力增大,居民生活不便,城市运转高能耗、低效率等问题,最终导致了中心区的沉重负担。

图 4.14　上海陆家嘴 CBD 城市空间变迁

地下空间作为城市的有机组成部分,其开发应与城市总体布局相一致,因此地下空间规划必须符合城市总体规划,与城市整体空间发展相协调,形成地上地下协调发展的立体化开放格局[①]。大城市的空间发展特征同时是空间蔓延和空间集中,台湾大学建筑与城乡研究所夏鑄九教授认为这种空间是"混合了各种土地使用模式、高度移动力,以及仰赖通信和运输,包括城市内部和节点之间的沟通。"在现代大中城市的"分散集团式"的空间发展模式下,提高城市中心区的活力与城市卫星城镇或边缘集团的交通联系是密切相关的。

现代城市地下空间规划理论的核心思想是通过城市地下空间的开发利用,使人们出行更便捷、城市地面环境更美好[②]。基于以上两点分析,本书提出城市地下空间开发应遵循以下 7 点导则:

① 城市地下空间开发必须要实现:高效的地下交通系统、多样的地下公共设施系统、完善的地下市政设施系统和可靠的地下防灾系统[③],要以改善城市环境,解决城市

① 王忠诚,邵建国,李金莲. 城市地下空间利用规划编制方法研究[J]. 江苏城市规划,2010(10):7-10.
② 侯学渊,柳坤. 现代城市地下空间规划理论与运用[J]. 地下空间与工程学报,2005(1):7-10.
③ 陈志龙,张平,王玉北. 城市中心区地下空间需求量预测方法探讨——以武汉王家墩中央商务区为例[C]//规划50年——2006 中国城市规划年会论文集,2006:618-621.

交通矛盾,扩大居民住房面积,提高城市紧凑程度为主要目标。

②城市高度集中的业务空间如产业、办公、文化、展览等受到发展限制的区域,城市的交通矛盾最为集中(见图4.15),地下空间的开发首先要在这些区域进行,因地制宜,主要以开发地下交通设施(特别是地下停车设施)为主。

图 4.15　拥挤的城市交通

③在城市经济核心区,城市人口过于集中,造成城市地面交通、环境的压力大,城市建筑过于紧凑而影响了城市的地面公共活动空间的开发,极易导致该区域的经济萧条和社会性事件的发生。因此,城市经济核心区也是重点的开发区域,主要以建设地下商业、娱乐和交通设施为主。

④中心城区与卫星城镇(或新城)之间的关系密切,来往人流量巨大,连接两地之间的交通设施宜采用轨道交通设施,尤其是地下铁路,缓解地面道路运输的压力,做好地面环境的生态建设。

⑤新城建设是大城市发展到一定阶段在空间上的必然延伸,是大城市发展后续力量的重要载体[1],新城核心区要突出城市综合利用功能,要结合轨道交通站点选择、站点周边的土地开发利用状况,开发地下商业服务设施。

⑥现代化交通枢纽集中体现的是技术设施的高度集约化、换乘的便捷高效化以及环境的舒适人文化,对于促进城市交通系统的高效运行、优化城市交通的出行结构、改善城市空间发展布局等都有着积极的意义,其地下空间与地上、地面空间的整合利用将是城市空间利用的重点。

⑦我国拥有众多历史文化名城(如西安、上海、南京、苏州、杭州等)和城市历史文化保护区(如北京老城区、上海新天地等)。随着大城市不断提高的旧城保护意识与城市经济发展之间的矛盾增加,地下空间的开发利用对旧城的更新改造和再生循环发挥着重要作用。应通过开发利用地下空间,为历史建筑与文化保护提供空间资源方面的支持,对城市功能和各类地面建筑使用功能起到补充和调配作用[2]。

①　姚兢,郭霞.东京新城规划建设对上海的启示[J].国际城市规划,2007(6):102-107.
②　王泽坚,田长远.历史文化名城的地下空间开发利用问题初探[C]//2009城市发展与规划国际论坛论文集,2009:129-131.

4.4 紧凑城市形态下地下空间开发利用重点

紧凑型城市的主要矛盾是城市活动的广泛聚集与拥堵的城市交通所带来的严峻问题。因此,未来城市地下空间的开发重点类型应体现"以改善空间环境为中心,以地下交通为重点,实现高强度、网络化"[1]的基本原则,建设"可持续的社会城市"(sustainable social city)。根据城市区域建筑空间功能的特点,除了开发利用在 3.3 节中所述及的地下空间内容以外,还应重点发展大型交通枢纽工程(机场、火车站、地铁车站综合体等)、地下单体建筑、大型城市地下综合体,开发建设大量的城市覆土建筑以维持城市生态空间,等等。

4.4.1 大型交通枢纽工程

从零开始建一座地下新城,要比将其与现有城市结构更容易一些。在城市的新开发地段,地面建筑的影响不大,开发建设条件一般比较优越,地面、地上和地下空间的整合开发相对容易。例如,深圳北站枢纽工程(见图 4.16)位于深圳宝安区民治街道二线扩展区中部地区,占地面积约 50 万 m^2,总建筑面积为 39 万 m^2,总投资约 41 亿元,是目前华南地区在建最大的综合交通枢纽工程。

图 4.16　深圳北站枢纽工程[2]

工程以国铁站房建筑为核心,由东广场、西广场,地铁 4、5、6 号线深圳北站,长途汽车客运站、口岸联检大楼、公交汽车站台、的士场站、社会停车场、周边市政疏散道路及配套服务建筑组成,全部工程于 2011 年 6 月底建成并投入使用。深圳北站枢纽主交通功能分地下、地面、地上三层实现,地面平台为人流集散的主交通层,地上高架层为地铁 4、6 号线,地下为国铁站台层与地铁 5 号线,再配以其他配套交通设施,全长 1.8 km 的

① 宿晨鹏,艾英爽. 地下空间与城市地上空间的区位整合[J]. 低温建筑技术,2009(1):22-23.
② 见 http://soso.nipic.com.

新区大道深圳北站段(道路最深处位于地下 27 m)下沉式贯穿深圳北站,形成多层次立体化布局。深圳北站将公交、地铁、出租、长途客运、小汽车等城市交通形式全部整合在一起,成为多功能的超大型客运交通枢纽,该枢纽不仅可以实现了"上进上出"的人流组织,而且能够实现"零换乘"。

又如,上海虹桥综合交通枢纽——虹桥枢纽综合体的总建筑面积达 150 万 m²,自东向西分别为虹桥机场新航站楼、东交通广场、磁浮虹桥站、铁路虹桥站和西交通广场,东交通广场和西交通广场组成,该西交通广场又由停车场、停车库、地铁站、公交巴士站、换乘中心、连接通道等组成(见图 4.17)。

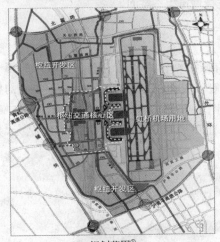

规划范围①

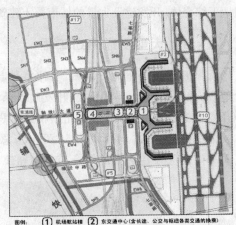

图例: ① 机场航站楼 ② 东交通中心(含长途、公交与枢纽各类交通的换乘)
③ 磁浮车站 ④ 高铁车站 ⑤ 西交通中心(功能同2)

总平面布置②

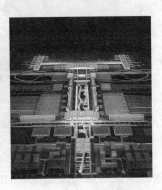

综合交通枢纽效果图③

图 4.17　上海虹桥综合交通枢纽

①缪宇宁.上海虹桥综合交通枢纽地区地下空间规划[J].地下空间与工程学报,2010(2).

②①机场航站楼②东交通中心(含长途、公交与枢纽各类交通的换乘)③磁浮车站④高铁车站⑤西交通中心
(功能同2)

③见 http://www.yabaite.com/shownews.asp?id=147.

东、西交通广场的建筑面积约 51.4 万 m²，其中东交通广场共有 9 层，地下 2 层，地上 7 层；西交通广场主要是地下空间和地面广场。东、西交通广场是虹桥综合交通枢纽重要组成部分，是公共交通的集散中心，分别配置了长途高速巴士，城市公交车站和专用停车库，停车的车位达 7 000 个。整个工程涵盖了航空、高铁、城际轨道、城市轨道和地面交通等多种交通方式于一体，旅客可以在这里实现高速铁路间"零换乘"，在解决国内大中城市拥挤的城市交通问题、提升交通枢纽综合效益上，提供了一种有效的方式。交通枢纽的核心是充分利用地下空间，包含了车站、商业和旅馆、办公等功能，完全实现了地下地上一体化的目标，成为城市高度集约化地区。地下空间的充分利用，改善了地面环境状况，拓展了城市空间，解决了交通难的问题，创造了良好的人居环境。

但是，对于原本就处于城市中心区且矛盾比较大的地段，在大型综合交通枢纽的建设中困难就不容易解决。这些地段的地面建筑已经非常密集，在城市建设过程中地下空间也有不同程度的开发，但不成体系，所以这类地段的大型综合交通枢纽的建设尤为重要。

4.4.2　城市地下单体建筑

摩纳哥有很多地下工程和工厂建于山体的斜坡下，为所有拥有山地和斜坡的城市提供了很好的范例。实现城市的可持续发展，保护自然和生态环境，是紧凑城市的研究动力[1]之一。城市要获得更多的绿色空间以保护自然环境，增进生态景观，必须有大量的土地用来种植植物和建设居民的活动、交往空间，但这又与城市日益紧张的土地资源发生了矛盾。将建筑建造在地下可以释放出很多地上空间用作人行步道和其他用途，例如儿童游戏场、休闲场所或其他建筑，重视地下单体建筑的建设，是未来城市实现紧凑功能的主要方式之一。

在美国，覆土建筑普遍用来指那种大半建在地上、并被土层封闭的住所，通常覆土厚度大约 1.5 m，如图 4.18(a)所示。我国西部黄土高原的窑洞民居与村落，是一种典型的覆土住宅建筑。在城市某些特定地段的新建建筑也往往采用覆土建筑的形式，如图 4.18(b)所示。覆土建筑由于其顶部覆有较厚的土层，因此可以用来种植植物，从而达到节约城市用地、美化城市空间的作用如图 4.18(c)所示。同时，由于这种建筑的内部空间具有冬暖夏凉的特性，所以还有助于节约能源消耗的效应。随着我国城市土地资源的的日益紧缺，城市地下覆土建筑应该成为我国城市规划师、建筑师以及政府管理部门的重要研究内容。

2008 年 5 月，由 Dominique Perrault 建筑师事务所设计的梨花女子大学（Ewha Womans University）校园中心建成投入使用（见图 4.19）。校园中心依山就势，顶部覆土后处理成绿地，不仅达到了节能的目的，实现了校园的立体绿化，而且还丰富了首尔市中心的绿色空间。

在城市发展过程中，原有的城市及各类建筑的规模与不断增长的社会需求不相适应，经

---

① 方创琳，祁巍锋. 紧凑城市理念与测度研究进展及思考[J]. 城市规划学刊，2007(4)：65－70.

常面临扩建的问题。在扩建过程中,如何使原有的城市和建筑风貌不受破坏,得到完好的保存?如何使新增部分与原有部分在风格上保持和谐一致?常成为一个敏感的、不容易妥善解决的问题。城市地下空间的开发利用,为解决新旧建筑统一的问题提供了机会。

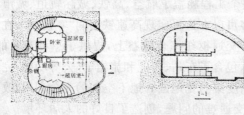

（a）美国的半地下覆土住宅[1]

（b）文化广场北侧露台周边覆土

（c）南京·"水木秦淮"休闲社区[2]

（d）西单地面空间西单地铁站
入口上部覆土

图 4.18　城市中的覆土空间

图 4.19　韩国梨花女子大学校园中心

　　美国明尼阿波利斯市沃克地下社区图书馆位于明尼阿波利斯市南部商业中心的一个十字路口处,建成于 1980 年。这个地下图书馆解决了地面交通噪声的影响问题、地面停车问题和地面开敞空间的保留问题。建成后地面一部分可以停车,另一部分为图书馆的地面部分,与绿地组织在一起,形成一个规模适度的公共活动广场(见图 4.20)。

①童林旭,地下空间与城市现代化发展,中国建筑工业出版社,2005。
②徐苗,长江中下游地区覆土建筑设计方法研究。

地下阅览厅可以通过位于场地一角的小型下沉广场进入。

(a) 地面部分及下沉广场鸟瞰

（b）地下图书馆剖面

图 4.20　美国明尼阿波利斯市沃克地下社区图书馆

美国明尼苏达大学土木与矿物工程系系馆。新馆采用了全地下方案(95％在地下)。在规划、设计、节能方面进行了全面研究,综合展示了地下空间开发的最新技术和揭示了地下空间利用的巨大潜力(见图 4.21)。新馆的建设主要是为了保护大学校园地面上原有的建筑风格,保留地面有限的开敞空间,工程建设于 1982 年完工,1983 年获美国土木工程学会卓越工程成就奖。新馆总建筑面积 14 100 m²,其中有 10 000 m²建于土层中,掘开法施工,完工后回填并覆土,很好的解决了建筑与环境、建筑与能源等重大的问题,创造了新的空间和新的环境。

在我国,由于十几年来一直在实行大学生数量的扩招政策,导致我国的大学校园建设用地受到很大的限制,许多高校纷纷建设新校园,规模较大,占用了大量的农田和城市用地。自 1998 年位于河北廊坊经济技术开发区的东方大学城开工建设以来,至2006 年,全国共建设大学城 64 座。大学城作为一个新的城区和城市功能组团,是大学扩张和城市发展的结果,成为了多核心城市的重要的组成部分,对城市的空间结构产生了重大的影响[①]。但是,综合国内众多的大学城的运转过程,不难发现:不论规模多大,与城市形态如何相似,没有社会生活的真正融入,未能形成这一地域的政治、经济、文化中心,不能处理好师生的工作、学习、生活、休息等要素的关系,不能形成满足各方需要

---

① 崔海波.我国大学城建设对城市空间结构的影响研究——以广州大学城为例[D].广州:华南师范大学,2007:3.

和协调运转的社会实体,它终究不可能成为一座真正的城市[①]。因此,我国各高校应该深入挖掘老校园内部空间,学习欧美各国大学校园建设的经验,适当控制新校园的用地和建设规模,是实现紧凑城市的重要贡献。

挪威霍姆利亚运动厅和游泳池位于挪威首都奥斯陆(oslo)以南 10 km 的霍姆利亚地区的一个 15 000 人的居住区内,由于受到地面建设用地的限制,工程采用了地下方案。该工程在 1983 年建成,总建筑面积 6 500 m²,包括一个运动厅和一个游泳厅(见图 4.22),以及更衣室、浴室、蒸气浴室、商店、办公室等设施,构成了较大规模的综合性体育设施。

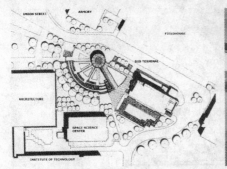

(a) 明尼苏达大学土木与矿物　　　　　　　　　　　(b) 系馆外观
　　 工程系系馆总平面

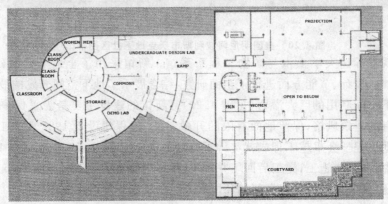

(c) 地下一、二层平面图

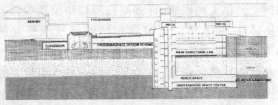

(d) 系馆地面景观　　　　　　　　　　(e) 地下系馆剖面

图 4.21　美国明尼苏达大学土木与矿物工程系系馆

①　熊毅.我国大学城问题探索[D].厦门:厦门大学,2007:14.

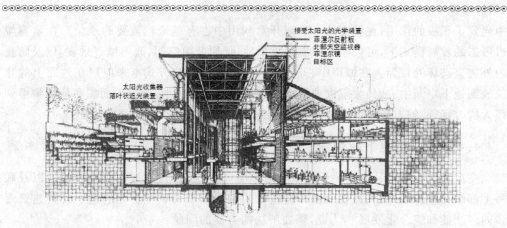

（f）地下系馆有两套阳光反射装置，使阳光投射到地下33.5 m处

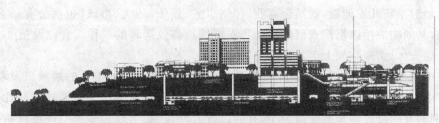

（g）美国明尼苏达大学地下空间开发利用概念图

图 4.21 美国明尼苏达大学土木与矿物工程系系馆(续)

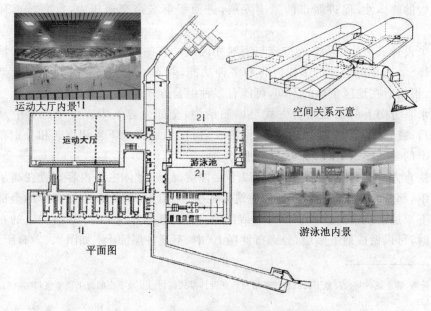

图 4.22 挪威霍姆利亚运动厅和游泳池

通过上述实例,可以看出地下单体建筑(尤其是地下公共建筑)在城市现代化进程

中起到了积极的作用,在城市地下空间开发利用中占有越来越重要的地位。在紧凑城市形态的发展模式下,可以实现节省城市用地,保留开敞空间,改善城市景观,以及防止内外灾害破坏的目标。在城市中心区,如果把一些按传统方式本来应建在地面上的建筑放到地下空间中去,最大限度地保留城市开敞空间和绿地,则城市面貌和环境将得到很大的改善,能够有效地解决建筑密度过高和开敞空间过少的矛盾。

4.4.3 城市地下综合体

在城市中心区单独开发建设某一类地下空间建筑,各自为战,在功能、使用以及联系上都缺乏整体性,很大程度上会影响城市的紧凑形态。单一功能的地下公共建筑逐步向多功能和综合化发展[1],为此,需要解决两方面的问题:

一是将这些已建成的地下空间建筑通过合理有效的地下连接通道进行连接,形成网络化的"地下城市";

二是对于新开发地段,要结合商业、存储事务、娱乐、防灾、市政(包括公有私有的)等设施,共同构成用以组织人们的活动和支撑城市高效运转的一种综合性设施[2],即城市地下综合体,实现空间上更加紧凑的城市形态。

城市大型交通枢纽综合体的主要目的是解决城市各种交通工具的换乘以及联络。在城市中心区开发建设的城市地下综合体,其建设目的和所承担的主要功能则比较多样化,例如有的以改善地面交通为主,有的以改善环境、扩大城市地面空间或保护原有环境为主,也有的是为了适应当地气候的特点而将城市功能的一部分转入地下空间,并不完全一致。总的来说,城市地下综合体最突出的特点是能够增加城市空间容量,加强空间结构的整体性,促进城市的紧凑发展,进而缓解城市交通压力,提高城市环境舒适性。

一个设计成功的边界空间应该与当地社区统一在一起,形成一个整体性的城市边界综合体[3]。地下综合体的多样内容和多种功能,并不一定完全容纳在一个大型地下建筑中,根据所在地区条件的不同,可能有多种组合方式。

在水平方向上的平面组合方式可以归纳为:全部内容集中在一个建筑中,(见图4.23(a));或分布在两个独立建筑中(见图4.23(b));或在地下互相连通和分别布置在两个以上的独立建筑中,如图4.23(c)所示。

在垂直方向上的竖向组合方式有以下几种情况:综合体主要内容布置在高层建筑地下室中,部分内容可能布置在地面建筑的底层(见图4.23(d));或综合体的全部内容都在地下单层建筑中(见图4.23(e));或当综合体的规模很大,在水平方向上的布置受到限制时,可以做成地下多层,分别布置在上、中、下三种层面上,如图4.23(f)所示。

---

① 吴涛,陈志龙,谢金容.地下公共建筑外形及特征设计模式探讨[J].地下空间与工程学报,2006(7):1191 - 1195.
② 孙卫无.城市地下空间规划综述[J].建材与装饰,2007(9月下旬刊):30 - 32.
③ ZHANG Tian - xin, ANDRE S, JIAN Huang. Design methodology for enhancing continuity of natural open space in urban fringe areas[J]. Urban Planning Overseas, 2002(8): 17 - 20.

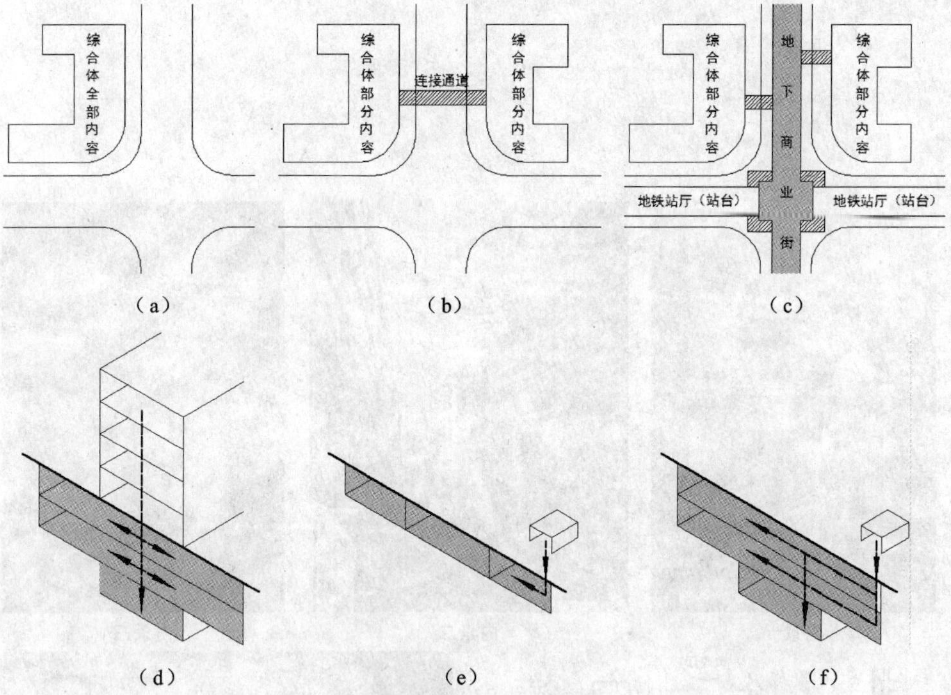

（a） （b） （c）

（d） （e） （f）

图 4.23 地下综合体在水平方向、垂直方向上的组合

加拿大多伦多伊顿中心位于多伦多市中心东北部,由著名建筑师 E.H.蔡德勒设计,通过室内中庭和步行商业街将商业及其他功能空间有效地组织在一起(见图 4.24)。伊顿中心与市政广场相邻,是通过地上、地下空间综合开发形成的多伦多市最大的商业综合体,共有商业面积 56 万 m²。伊顿中心南北两端分别连接着杨格(Yonge)街下面的两个地铁车站,商场中部是一个贯通三层的大型中庭,满足采光和购物人流的集散需求,从地面一直到地下,再从地下通往地铁车站或其他地下综合体。

上海浦东新区世纪广场,位于浦东新区世纪大道的东端。广场下为地铁 2 号线的世纪广场站和地下商场,地铁车站在广场地面设有两个玻璃拱出入口,很好的与广场融合在一起。广场与其南侧的上海科技馆之间,设计了一个面积较大的下沉广场,通过设在下沉广场的出入口可进入广场下的商场和地铁车站,如图 4.25 所示。

上海静安寺广场位于南京西路与华山路交叉路口东南角,如图 4.26 所示。

上海静安寺广场于 1999 年建成,占地面积 8 214.6 m²,包括下沉广场、地下商场、喷泉、罗马廊柱、地铁出入口和风井空间等,其中地下商场面积 8 215 m²,分两层布置。下沉广场面积2 800 m²,由广场、半圆形露天剧场和柱廊组成[①],北与地铁站相连,南与地下商场相通。静安寺广场融交流集散、娱乐休闲、购物餐饮为一体,充分考虑了舞台灯光、音响和电视转播功能,既能基本满足各种类型的广场文化演出活动的要求,又能满足广大市民自娱自乐,体育锻炼的需求。

① 卢济威.城市中心的生态、高效、立体公共空间——上海静安寺广场[J].时代建筑,2000(3):58-61.

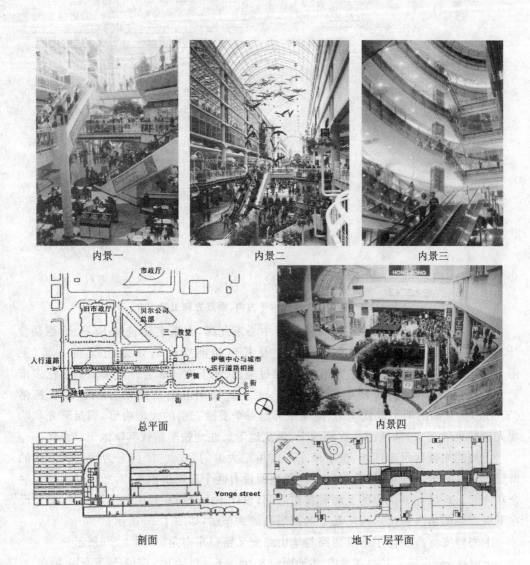

内景一　　　　　　　　　　　内景二　　　　　　　　　　内景三

总平面　　　　　　　　　　　　内景四

剖面　　　　　　　　　　　　　地下一层平面

图 4.24　多伦多伊顿中心

（a）世纪广场鸟瞰

（b）世纪广场　2 号线地面出入口

（c）下沉广场

图 4.25　上海世纪广场

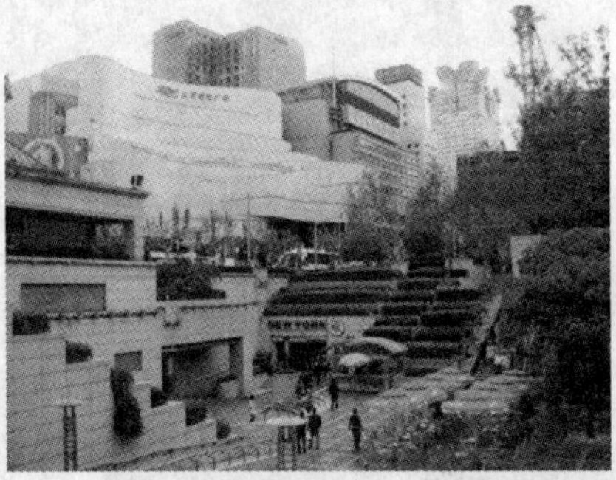

(a)

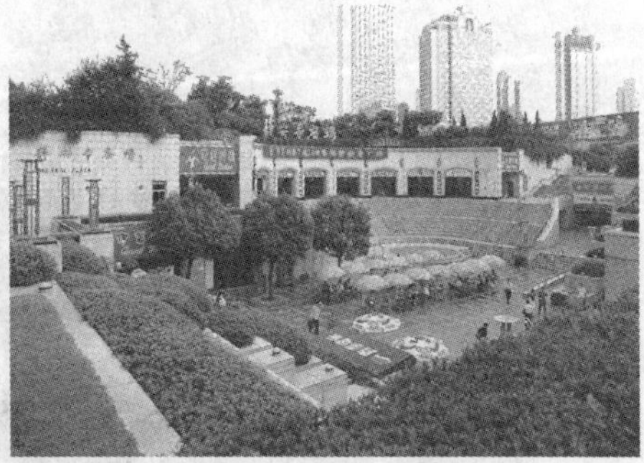

(b)

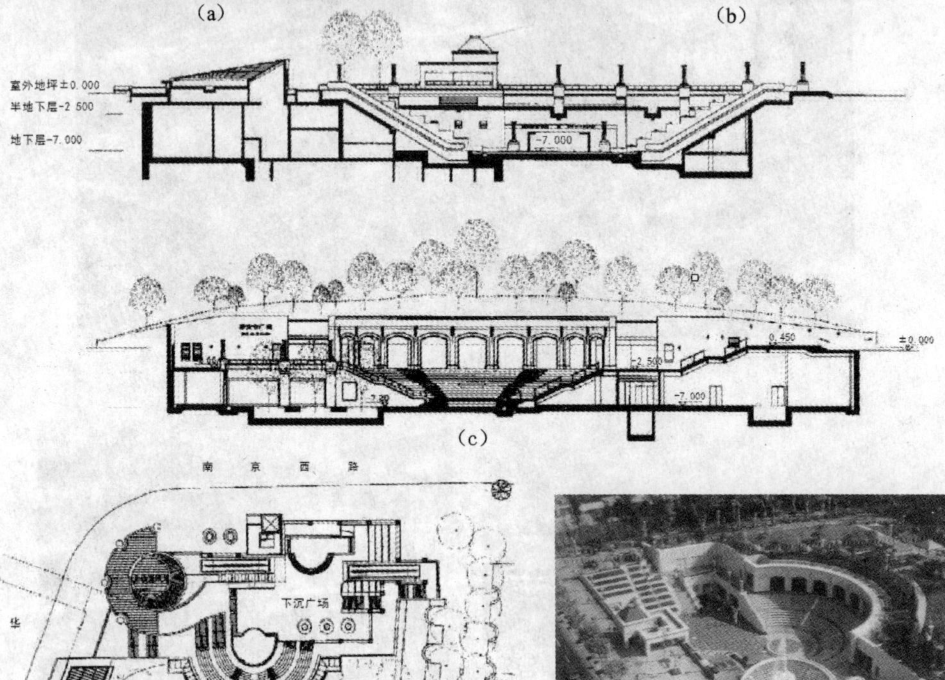

室外地坪±0.000
半地下层-2.500
地下层-7.000

(c)

南京西路

下沉广场

华山路

总平面

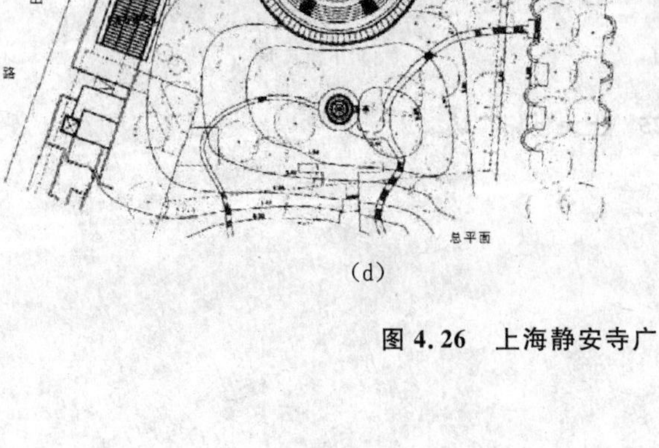

(d)

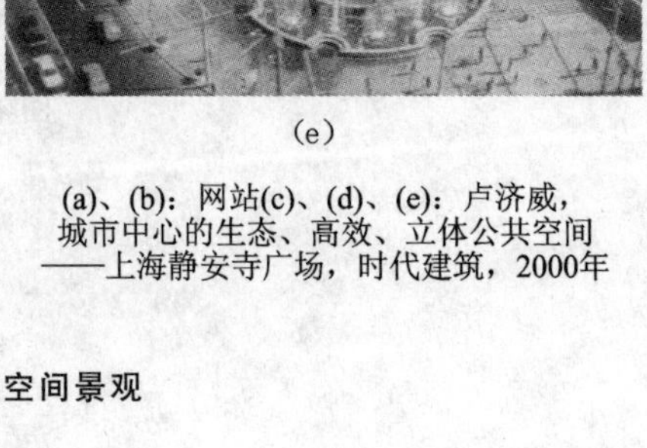

(e)

(a)、(b)：网站(c)、(d)、(e)：卢济威，
城市中心的生态、高效、立体公共空间
——上海静安寺广场，时代建筑，2000年

图 4.26　上海静安寺广场空间景观

4.5　城市地下空间开发强度及布局模式研究

　　未来的城市空间将是一个由地上、地下空间共同组成并协调运转的空间有机体[1]。由于缺少地下空间的整体统一规划,导致了我国许多大中城市出现了"地上不足地下补"的片面思想,最终使城市空间变得离散、混乱。地下空间的开发利用,应该考虑到其开发的不可逆性,开发前协调做好城市重点开发区域地下空间的开发深度以及开发强度分析,有利于形成地下空间的规模效益,整合城市空间环境,达到城市土地利用效益的最大化。随着城市地下空间开发建设的不断推进,急需对地下空间规划提出一整套合理、可操作的技术规程,以便于指导控规层面的地下空间的建设与开发[2]。通过地下空间的开发强度研究,将城市中心区交通、商业、休闲娱乐三位一体的大面积地下空间在平面和竖向上网络状整合,实现区域城市上下各种功能组团紧凑开发、有机互动[3]。

4.5.1　地下空间竖向分层开发

　　理论上,人类开发地下空间的深度可以达到地球的核心。但是,结合经济、技术以及地球环境的考虑,人类目前适宜的开发深度在 100 m 以内即可获得可观的开发量(见表 4.8[4])。

表 4.8　我国可利用的地下空间资源

开挖深度/m	可供有效利用的地下空间资源/m³	可提供的建筑面积/m²
2000	11.5×10^{14}	3.83×10^{14}
1000	5.8×10^{14}	1.93×10^{14}
500	2.9×10^{14}	0.97×10^{14}
100	0.58×10^{14}	0.19×10^{14}
30	0.48×10^{14}	0.06×10^{14}

　　由于在这个深度范围内要容纳众多的城市功能,因此需要进行地下空间开发的竖向分层开发,以"平衡城市区域内的各种要素,多层分配功能区域,提高城市土地承载力和开发强度,实现紧凑型城市功能[5]"。朝鲜出于备战的考虑,同时为了不影响地面建筑的安全,在平壤建成了世界上最深的地铁,垂直深度约有 100 m 左右,而电梯长度更是达到 150 m,为世界各国城市地下深层空间的利用提供了很好的借鉴。

① 王文卿.城市地下空间规划与设计[M].南京:东南大学出版社,2000.
② 汪瑜鹏,尹杰.控制性详细规划层面下的地下空间规划编制初探——以武汉市武泰闸地区为例[J].华中建筑,2011(04):105-107.
③ 宿晨鹏,艾英爽.地下空间与城市地上空间的区位整合[J].低温建筑技术,2009(1):22-23.
④ 童林旭.地下建筑学[M].济南:山东科学技术出版社,1994.
⑤ 丁小平.城市中心区节地模式的探讨——以长沙市新河三角洲开发新模式为例[J].国土资源情报,2008(10):43-47.

　　地下空间竖向分层开发的层次划分要符合地下各类设施的性质和功能要求。紧凑城市功能的实现,要求加强地面建筑物(特别是高层建筑)下的地下空间开发利用,并且强调各个单体地下建筑之间的相互配合,在竖向上统一规划建设。竖向层次的划分除与地下空间的开发利用性质和功能有关外,还与其在城市中所处的位置(道路广场、绿地或地面建筑物下)、地形和地质条件有关,应根据不同情况进行规划,特别要注意高层建筑的桩基对城市地下空间使用的影响[①]。

　　丁小平(2008 年)将城市中心区的地下空间层次划分为 4 个层次:地表层(地面以下 5 m)、地下浅层(地面以下 5～10 m)、地下中层(地面以下 10～20 m)、地下深层(地面以下 20 m),并对各层次所容纳的城市功能进行了分析。童林旭(2009 年)在《城市地下空间资源评估与开发利用规划》一书中将城市空间层面划分为 5 个,如图 4.27 所示。

层　面		民地(建筑红线以内)	公地(道路)		公地(公园、广场)
地面	城市上空	办公楼 商业设施 住宅			
	地表附近	办公楼 商业设施 住宅	步行道	高架道路 步行道	防灾避难场地
	浅层(±0.00~10 m)	商业设施 住宅 步行道 建筑设备层	公用设施	道　路 地铁车站 商店街 停车场　公用设施	停车场 防灾避难设施 公用设施 处理系统
	次浅层(-11~50 m)	防灾避难设施		地铁隧道 公用设施干线 道　路	
	大深度(-50 m以下)			地铁隧道 公用设施干线 道　路	

图 4.27　地下空间竖向布局与地面空间布局的关系示意图

　　由于国内外土地制度的不同,目前国内外对竖向分层标准的划分尚不统一,但是在竖向布局的原则上是基本一致的,即:先浅后深,先易后难,有人的在上,无人的在下[②]。

---

　①　孙卫无.城市地下空间规划综述[J].建材与装饰,2007(9月下旬刊):30 - 32.
　②　童林旭,祝文君.城市地下空间资源评估与开发利用规划[M].北京:中国建筑工业出版社,2009:186.

在城市中心区实现向立体分层发展,合理利用地上和地下空间的节地建设模式是形成功能紧凑型城市的关键。对城市中心区进行立体架构和改造,促进中心区的多维发展,对加强城市中心区尤其是商业区的建设,对提升城市现代化水平和提高城市交通效率具有重要的意义。

城市中心区的竖向分层划分应该结合城市功能的延续和互补,不仅实现城市功能的紧凑,还要实现城市形态的紧凑(见图4.28)。一些发达国家城市地下空间开发利用已具有相当的水平与规模,有的发达国家已开始尝试开发利用50~100 m的深层地下空间。

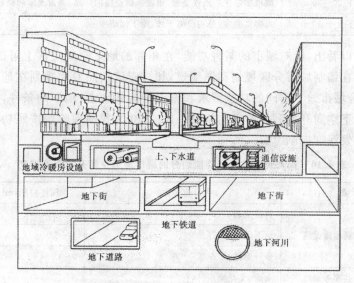

图4.28　城市中心区的竖向分层利用①

本书认为,城市中心区竖向分层控制及功能聚集的深度最佳范围是在地表下10 m内的地下空间。其中,地表下5 m内的空间能够容纳市政设施、管沟、停车场以及地面功能的延伸(如下沉广场空间);地表以下5~10 m范围内的地下空间,开发强度最大,能够取得最佳的经济效益,可以容纳商业、科研教育、文化娱乐、医疗卫生、轨道交通站台、人行通道、停车库和生产企业等功能设施;地表以下10~20 m范围内的地下空间,具有较强的独立性和封闭性,可以容纳轨道交通、机动车道、市政基础设施的厂站、调蓄水库和储藏等功能设施;地表以下20~30 m范围内的地下空间,适合于容纳城市多层次的地铁交通;地表以下30 m范围外的地下空间,更适合于容纳城市某些特殊功能的需求,如大型实验室、公用设施干线、地下储藏库等。

城市中心区竖向分层控制及功能聚集的研究结果如表4.9所列。

① 王文卿.城市地下空间规划与设计[M].南京:东南大学出版社,2000.

表 4.9　城市中心区竖向分层控制及功能聚集

地下空间层次	功能聚集
地表下 5 m 内	市政设施、管沟、停车场、下沉广场、零售等
地表下 5～10 m	商业、科研教育、文化娱乐、医疗卫生、轨道交通站厅、人行通道、停车库和生产企业
地表下 10～20 m	轨道交通站台、机动车道、商业、科研教育、市政基础设施的厂站、调蓄水库和储藏
地表下 20～30 m	城市多层次的地铁交通、市政基础设施的厂站、调蓄水库和储藏
地表下大于 30 m	大型实验室、公用设施干线、地下储藏库

　　从表中可以看出,针对城市的某种功能,在相邻的地下空间层次上可能同时存在,这就要求我们在编制城市分区规划和详细规划时,应该按照专项规划在地下空间竖向上的要求,结合城市地下空间的功能需求和城市的现状地上、地下的条件,具体地确定各种功能的地下空间开发利用的竖向位置。表 4.10 为我国现阶段按照功能划分的城市地下空间开发深度控制。

表 4.10　我国现阶段按照功能划分的城市地下空间开发深度控制

类别	设施名称	深度控制/m
交通运输设施	轨道交通	10～30
	地下道路	10～20
	步行道路、停车库	0～10
公共服务设施	商业、文化娱乐、体育	0—20
市政基础设施	引水干管	10～30
	给水管、排水管	0～10
	燃气管、热力管、电力管、变电站、电信管、垃圾处理管道、公用沟	0～30
防灾设施	蓄水池、指挥所、人防工程	10～30
生产储藏设施	动力厂、机械厂、物资库	10～30
其他设施	地下室	0～20
特殊设施	储油、储气	30～150

4.5.2　地下空间开发强度

　　城市地下空间的开发利用不是孤立的或偶然的现象,而是城市发展到一定阶段的产物,受城市发展的客观规律所支配[1]。曼哈顿中央商务区(Central Business District,CBD)由于高

① 童林旭.中国城市地下空间的发展道路[J].地下空间与工程学报,2005(1):1-6.

层建筑过度密集,用地极为紧张。针对这一问题政府加强了对地下空间的开发利用。

首先是加强建筑物间的立体开发,曼哈顿高层建筑地下室由建筑物之间的地下空间连成一片,成为整个建筑群的组成部分,设置地下停车场、商场、地下通道、游乐设施,组成大面积的地下综合体。

其次是加强地铁与著名建筑地下综合体的连接,政府规划时将地铁与联合国大厦、曼哈顿银行大厦、洛克菲勒大楼等著名建筑的地下综合体相连。

三是注重地下步行系统的建设。四通八达的地下步行系统,很好解决了人、车分流的问题,缩短了地铁与公共汽车的换乘距离。同时通过地下道把地铁车站与大型公共活动中心进行连接,如典型的洛克菲勒中心地下步行系统,将 10 个街区范围内主要的大型公共建筑在地下连接起来。

北京王府井商业区在原有商业街的基础上规划、发展,并成为北京市大型综合商业中心区之一,融合了商业、商务、旅游、休闲、餐饮、文化、会展和娱乐多种功能。商业区南起东长安街,北至五四大街,东起东单北大街,西至南河沿大街,南北长 1.7 km,东西宽约 950 m,面积约 1.65 km^2,如图 4.29 所示。

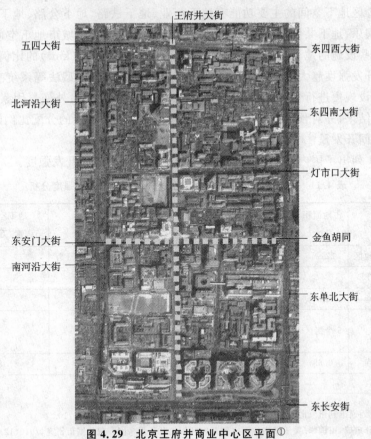

图 4.29　北京王府井商业中心区平面①

---

① 根据 Google Earth 整理.

王府井商业区在早期的发展中由于没有统一的地下空间规划作为开发指导,导致了各地下空间的利用变成了建筑单体设计的一部分,没有考虑到地下开发利用与地面空间环境的平衡,公共建筑布局集中,地面空间呈现饱和状态,部分地块容积率过高,地面环境恶化①。因此,为综合考虑王府井商业区地上、地面和地下的整体资源和环境,实现城市商业中心区土地的高效利用和空间的有机协调,2003 年由北京市城市规划设计研究院编制了《北京王府井商业区地下空间开发利用规划》。根据规划,王府井商业区依托地铁站点,由区内的主要道路分隔成六个地块形成地下空间组群,组群内建筑物之间的地下空间相互联通,组群之间通过过街通道或地下街相互联系,地下建筑总面积为 110 万 m²,地下空间开发强度为 66.67 万 m²/km²。

我国已开发的地下空间多是功能单一且相对独立的个体,未能形成良好的集聚效应②。通过国内外城市地下空间开发比较,可以看出地下空间的开发强度,受到区域地理位置、经济条件以及新、旧城市中心区的影响,在开发强度上具有比较大的差异。新建城市中心区,由于地面空间形态还没有完全形成,城市地下空间的开发利用较旧城市中心区容易,应与地面建设同步进行,真正实现地上地下空间的协调发展③。一般情况下,城市中心区地下空间的主要功能有地下商业、地下铁路、地下公路、地下步行、地下停车、地下娱乐、地下共同沟、地下人防以及地下城市广场等。城市地下空间的开发强度就是指这些设施的地下空间开发量(万 m²)与开发地块面积(km²)的比例系数,比例系数越高,开发强度越大。近几年来我国城市多采用了需求模型法等系统工程方法对地下空间建设规模进行预测,综合考虑城市地下空间建设的内、外变量因素,力求得到比较科学的结果,并对预测结果采用经验法进行校核,按照合适的分配比例确定各类设施的地下空间开发量④。

表 4.11 列出了国内外不同城市中心区的地下开发功能和开发强度。

表 4.11　国内外城市中心区地下空间开发功能与开发强度分析

中心区名称	占地面积/km²	地下空间主要功能	地下开发面积/万 m²	地下空间开发强度/万 m²/km²
纽约曼哈顿地区	22.27	地铁、步行街	19 条地铁线、步行街	
北京朝阳 CBD	4	地铁、地下停车、商业等		
南京新街口地区	1.0	地铁、地下停车、商业等	45	45
蒙特利尔 downtown	5 个街区	地铁站、步行系统、商业、停车场等	580	
上海静安寺	0.69	文化旅游、商业、地铁	60	87

① 城市规划通讯刊讯. 北京王府井要建地下“金街”. 城市规划通讯,2002.16:10.
② 季翔,孙琪琦,田国华. 关于城市地下空间开发利用的若干思考[J]. 现代城市研究,2010(12):62-70.
③ 陈志龙,黄欧龙. 城市中心区地下空间规划研究[C]//2005 城市规划年会论文集,2005:597-601.
④ 于一丁,黄宁,万昆. 城市重点地区地下空间规划编制方法探讨——以武汉市航空路武展地区为例[J]. 城市规划学刊,2009(5):83-89.

中心区名称	占地面积/km²	地下空间主要功能	地下开发面积/万 m²	地下空间开发强度/万 m²/km²
北京中关村西区	0.5	停车系统、共同沟、中水雨水循环使用系统、商业、娱乐等	50	100
深圳福田 CBD		地铁、停车场、商业街等	40(商业空间)	
钱江新城核心区	4.02	地铁、隧道、停车系统、步行系统、共同沟、变电站、商贸街、中水雨水循环使用系统、休闲、娱乐设施等	210	52
郑东新区 CBD	1.32	地下停车、地下商业服务、公交换乘	105.78	80
法国巴黎德方斯地区		公交换乘中心、高速地铁、高速公路、地铁线 2 条、地下步行系统等	步行系统 67 万 m²，26000 个停车位	
日本新宿地区	1.6	地铁、步行系统、商业、停车场等	9 条地铁穿过，环线 1 条	
北京王府井地区	1.65	地铁、地下停车、商业等	90	54.55
深圳中心区	4	金融、保险、信息、咨询、商业、文化和商务办公等	230	57
衢州市核心区	2.4	商业	57.5	23.96
唐山机场核心区	3.1	商业、交通	120	38.7
青岛中央商务区	2.1	地铁、商业、地下停车等	136.5	65

4.5.3 城市中心区地下空间的布局模式

城市中心区只有通过集约利用土地,实现城市的高度紧凑,才能实现城市功能上的集中和优化,促进城市的可持续发展(见图 4.30)。在微观层次上,城市中心区可划分为多个地块,每个地块都具有不同的土地权属特征,地下空间开发的功能也有较大的区别(公共或私有),因此必须要提出各个地块的适宜开发模式,并确定开发建设时序,加强地下空间规划控制与引导。在宏观层次上,城市地下空间不仅是城市形态的体现,还是城市功能的延伸和拓展,是城市空间结构的反映。城市地下空间的形态是各种地下结构(要素在地下空间的布置)、形状(城市地下空间开发利用的整体空间轮廓)和相互关系所构成的一个与城市形态相协调的地下空间系统[①]。

城市地下空间的形态是一种非连续的人工空间结构,表现为平面上和竖向上的不

---

① 王文卿. 城市地下空间规划与设计[M]. 南京:东南大学出版社,2000.

连续,城市地下空间的构成要素可以概括为①:点状地下空间设施、线状空间设施、由点状和线状地下空间设施构成的较大面状地下空间设施、地下空间发展轴。

图 4.30   上海市地下空间概念规划示意图

城市地下空间的布局规划可划分为两种基本形式:一是有地下轨道交通设施的城市,即以轨道交通为骨架、点线结合的网络形式;二是没有地下轨道交通设施的城市,即主要为散点形式,包括点状地下空间设施、线状地下空间形式和具有一定发展轴的相对较大面积的地下空间设施②。

城市中心区各种点状地下空间设施通过线状地下空间(如地铁线网或地下商业街)与地面空间进行连接,构成了城市中心区的地下空间布局模式。一个城市在其发展的过程中,不管有没有地下轨道交通设施,其地下空间发展的未来,必定是由地下某种线性空间连接而成的复杂地下空间网络,这种地下线性空间在早期最有可能是地下通道(或地下商业街),如加拿大多伦多地下人行网络系统和蒙特利尔地下空间网络系统。当一个城市进行地下轨道交通设施建设后,地铁线网就成为连接众多点状或片状地下空间的连接纽带。

图 4.31 是目前世界上城市中心区地下空间的 4 种布局模式。

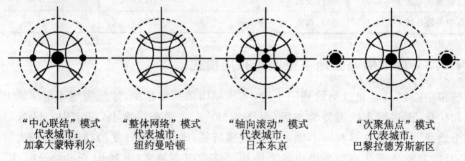

图 4.31   地下空间布局模式

"中心联结"模式是指通过建设城市中心区的整体连片的地下空间(地下城),由地铁线网连接城市其他区域的布局模式,相邻建筑间设置地下联络通道,通道两侧设置为商业设施,并最终与地铁车站相连,形成网络,此种模式的城市中心区地下空间几乎包含了所有的功能。

① 束昱,王璇.论我国大城市中心区地下空间的规划[J].铁道工程学报,1996(增刊 1):224-228.

② 王文卿.城市地下空间规划与设计[M].南京:东南大学出版社,2000.

"整体网络"模式是指在较小的范围内更加高强度的开发地下空间的布局模式,此种模式的地铁线网非常发达,并且地铁车站往往与城市上部空间的高层建筑地下部分相结合,我国的上海未来极有可能形成此种布局模式,如图 4.32 所示。

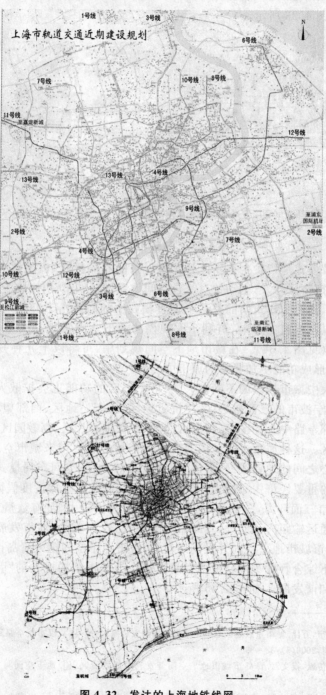

图 4.32 发达的上海地铁线网

"轴向滚动"模式是指一种全面立体化的布局模式,在利用地铁线网或地下街所形成的发展轴上,地下空间不断发展,此种模式的地铁线路或地下街交汇点成了大型地下综合体的建设最佳位置,以线性空间的形式来组织区域地下空间系统,连接区内各建筑和地铁车站,如图 4.33 所示。

(a) 北京中心城地下空间利用重点地区布局

(b) 发展轴上的大型地下综合体

图 4.33 "轴向滚动"模式

"次聚焦点"模式是指发生在新区开发建设中的布局模式,以疏解大城市中心职能为目的,结合城市新区开发,主动针对综合空间体系进行城市设计,地上地下联合开发,综合处理人、车、物流和建筑间的关系[1],此种模式中的新区由于开发条件完善,没有较多的地面形态以及建筑的影响,有利于大规模的地下空间特别是大型公共空间(综合体)的有序建设(见图 4.34)。在城市地下空间规划中,可将以上几种开发布局模式综合起来考虑,已形成功能更加紧凑的城市中心区。

由于我国大中城市规模的不断扩大,城市中心区的功能也会扩散为多个城市核心或城市中心,如宁波市的三江核心区、庄桥机场区、火车站地区、西部望春地区、江北西区、科技园区、鄞奉路中心片区、高教园区北区、体育中心片区、高教园区南区、石碶片区和东钱湖新城区。这种城市中心区内部功能的调整必然会带来城市空间上的变化,通过连结各个核心之间的地铁线网,形成"轴向滚动"的地下空间布局模式。我国的青岛市是东部沿海的重要经济中心城市、对外开放城市,滨海风景旅游度假城市和国家历史文化名城[2],城市三面环海,一面环山,市区内地势起伏较大,具有数量众多的山体,增加了市区的交通运输距离。此外,青岛市南北狭长,东西较窄,城市发展受自然条件限制较大。《青岛市城市地下空间开发利用规划》中把地下空间融入青岛市城市整体结构中,把地铁、地下综合管廊等线状地下空间设施作为城市结构成长的"引导力",引导城市不同区域的和谐发展[3],如图 4.35 所示。

---

① 于一丁,黄宁,万昆.城市重点地区地下空间规划编制方法探讨——以武汉市航空路武展地区为例[J].城市规划学刊,2009(5):83-89.

② 潘丽珍,李传斌,祝文君.青岛市城市地下空间开发利用规划研究[J].地下空间与工程学报,2006(7):1093-1099.

③ 李传斌,潘丽珍,马培娟.城市地下空间开发利用规划编制方法的探索——以青岛为例[J].现代城市研究,2008(3):19-29.

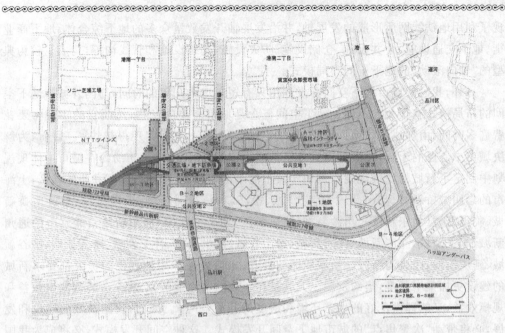

图 4.34　"次聚焦点"模式——品川微型 CBD 开发平面

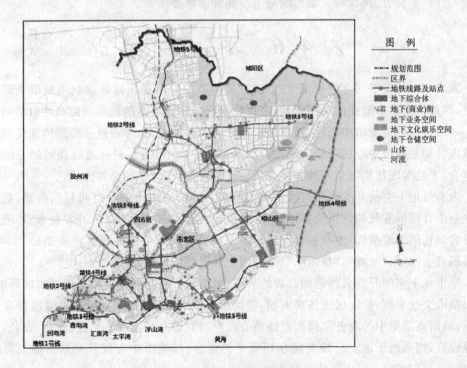

图 4.35　青岛市地下空间总体布局

《青岛市城市地下空间开发利用规划》中规划主城区地下空间布局结构将以地铁和城市主干道网络为骨架,以中心广场、山体、商业中心、地铁车站、主干道交叉点以及大型公共设施为节点,形成网络状的地下空间开发利用体系。青岛市地下空间的布局体现了利用地铁线网所形成的发展轴,并沿发展轴开发数量众多的地下综合体、地下商业街、地下交通设施、公共设施、仓储设施、防灾设施、基础设施和管线沟等,构成了较为典型的"轴向滚动"的地下空间布局模式。

另外,我国的城市地下空间开发利用只有短短二十几年的时间,与国外城市地下空间的布局模式有很大的不同。地下空间概念是城市需要的产物,然而它的实现将要花费许多时间,由加速的城市问题造成的压力越大,地下空间实现得越快[①]。目前,为解决城市中心区的矛盾,发展城市远郊区的城市建设,我国大中城市纷纷在城市中体现规划中制定了新城的发展规划。例如宁波市的东部新城区、鄞州新城区和骆驼新区;上海市的崇明城桥新城、宝山新城、嘉定新城、松江新城、青浦新城、金山新城、奉贤南桥新城、临港新城(浦东新区)、川沙新城(浦东新区)和高桥新城(浦东新区);北京市的通州新城、顺义新城、亦庄新城、大兴新城、房山新城、昌平新城、怀柔新城、密云新城、平谷新城、延庆新城、门头沟新城。新城职能的提升、人口规模和用地规模的扩大都要求新城的建设更加集中紧凑,集约发展。尤其是在新城的中心地区,必将充分体现集聚效益和规模效益,又能提供良好的生态环境和适度的开放空间[②]。因此,我国新城的建设和发展,必将带动"次聚焦点"的城市地下空间开发模式。这种空间开发模式,必将成为我国北京、上海、宁波、广州等特大城市的地下空间开发重要模式。

4.6　小　结

紧凑城市的发展理念强调城市自身的"高品质发展",要在高强度利用城市土地的同时,尽量扩大城市地面的使用空间,在单位面积内容纳更多的城市功能和城市活动。

本章通过分析城市中心区、城市核心区之间的紧凑理念,意在进一步厘清现代城市区域内特别是城市中心区三维空间整合的必要性。本书认为,只有通过高效的三维空间整合,才是实现杜绝城市用地无序蔓延、提高城市运作效率的必然方式。

为衡量地下空间开发利用对紧凑城市形态之间的城市土地及空间利用效率,必须建立一个合理的客观的评价指标体系,它不仅包含着资源、空间发展、开发技术、环境影响等客观性的评价指标,还应包含反映三维空间整合实效性的主观性评价指标。本章主要研究了"源"、"发展"、"技术"、"环境"四个客观性指标系统。

城市地下空间开发必须遵循必要的导则:城市地下空间开发要以改善城市的环境,解决城市交通矛盾,扩大居民住房面积,整治城市地面秩序,提高城市用地紧凑程度为目标;城市高度集中的业务空间和经济核心区空间要重点开发地下交通、商业、办公、娱乐等设施,加强地下地上三维空间在环境上的整合;与城市中心区联系紧密的卫星城

① GOLANY S G, OJIMA T. Geo-Space urban design[M]. BeiJing: China Architecture & Building Press, 2005.
② 陈珺,石晓冬.北京新城中心地区地下空间开发利用探讨——以亦庄新城站前综合区地下空间开发利用研究为例[J].地下空间与工程学报,2006(7):1143-1146.

（镇），必须解决其空间形态问题，依托快捷的地下交通，可有利于交通沿线的土地利用、整合；重视现代大城市中的交通枢纽建设，整合资源，重点利用；众多历史文化名城由于面临更新与保护之间的矛盾，地下空间与地上空间的整合应作为主要的解决方式。

　　紧凑城市形态下的现代城市地下空间的开发，应着重于强调改善空间环境，发展地下交通，实现城市的高强度、网络化发展。因此，城市中心区开发利用的重点应是在矛盾最为集中的地方，通过建设大型交通枢纽、广场（绿地）地下公共建筑、地下综合体、大型地下市政设施等，并形成网络，其最终的结果是形成地下城。

　　地下空间开发强度的大小影响着城市土地利用效益，地下空间的竖向分层研究可使得地下各类设施利用效率最大化，影响地下空间开发强度的因素有区域地理位置和经济条件等。城市中心区地下空间的布局模式，分为"中心联结"、"整体网络"、"轴向滚动"、"次聚焦点"四种，分析研究四种布局模式，有利于良好地下空间形态的形成，促使城市三维空间在城市更大的范围内有更高程度的整合。

第 5 章　城市中心区三维空间的整合

在紧凑的城市形态下,城市中心区往往聚集着城市功能中最重要的办公、商业、公共、交通以及文化设施,是城市信息流、人才流和资金流的集聚中心。紧凑城市倡导"交通引导开发"(Transit Oriented Development,TOD),强调居住区围绕在公共运输(地铁站、公交车站)节点发展,如图 5.1 所示。城市的高速发展过程,打乱了历史发展秩序,城市系统的整体性不断遭到破坏,城市需要整合[1]。随着城市紧凑程度的提高,城市中心区的土地压力日益增大,导致了许多大城市建设用地向郊区蔓延,带来了土地资源的极大浪费。与此同时,城市中心区的地价极度上涨,致使城市中心区特别是商业区"成了寸土寸金之地,立体的交通组织和综合利用就成为解决城市问题的必然趋向[2]"。

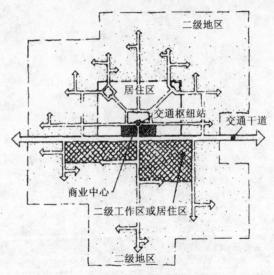

图 5.1　TOD 及二级地区组成的功能网络[3]

整合,是把一些零散的东西通过某种方式而彼此衔接,从而实现信息系统的资源共享和协同工作,其主要的精髓在于将零散的要素组合在一起,并最终形成有价值有效率的一个整体。城市空间的立体化发展,不仅促进了城市三维空间的渗透,而且也打破了传统城市建筑内外空间概念的界限。以往各种城市、建筑空间的固有界限在城市交通空间的中介作用下,逐渐被打破,各种空间与功能之间的关联、融合使得城市间的边界

---

① 卢济威.广场与城市整合[J].城市规划,2001(2):55-59.

② 方勇.城市中心区地下空间整合设计初探[J].四川建筑,2008(2):11-14.

③ 迈克·詹克斯,伊丽莎白·伯顿,凯蒂·威廉姆斯著,周玉鹏,龙洋,楚先锋译.紧缩城市——一种可持续发展的城市形态[M].北京:中国建筑工业出版社,2004.

限定越来越趋于模糊化,从而促使城市、建筑与交通等空间日趋一体化[①]。换句话说,当我们进入某一空间的时候,已经很难分辨清楚自己到底是在地上、地下,还是在室内、室外(见图5.2)。这种城市空间的相互渗透、相互融合综合,消除了现代城市中巨大建筑体量和地下封闭空间所引起的压抑感,增强了城市空间在平面上和垂直面上的连续性和整体性。城市的下沉广场就是城市空间向地下渗透的一种表现,相互渗透和城市形态的立体化是相互一致的[②],下沉广场与地下街、地铁等地下空间的联结,最终使城市地面地下空间相互融合在一起,借助电梯、自动扶梯等垂直交通设施,形成上下部一体化的城市空间。此外,地面建筑之间常常通过地下商业街、步行道或者是空中连廊等相互连接、组合,形成聚集的建筑群体,建筑与城市的界限逐渐模糊难辨[③]。因此,在建筑与城市空间一体化的发展过程中,地下空间起到了重要的"串联"作用,地下空间就是建筑与城市中互动产生的"中间领域"[④]。

　　加利福尼亚州政府办公楼的南部地下办公部分,利用南北方向的下沉广场和广场两侧的四个下沉庭院,设置了满足采光要求的带型窗,对于在地下办公部分工作的人们来说,不存在环境上的缺陷。该办公楼通过地面建筑与地下建筑、地面空间与地下空间的有机整合,借助于地面和地下空间的相互渗透、融合,较好地实现了行政办公建筑的开敞性要求,为城市保留了完整的开敞空间和公共绿地。

　　作为城市系统重要组成部分的城市地下空间不仅仅是单一层面上的空间构成,而是在空间和时间上有机联系和相互作用的产物,是形态上和功能上复合开发的统一体。城市地下空间开发利用是现代城市的集聚效应和立体化、集约化发展的要求,它揭示了城市发展与地下空间开发之间的内在联系,地下空间开发与城市发展相互依存是地下空间开发的根本趋势之一。通过地下空间要素与城市空间要素联系以及促成这些联系的纽带和途径的各种联系线的分析来挖掘空间要素的形式组合规律及其动因,从而建立合理有序协调的城市空间秩序。

(a) 下沉广场透视(远处为地面办公楼)

图5.2　加利福尼亚州政府大楼

① 钱才云,周扬. 空间链接——复合型的城市公共空间与城市交通[M]. 北京:中国建筑工业出版社,2010.
② 刘捷,刘耘. 城市空间的相互渗透[J]. 华中建筑,2004(1):84-86.
③ 赵景伟,宋敏,付厚利. 城市三维空间的整合研究[J]. 地下空间与工程学报,2011,07(6):1047-1052.
④ 方勇. 城市中心区地下空间整合设计初探[J]. 四川建筑,2008,28(2):11-14.

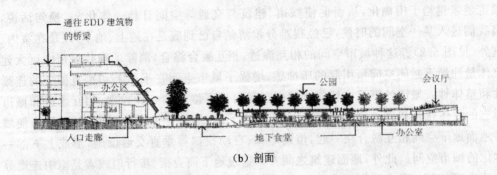

（b）剖面

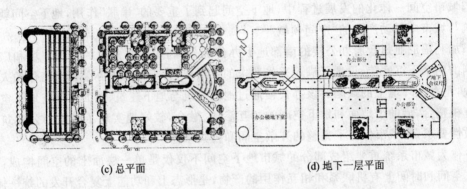

（c）总平面　　　　　　　　　（d）地下一层平面

图 5.2　加利福尼亚州政府大楼（续）

5.1　城市三维空间整合的原则[①]

地下空间的开发利用是涉及到大系统、大投资的大决策,并在很大程度上具有不可逆性[②]。城市中心区由于功能十分集中,地上与地下空间的整合要根据区域建筑空间的功能(商业、交通、业务、娱乐、体育、文化等)、城市空间的要素(街道、广场、绿地、水域等),充分分析上下部在功能、空间、效益等方面的特点,通过调整相应区域内的地下空间的功能配置和开发强度,实现城市中心区的地面、空中、地下三个空间向度上的有机整合,协调发展。

城市中心区三维空间的整合、协调发展目标可以分为三个层次[③]:

第一个层次是,城市空间基本满足城市各项功能的正常运转和城市居民的正常生活,城市自然环境质量能基本符合要求。

第二个层次是,城市空间能保证城市各项功能高效运转,城市居民生活较为舒适、便利,城市自然环境质量较高。

① 赵景伟. 紧凑城市形态下地上地下空间整合原则初探[J]. 地下空间与工程学报,2012,08(3):449-454.
② 陈阳.哈尔滨市城市地下空间开发利用规划探析[J].规划师,2011,27(7):48-52.
③ 王文卿.城市地下空间规划与设计[M].南京:东南大学出版社,2000.

　　第三个层次是,城市空间能保证城市各项功能稳定、集约、高效运转,城市环境质量高,人工环境与自然环境和谐,形成良好的城市生态系统,城市居民生活舒适、便利、丰富多彩,城市空间能够促进城市各项事业全面、健康、可持续发展。显然,整合、协调发展的第三层次是现代化的城市中心区所追求的最高目标,为此,城市中心区三维空间的整合需要遵循以下原则。

5.1.1　区域功能协调的原则

　　城市中心区是城市发展的核心,随着现代城市理论的不断丰富,城市中心区也衍生出多个功能不同的内涵,如城市行政中心、城市中央商务中心、城市交通枢纽以及新城中心等。这些城市的中心,具有不同的功能内涵,在空间上有分有合[①]。日本在1980 年后,为配合城市更新事业的展开,将旧市中心结合地下街进行城市设计改造,并对地下街内部进行维护和重新设计,甚至与城市地面空间整合为新的城市公共空间[②]。因此,不同区域的城市地下空间功能应与地面空间功能相协调,地下空间功能要起到优化地面空间功能的作用,尤其是要建立完善的地上地下综合的交通系统促进城市中心区的交通立体化,采用地面、地下、空中三个层面相结合的立体化组织模式,并与周围的城市交通体系相结合,形成整体化的交通空间体系[③],以最大限度的实现地面步行化。城市行政中心地下空间要开发地铁站、停车、会议办公、文化等设施,城市中央商务中心要开发地铁、停车、大型商业、文化旅游、娱乐、健身等设施,城市交通枢纽要根据城市的交通节点疏散需求,考虑结合地铁、地下道路、地下商业等多功能的综合体。

　　城市地下空间功能是城市功能在地下空间上的具体体现,主要作为地面建筑功能的延伸和配套功能的补充[④]。例如,大连胜利广场所在的区域为大连市的商业中心,位于大连火车站南侧。在广场建成之前,该区域高层建筑较多,建筑密度较大,交通十分拥挤,有多条有轨和无轨车线在此经过,天津街、秋林公司、大连商场等几大商业街和百货商店都在此交汇,毗邻还有九州饭店、渤海明珠大酒店等数家星级酒店。广场于1993 年 9 月开始兴建,1998 年 5 月正式营业,占地面积 2.7 万 m²,建筑面积 14.7 万 m²。广场地面建有两座各有 1 万 m² 的欧式风格建筑,北面建有一个罗马下沉式露天广场,地下建有 3 层商业空间和 4 层停车库,地下通道可以直接与周边各大建筑如胜利百货流行馆、皇宾楼、胜利美式量贩超市金八信道、庭园广场等进行连接,形成了一个规模庞大的地下综合体(见图 5.3)。

① 姚鑫,许大为,刁星.基于城市中心区设计理论的实践探索[J].黑龙江农业科学,2010(9):153-156.
② 刘皆谊.日本地下街的崛起与发展经验探讨[J].国际城市规划,2007,22(6):47-52.
③ 钱才云,周扬.空间链接——复合型的城市公共空间与城市交通[M].北京:中国建筑工业出版社,2010.
④ 姚文琪.城市中心区地下空间规划方法探讨——以深圳市宝安中心区为例[J].城市规划学刊,2010(7):36-43.

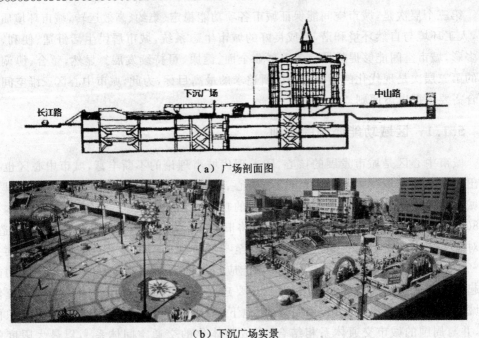

（a）广场剖面图

（b）下沉广场实景

图 5.3　大连胜利广场剖面及实景图

5.1.2　区域环境协调的原则

　　城市空间是城市人工环境和自然环境共同作用的三维空间，是城市社会和经济系统的重要载体，对城市生态系统具有重要的影响。作为人类生态系统的一个重要组成内容，城市环境具有动态性和不平衡性的特点，表现在城市空间要素之间的离散和不协调。新时期城市环境的可持续发展对城市上下部空间的有机协调要求越来越高，地下空间与地面道路、广场、建筑、公园绿地等之间的关系越来越密切。一方面，地下空间开发中通过"采光天窗"、"下沉广场"等处理手法（见图 5.4），可以将地面开敞的空间、充沛的阳光、新鲜的空气和优美的园林绿化景观引入地下空间环境[1]，使大面积园林绿化与地面建筑、街道、广场以及地下空间有机融为一体；另一方面，地下空间开发利用的指导思想包括了扩大城市空间容量、容纳更多的城市功能等方面，更重要的是通过借助于加剧大气污染的地下空间开发，降低了地面上的建筑密度，扩大了开敞空间的范围，这样就有可能增加城市绿地面积，提高绿化率，从而增加地面的开敞空间和绿化，实现城市地面大气环境的改善，构筑现代意义上的"绿色城市"、"山水城市"、"生态城市"。由于地下交通系统的发展，如果大部分机动车辆转入地下空间行驶和停放，废气和噪声的污染将明显减轻，也应视为地下空间对城市生态环境所起的积极作用[2]。在这一原则

---

[1]　朱大明. 略论地下空间开发在中国山水城市建设中的作用. 中国未来与发展研究报告，2002[R]，2002：601 - 603.

[2]　童林旭. 地下空间与城市现代化发展[M]. 北京：中国建筑工业出版社，2005.

的指引下,考虑到地面种植乔木和地面雨水渗透等生态环境的需要,要注意地下建筑的布局不应全部覆盖全部开发区域[①],并注意控制地下建筑出入口的数量与位置,以提高地下建筑空间的可达性。

图 5.4　上海静安寺地区地下空间:区域环境协调　(赵景伟 摄)

5.1.3　立体化、人性化协调的原则

西方早期的人本思想,主要是相对于神本思想,主张用人性反对神性,用人权反对神权,强调把人的价值放到首位。历史上的人本思想,主要是强调人贵于物,"天地万物,唯人为贵"。中国共产党十六届三中全会(2003 年 10 月)正式提出了"以人为本"的要求,在《中共中央关于完善社会主义市场经济体制若干问题的决定》中强调"坚持以人为本,树立全面、协调、可持续的发展观,促进经济社会和人的全面发展。"在这一思想的指导下,"以人为本"的理念迅速融入了我国城市和经济发展的各个方面中。

城市的主体是人,人的各种行为都是代表城市特征最重要的内容。人之所以是万物之灵,就在于它有人文,有自己独特的精神文化[②]。因此,在城市规划与设计中,应该遵守"以人为本"的思想。可是,随着人类对自然以及自我认识的愈发深入,逐渐认识到人也是大自然中的一部分,"以人为本"的设计如果仅仅考虑人自身的利益和需求,并将此作为设计活动的唯一尺度,在很大程度上会产生较大的误导作用,最终结果会使人走向与自然的对立面。因此,在紧凑城市形态的理念下,我们应该更倾向于提出"人性化"的设计思想。"人性"(humanity)是人区别于其他动物的特质、基本属性,主要区别在于人有精神活动和心里运作[③]。城市地下空间有着"立体化"的空间属性,三维空间的整合、协调除了满足人们在使用上的功能要求之外,还应考虑到人们对空间的物理环境感受、生理安全感受和心理安全感受。人性化环境是以人的生理、心理、行为和文化特质为出发点的环境,它融汇了现实世界的各种因素,是生活的外化,因而它能为人类的

①　张安,闫刚,谢瑞欣,等.控规体系中城市地下空间开发控制初探[J].城市规划,2009(2):20 - 24.
②　张景秋.北京城市公共空间设计与建设的人文意识[J].北京规划建设,2010(3):44 - 46.
③　孟建华.浅谈城市广场设计中的人性化要素[J].艺术与设计(理论),2010(9):99 - 100.

生存活动提供物质及精神方面的条件,寓含人类活动的各种意义[①]。"人性化"设计,也就是指设计中要从人的具体需要、心理行为特征出发进行空间设计,以满足人在空间中的活动为最终目的的设计思维模式[②]。

对地下空间利用的研究加以优先排序时,我们必须先把地下空间对人的影响排在第一位。"人性化"设计的主要内容包括满足人们的生理需求、心理需求和精神需求三个层次。地下空间的所有界面都包围在岩石或土壤之中,使内部空气质量、视觉和听觉质量,以及对人的生理和心理影响等方面,都有一定的特殊性。不同的空间对环境有不同的要求,只要有人活动,就首先要满足生理上的客观需要,同时还要考虑一些心理因素,如天然光线、垂直交通设施、空气质量、热湿环境、听觉环境、光环境、嗅觉环境等。此外,还要通过某些设计手法比如空间划分、空间色彩与光影、灯光布置、流水、植物、座椅、雕塑、广告招贴、标志与细部装饰以及完善的标识系统等,为人们创造具有自然亲和力的环境和良好的精神上的感受,提升城市三维空间的品质。

图 5.5 是在 1989 年 10 月为连接川崎阿捷利亚地下街与冈田屋百货的地下通道所兴建的扶梯,为了符合日本地下街的法规,该扶梯只有 5 阶,为世界最短的自动扶梯。

图 5.5   世界最短的扶梯[③]

上海静安寺地区通过建立地下、地面和地上三个层次的步行系统(见图 5.6),使购物者在商业中心内具有更高的安全感和舒适感,该地区也成为了空间形态有特色,生态环境和谐,运动系统有序的上海西部文化旅游、商业中心。

美国肯塔基州路易斯维尔大学都市与公用事业学院教授哈密·舍瓦尼认为,活动支持应包括所有能加强城市公共空间的功能和活动,因为活动和物质空间常常是相互补充的[④]。人们在地下空间中活动的同时,往往需要一定的休息空间,所以"人性化"设计还应该增加对空间内部环境、休息等设施的考虑,如在地下商业街规划建设中可以根据一个主题进行设计构思,用喷泉、水池、雕塑、灯光、植物、建筑小品等手段突出一个主

① 王植芳.城市公共空间的人性化设计[J].武汉生物工程学院学报,2010(1):34-36.
② 吴昕.城市地下公共空间人性化设计[J].福建建筑,2006(3):16-18.
③ 刘皆谊.城市立体化视角—地下街设计及其理论[M].南京:东南大学出版社,2009.
④ 王植芳.城市公共空间的人性化设计[J].武汉生物工程学院学报,2010(1):34-36.

题,并配以造型精美的座椅、坐凳。日本大阪"虹之町"地下街中结合人们的休息场所设置了五个主题广场"爱"之广场、"镜"之广场、"光"之广场、"水"之广场、"绿"之广场,图 5.7 为"虹之町"地下街的"光"之广场和"水"之广场。

(a) 地面步行系统图

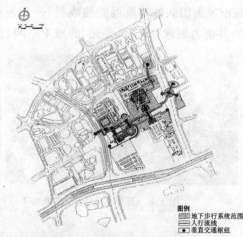

(b) 地下步行系统与垂直交通枢纽图

(c) 地区设计形态鸟瞰

(d) 下沉广场空间

图 5.6 静安寺地区人性化的步行系统

(a) "虹之町"地下街的光之广场

(b) "虹之町"地下街的水之广场

图 5.7 "虹之町"地下街内景

　　城市地下空间特别是地下公共空间,是承载城市公共生活的空间。地下公共空间的开发规模则更多地由功能发展、交通集散、人防安全以及人性化空间建设等方面需求确定①。城市设计工作者,应该会同有关专家,如建筑师、社会学家、人类学家、政治家和城市发展团队的其他可能的成员,一起发展满足一般公众需要的、全面和整体的规划②,并竭力创造富有"人性化"的地下空间(见图 5.8)。

图 5.8　苏州工业园区首个地下空间项目——星海街地下商业广场③

5.1.4　经济、环境、社会效益协调的原则

　　地下空间土地利用的需求是由存在于当代城市中的许多因素激发的,其中包括地价上涨,缺少扩展空间,城市土地消费量增长,用地分散,交通堵塞,城市设计的效率低以及维护费用高。城市三维空间的整合,可以满足城市空间不断增长的需求。公共空间多以立体化开发的形式出现,起作用不仅仅在于连通,而是使其相互渗透和延续④。城市地下公共空间的开发利用,能够在更大的范围内为城市带来良好的经济、环境和社会效益。能够取得最佳的综合效益是城市地下空间开发的主要目的,为此,必须深入研究城市地下空间开发区域的社会、经济、环境等的现状与开发条件,认真分析地下空间开发所获取的最直接的效益是什么。

　　地下空间建设的资金投入及工程复杂程度远远大于地面,因此在对三维空间进行整合时,必须因地制宜、量体裁衣,充分考虑到区域自身特点、使用性质、建设主体、资金来源、物权归属等方方面面因素,作出合理的分析和判断⑤。在三大效益之中明确其中一种作为主要开发目标,进而可以协调发展其他两方面的效益。例如,在城市交通矛盾最大的节点处,开发利用地下空间应当首先解决地面交通压力(拥堵、停车),可以通过建设地铁站、地下道路、地下停车库、地下人行通道等来取得该区域的社会效益,提高城市的运作效率,与此相结合再开发建设地下商业、娱乐等设施,还可以取得可观的经济

①　奚东帆. 城市地下公共空间规划研究[J]. 上海城市规划,2012(2):106 - 111.

②　GOLANY S G, OJIMA T. Geo - Space urban design[M]. BeiJing:China Architecture & Building Press,2005.

③　http://www.jsdpc.gov.cn/pub/suzhou/gqxzz/gyyq/4379/200808/t20080811_105301.htm.

④　王亮. 深圳华强北地下空间开发与利用构想[J]. 铁道标准设计,2011(9):89 - 92

⑤　于一丁,黄宁,万昆. 城市重点地区地下空间规划编制方法探讨——以武汉市航空路武展地区为例[J]. 城市规划学刊,2009(5):83 - 89.

效益,并带动城市地面环境的改善。

地下空间的开发可以分为盈利性和非盈利性两个方面。地下空间在开发利用中的非盈利性空间主要包括地下交通设施、地下公用设施、地下办公设施、地下展览设施等;盈利性空间主要是指地下商业、娱乐、体育设施等。只有在发展地下公用停车设施,在停车场开发区,在汽车交通增长的站前广场,或在商业区发展连接主要铁路车站及巴士终点站的公用通道时,才有可能修建地下购物中心等盈利性地下设施。大多数地下购物中心与铁路或地铁有紧密的联系,被建设在这些车站广场之下,而公路也将这些广场连接起来,还有一些地下购物中心建在公园下,例如在名古屋中心公园和札幌极光城镇公园下[1]。比如浙江省的宁波市为提高城市中心区域的土地整体开发综合效益,对地下空间开发进行了在轨道交通、地下停车场及其网络、地下道路、地下人行通道及地下街、共同沟等方面的设计控制指引。由此看来,对于非盈利性的地下空间设施,不能因为其不具有较高的经济效益,而忽视了其开发价值。在日益紧凑的城市形态下,地下空间所取得的环境效益和社会效益,也是三维空间整合的关键所在(见图 5.9)。

Ⅰ类开发区域:地下空间开发≥3 层,地下一层功能为商业、娱乐等公共活动设施,地下二层、三层为停车和设备空间

Ⅱ类开发区域:地下空间开发≥2 层,功能以停车和设备为主,地下一层部分开发商业、娱乐等公共活动设施

Ⅰ类开发区域:地下空间开发≥2 层,功能以停车和设备为主,鼓励开发一定规模的地下公共活动空间

地下公共服务设施:35×10^4 m²
其中:
街坊内地下一层:25×10^4 m²
街坊内地下二层:4×10^4 m²
过街通道及广场:1×10^4 m²
中轴线地下街:5×10^4 m²
地下停车设施:47×10^4 m²
轨道交通设施:95×10^3 m²
建筑设备空间:95×10^3 m²
合计:　　　　101×10^4 m²

图 5.9　上海虹桥商务核心区一期地下空间开发规模控制[2]

城市中心区只有通过集约利用土地,实现城市的高度紧凑,才能实现城市功能上的集中和优化,促进城市的可持续发展。由于功能十分集中,城市中心区地上与地下空间的整合要根据区域建筑空间的功能(商业交通业务娱乐体育文化等)城市空间的要素(街道广场绿地水域等),充分分析上下部在功能空间效益等方面的特点,通过调整相应

① GOLANY S G, OJIMA T. Geo-Space urban design[M]. BeiJing: China Architecture & Building Press, 2005.
② 同济大学地下空间研究中心,上海虹桥商务区管委会,《上海虹桥核心商务区一期地下空间规划》,2009.

区域内的地下空间的功能配置和开发强度,实现城市中心区的地面空中地下三个空间维度上的有机整合,协调发展。

5.2　城市三维空间整合的城市要素和关键环节①

通过对城市三维空间整合的原则以及方法的研究,可以发现,现代城市的土地利用和空间拓展,正体现了多样化的土地集约化使用这一根本特点,更加强调城市空间使用上的集约化和空间功能、环境的整合,注重城市地下地上一体化的设计思想。总体城市设计、很大范围的局部城市设计,可能二维形态的研究占主要地位,但是对其节点和重点区域进行三维设计仍还是重要的组成部分。二维是三维的一种特殊形式,属于三维形态整合的一部分②。它所涉及的整合要素,不但存在于地下或地上的平面范围,而且也存在于联结地下与地上之间的各种要素。也就是说,城市空间的整合需要从二维的空间设计扩大到三维的空间设计。

在城市三维空间的整合中,地下空间就是建筑与城市中互动产生的"中间领域"③。城市设计不应只局限于以城市的地面作为基本连接物,建筑与建筑之间、区域与区域之间,通过地下交通枢纽、城市广场地下空间(或下沉广场)、城市地下交通网络、城市地下人行通道,可以将城市形成以地面为基面,基面上下部空间在功能上互补、协调发展的有机空间统一体。空间中的每一个层次都以各种新的方式在有效的发挥作用④。

5.2.1　城市三维空间整合的城市要素

现代城市设计,已经将建筑学、城市规划和景观学融入一体,因此,城市三维空间整合的城市要素必然会涉及不同的专业领域,需要协调机制的有效运作。哈米德·舍万尼(Hamid Shirvani)在《都市设计程序》(The Urban Design Process)中,将城市要素分为:土地使用(Land Use)、流线与停车(Circulat and Parking)、行人步道(Pedestrian Ways)、建筑形式与体量(Building Form and Massing)、保存维护(Preservation)、开放空间(Open Space)、活动支持(Activity Support)和标志(Signage)共8类。

城市要素是城市形态和空间环境的现实构成元素⑤,本书将城市要素按照界面特征分为三个层次:实体要素、空间要素和区域。在城市景观上,实体要素之间相互发生联系,空间要素也要相互渗透与结合;在整体功能上,城市区域之间也应该是有机的统一体⑥。

①　赵景伟,宋敏,付厚利.城市三维空间的整合研究[J].地下空间与工程学报,2011,07(6):1047-1052.
②　卢济威.论城市设计整合机制[J].建筑学报,2004(1):24-27.
③　方勇.城市中心区地下空间整合设计初探[J].四川建筑,2008(2):11-14.
④　范炜.城市空间的集约化思考[J].华中建筑,2002(5):91-93.
⑤　王一.从城市要素到城市设计要素[J].新建筑,2005(3):53-56.
⑥　董贺轩.城市立体化——城市模式发展的一种趋向解析[J].东南大学学报,2005(增刊1):225-229.

1. 实体要素

城市三维空间整合中的实体要素,包括城市地面上的建筑、道路、桥梁、树木、绿地、山体、水域等,以及城市的地下街、地下铁路车站(枢纽)、地下市政、地下仓储等。

这些实体要素,是满足城市功能的个体。若不加以整合,它们在存在的形态上相互分离,缺少必要的联系,在城市的漫长发展中,必然会引发实体要素组合的混乱,降低城市功能的运作效率,在城市的旧城区这种情况尤为突出。因此,通过地下地上三维空间的实体要素整合,目的就是为重新建立要素之间的联系。使原本只能在固定范围内发挥功能的实体要素,形成更强的区域功能,图 5.10 为福州八一七中路地下街与茶文化水街的街道要素整合。

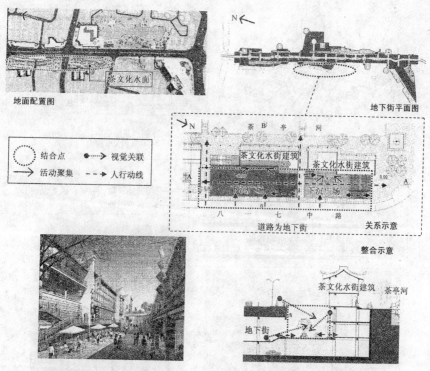

图 5.10　福州八一七中路地下街与茶文化水街的街道要素整合①

2. 空间要素

城市的空间属于空间分类中具体空间,这样的空间是有具体数量规定的认识对象,长、宽、高三维规定的空间体,一般空间的具体存在和表现形式,存在于具体事物之中的相对抽象事物或元实体。空间的存在,是人类的一种意识,组成城市的一切实体要素,都必然存在于人类所认知的空间中。而位于城市空间中的这些实体要素,可以通过一系列的组织和安排,又能够形成城市的某些特定空间要素,如地面街道空间、广场空间、

---

① 刘皆谊.城市立体化视角—地下街设计及其理论[M].南京:东南大学出版社,2009.

绿化空间、建筑空间、地下空间等。这些空间要素是人们赖以生存,进行生活和社会活动的环境[①]。

城市空间要素的整合,包括建筑、公共空间与地下空间,自然环境、城市绿地地下空间,地面道路交通、车站与地下空间等多方面的整合。卢济威(2004 年)认为,空间要素的整合是受城市公共行为的影响的,也受经济、生态与美学等的影响。通过地下地上三维空间的空间要素整合,不仅能够使三维空间形成互相流通、整体性的空间,还能够实现不同空间要素环境如新环境与老建筑环境、人工环境与自然环境、地下环境与地上环境的和谐。图 5.11 为日本札幌市 APIA 地下街与站前广场所形成的整合。

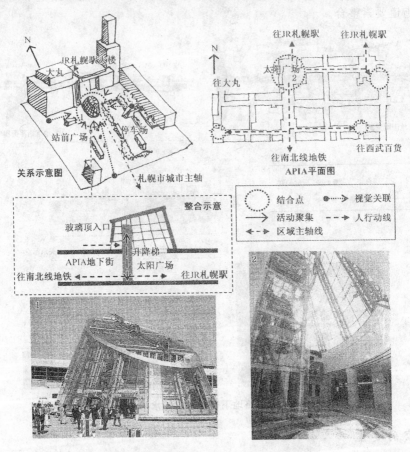

图 5.11　日本札幌市 APIA 地下街与站前广场的整合[②]

3. 区 域

城市区域是指由若干城市实体要素和空间要素所构成的复合体,它具有功能或形态方面的某些特质,例如城市的中央商务区(CBD)、中心商业区、大型居住区、高科园区

---

①　卢济威.论城市设计整合机制[J].建筑学报,2004(1):24-27.

②　刘皆谊.城市立体化视角—地下街设计及其理论[M].南京:东南大学出版社,2009.

等。城市区域的整合通常有区域与区域之间的整合、城市整体与区域的整合。

　　不同的城市区域会集合城市的某些特定的实体要素和空间要素,在地下地上三维空间的整合中,应首先分析某种城市区域内的所有组成要素,明确它们各自的功能特性,然后通过这些要素之间有机和必然的联系进行要素整合,进而再通过整体的布局调整完成区域的整合,如图 5.12 所示。

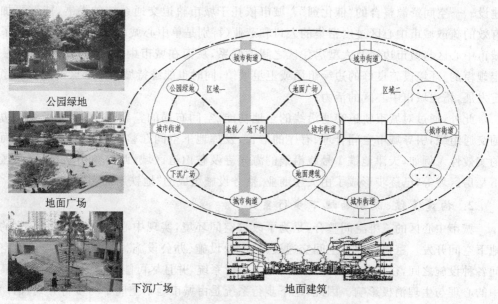

图 5.12　城市区域的实体要素与空间要素整合

5.2.2　城市三维空间整合的关键环节

　　如上所述,在紧凑城市的视角下,构成城市空间的要素非常的密集而又复杂,每个要素都有其经济、社会、生活、文化等存在的价值。城市三维空间的整合必须要在充分研究城市空间要素的构成及其所具有的城市功能基础上,促使要素的相互渗透与结合,进行有重点、有策略的空间整合。城市的多样性、有序性、和谐性来源于要素的组合[①],协调、美观、高效的城市空间是满足人们生活、工作、休憩、购物等高品质要求的重要保障。城市空间的整合过程具有 些非常关键的环节,这些关键环节处理的恰当与否,将直接影响城市的运行效率和人们的生活品质。

1. 依托高效、完善的城市轨道交通系统

　　在大多数人们的头脑中,城市轨道交通或许是大城市的代名词。但是,随着我国整体经济的快速发展和城市化水平的不断提高,只要经济实力允许,一些中等城市完全有可能结合各自的城市空间结构和人口分布特点,建设城市轨道交通,从而取得优于大城

---

①　卢济威.论城市设计整合机制[J].建筑学报,2004(1):24-27.

市的地面生态环境。因此,本书提倡的高效、完善的城市轨道交通系统,应适用于我国所有的大、中等城市。

城市空间格局是指城市中各物质要素的空间位置关系及其变化特征,是城市发展程度、发展阶段与过程的反映[1]。随着城市空间资源的日益紧缺,城市空间格局也逐渐呈现出一种异于传统城市形态的内在特征。而推动这一变化的,正是城市轨道交通的建设——空间资源整合的"催化剂"。城市依托于城市轨道交通系统的发展,能够更加有效的疏散城市中心区过度密集的人口和产业(特别是单中心城市,如北京市),强化了城市中心区与城市边缘及大型居住区之间的联系,从而在城市中心区周边形成具有一定规模的、环境设施良好的边缘组团或卫星城镇,同时也能维持城市中心区的繁荣和稳定发展,增强城市中心区的活力。

此外,通过对城市轨道交通沿线的土地功能、空间布局的整合,能够改善沿线周边的交通组织,引导城市空间合理、有序的增长,发挥地下空间在整合城市空间资源方面的实效性。例如,天津地铁1号线沿线的海光寺及鞍山道区域、西南角出站口、河西区下瓦房区域等,已逐步形成了由大型商业、商务设施组成的"地铁新商圈"。

2. 构建连续、流动的地下步行系统

城市中心区的三维空间整合,是为了改善空间环境,实现中心区高强度、网络化的地下空间开发。密集的地下空间交通设施、商业设施、办公设施、文娱设施等与地面空间各种设施之间,往往需要更加完善的地下步行系统,并且尽可能的消除人们行走在其中的心理与生理消极影响。因此,地下步行系统是由城市地下空间中与步行方式、活动相关的各种物质形态构成要素之间相互作用、相互联系的总和[2]。

本书所提出的地下步行系统的连续性和流动性,是与城市地面步行系统的间断性或停滞性相对立的。地面步行系统由于受到城市机动车交通的影响,常常在某些道路交叉口发生断点而变得具有间断性,或者由于雨、雪等天气原因而步行不顺畅。地下步行系统的连续性和流动性特点是显而易见的,在三维方向上与其他交通流线不交叉,人们在系统中行走时不会受到其他的因素干扰,可以沿着连续的空间到达自己的目的地,在这个过程中步行系统没有断点。

交通的易达性和外部人流的结合是地下商业成功的一个关键因素,在人流的动线设计上应以直线为主[3]。但是,强调地下步行系统的连续性和流动性,并非是一定要将步行通道设置在单一的线性空间中,单一的线性空间很容易引起人们的视觉疲劳,甚至产生乏味、恐惧的心理作用。因此,地下步行系统往往结合其他类型的地下空间形式,如地下商场、下沉广场、地铁站厅、地下街广场中庭等进行不同空间的组织划分,以利于人们在其中行走的便捷性、安全性和舒适性。地下商场、下沉广场等空间就成为了地下步行系统中的重要节点,利用这些节点可以有效地将外界自然光线和景色引入到地下

① 陈卫国.城市轨道交通与空间资源整合的互动[J].规划师,2007(4):84-86.
② 陈志龙,诸民.城市地下步行系统平面布局模式探讨[J].地下空间与工程学报,2007(3):393-396.
③ 陈雪杰.广州市地下商场开发潮趋势下规划策略探讨[J].地下空间与工程学报,2011,7(2):246-252.

中,消除地下步行系统的封闭感,如图 5.13 所示。

图 5.13 地下步行系统的空间节点

从形态上分析,城市地下步行系统有核心辐射式、脊状联结式、网络串联式和混合式四种模式,它们的示意图及特点如表 5.1 所列。

表 5.1 城市地下步行系统的形态分析

步行系统形态及形态示意	示 例
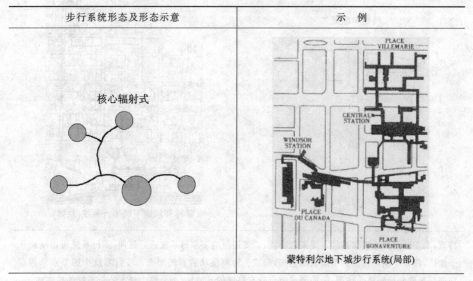 核心辐射式	蒙特利尔地下城步行系统(局部)
特点:地下步行系统有一个主要的核心节点,通过向外辐射地下步行通道与周围地下空间节点连接,核心节点与周围节点的连接关系非常重要。这种地下步行系统平面形态适用于城市中心区的繁华地段,可为城市提供大量的地面开敞空间。	
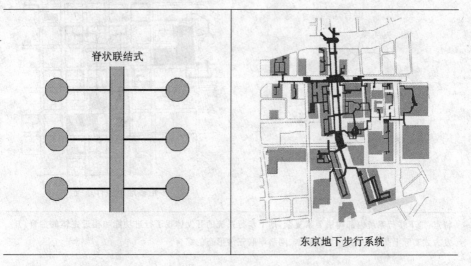 脊状联结式	东京地下步行系统

步行系统形态及形态示意	示　例

特点:通常以地下步行街线性空间为主要轴线,向两侧通过分支步行系统与相对独立的地下建筑空间。这种地下步行系统平面形态适用于任何规模的城市,无论有无地铁,都可以有效地运用地下步行街将道路两侧地面建筑的地下室进行连接。

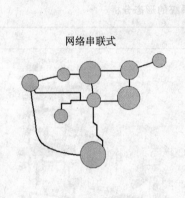

网络串联式

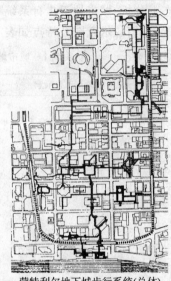

蒙特利尔地下城步行系统(总体)

特点:为充分发挥地铁车站的人流集散功能,需要通过地下步行系统进行延伸,步行系统可以横跨几个街区,将若干相对独立的节点联结起来,形成一种网络状的布局形态。步行系统中的节点承担着功能集聚和交通转换的作用,因而要求节点具有高度的开放性,满足整个地下步行系统的整体性。

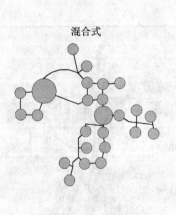

混合式

多伦多地下步行系统

特点:地下步行系统内部构成要素复杂,地下步行系统的开发体现了行进功能和相近主体的混合,开发方式实际上是核心辐射、脊状联结、网络串联三种形态的综合。

3. 设置丰富、个性的地下空间节点

美国著名城市设计师凯文·林奇在其著作《城市意像》(The Image of the City)中提出了认知城市的五要素:路径(Path)、路标(Landmark)、区域(District)、边界(Edeg)、节点(Node)。节点在城市设计和建筑设计中具有广泛的含义,凯文·林奇认为,城市节点是城市结构空间及主要要素的联结点。在宏观层次上,它可能是一个广场、公园、绿地,也可能是一个经过延伸的现状空间,甚至是城市的某个区域,在不同程度上表现为人们城市意像的汇聚点、浓缩点;在微观层次上,它可能是线性空间的目的地或中局部扩变的空间,可能是平面或多层平面空间的核心和焦点,也可能同时具备上面两种特征。

在城市设计中,节点通常被视为不同空间结构的连接处与转换处,具有聚集和链接的特点。人们可借助于地面上建筑的围合、树木绿化、雕塑、道路等轻松判别城市的节点。当人们到达城市节点时,会面临继续前行、驻足停留、变换方向的选择。城市公共空间最具魅力的部分,就是城市居民在城市间能够利用公共空间进行各种休憩与交流的活动,并获得放松的机会[1]。这些公共空间(节点)通常是城市的广场、公园、绿地等,能够提供足够的休闲设施和空间满足人们的活动需求。

节点是观察者可以进入的"战略性焦点"和"注意力焦点",地下空间中的节点可以是具有交通功能的地铁车站,也可以是以获取与外界联系的下沉式空间和地下建筑的室内中庭,以及人们进入地下空间活动所必需的出入口,如表 5.2 所列。

表 5.2　地下空间节点分析

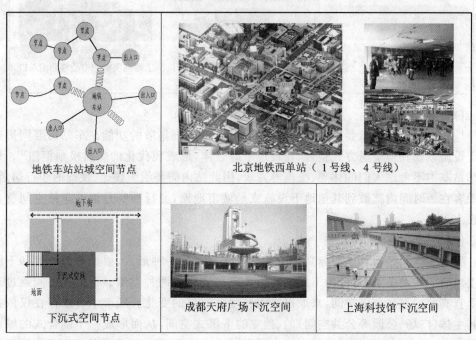

地铁车站站域空间节点	北京地铁西单站(1号线、4号线)	
下沉式空间节点	成都天府广场下沉空间	上海科技馆下沉空间

① 刘皆谊.城市立体化视角——地下街设计及其理论[M].南京:东南大学出版社,2009.

	济南英雄山地下商城	台北地下街
地下室内中庭(广场)	大阪"虹之町"地下街	大连奥林匹克广场地下
出入口	名古屋中央公园地下街安全口	上海迪美购物中心地面出入口

(1) 地铁车站

地铁车站是一种重要的地下空间节点,发挥着人流集散的功能。车站需要同周边地下设施以及其他交通方式整合,建设地下综合体,形成现代化的交通换乘枢纽[①]。地铁车站基本不考虑人们的休憩、交流等需求,因此站内需要组织快速、便捷的步行通道,将乘客在短时间内疏散到其他地下设施或是城市地面,通行顺畅是地铁车站空间整合的根本目标。

(2) 下沉式空间

下沉式空间是指其地面标高低于城市地面标高的一种形式,根据平面尺度和下沉深度之间的比例关系,可分为下沉式广场和下沉式庭院两种类型。下沉式空间通过运用垂直高差的方法分隔空间,来取得空间和视觉效果的变化。城市中可以存在仅依托于其主体(广场、公园等公共空间)的、独立的下沉式空间,从而形成一个围合式的城市开敞公共空间,它的整体与局部下沉于周围环境。但是,紧凑视角下的下沉式空间是城

---

① 侯学渊,柳昆.现代城市地下空间规划理论与运用[J].地下空间与工程学报,2005(1):7-10.

市地下空间的重要节点之一，更多的下沉式空间需要与其邻近的地下空间渗透融合，成为整个地下空间序列中的重要组成部分。下沉式空间中往往根据下沉构造设计一些瀑布、跌水、水池、垂直绿化等景观，并为人们提供休息的空间设施，既能够满足人们交流、观赏、玩耍、驻足的愿望，又能够满足相邻地下空间对自然光线和景色的需求。

（3）地下室内中庭（广场）

人们在地下空间中的活动包括步行、驻足、休憩和交流，是在城市公共空间中常见的行为模式。缺少空间变化和休憩场所、缺乏方向感和可识别性的地下空间，使人们不能体验到在地下空间活动的乐趣，更不能产生对公共空间的认知。人们对地下空间节点的感知，往往不同于城市地面空间节点。作为城市空间组成部分的地下空间，几乎所有的界面都被土壤和岩石介质层围合，具有很强的空间封闭特点，即导向性和可识别性差，人们容易迷失方向。由于无法创造出与地面公共空间相同的环境，对地下空间节点的设计，不仅需要适当扩大其空间（甚至扩大至地面公共空间）而成为室内中庭（广场），同时需要增加其可识别性，引入自然光线和景色，尽量创造与地面相近的停留、交谈和休憩的场所。

（4）出入口

出入口是连接地下空间与地面空间的重要节点，主要功能是满足人流的通行。如果地下空间出入口处理得当，不仅有利于整合地下和地上两种空间资源，有利于节约城市用地，还能够丰富内外部空间的处理，加强地下空间的外部形象，成为城市公共空间的有机组成部分。出入口的设计应符合整体性和特色性的原则，在保持城市原有节点功能的基础上，结合城市广场、城市建筑底层空间、街道两侧、城市公园等空间要素，进行有效整合。

通过对地下空间的出入口作重点处理，或者在交通枢纽处放大空间尺度，能够使地下交通网络获得不同个性的节点，从而增强其可识别性[1]。城市中心区由于功能十分集中，城市中心区三维空间整合要根据区域建筑空间的功能（商业、交通、业务、娱乐等）、城市空间的要素（街道、广场、绿地等），充分分析上下部在功能、空间、效益等方面的特点。以上四种形式是地下空间中重要的节点形式，合理运用城市设计方法对这四种形式的节点与地面空间进行整合，有利于城市建筑群与地下空间的一体化，提高城市空间的利用效率。

5.3　城市中心区上下部空间的整合类型

城市地下空间的开发利用，三维空间的整合，是一项统筹全局、前瞻性和预见性强的工作[2]。要合理实现三维空间的有机、高效整合，必须从城市整体空间的角度，结合紧凑城市的相关理论，通过规划控制和引导城市地下空间的开发时序、开发类型以及开

① 吴亮，陆伟. 城市地下空间的场所性初探[J]. 城市建筑，2011(5):127-128.
② 张安，闫刚，谢瑞欣，等. 控规体系中城市地下空间开发控制初探[J]. 城市规划，2009(2):20-24.

发强度等。现代城市地下空间的发展趋势是网络化、立体化和舒适化,因此要统一对三维空间开发进行规划控制和引导,有利于地上、地下的协调发展,满足城市空间立体综合开发的需要。根据《深圳市城市总体规划(2007～2020年)》,深圳市全市地下空间划分为综合功能区、混合功能区、简单功能区,各功能区的建设功能、建设模式、建设强度和基本要求如表5.3所列,图5.14为深圳地下空间利用规划指引图。

表5.3　深圳市地下空间各功能区开发控制

	综合功能区	混合功能区	简单功能区
建设功能	地下商业、文娱＋地下停车＋交通集散＋公共通道网络＋其他	地下商业、文娱＋地下停车＋交通集散＋其他	地下人防设施、地下停车地下市政设施、地下仓储等
建设模式	政府引导,鼓励市场力量积极介入	市场自由,协议连通	市场自由
建设强度	21～30 万 m²/km²	11～20 万 m²/km²	0～10 万 m²/km²
基本要求	综合开发,与地铁、交通枢纽等地下空间相互连通,形成地下空间网络	根据不同区位进行多种功能混合,鼓励混合功能间的连接	以配建功能为主,参照有关标准建设,不鼓励商业开发

图5.14　深圳地下空间利用规划指引图①

　　城市三维空间的整合,要充分考虑城市用地结构、公共空间、道路交通、步行系统以及地面现状等因素的影响,确定地下空间的开发强度、轨道交通站点、开发功能等,理论

---

① 姚文琪.城市中心区地下空间规划方法探讨——以深圳市宝安中心区为例[J].城市规划学刊,2010(7):36－43.

上可分为城市街道空间整合、城市广场空间整合、城市公园(绿地)空间整合、城市轨道交通枢纽空间整合、城市中央商务区空间整合等。在整合模式上,可以根据土地的权属特征、地下空间功能属性,提出由上自下和由下自上的方式,即政府主导的统一开发、开发商独立开发以及政府和开发商联合开发。整合后的功能大多是以商业和交通功能为主,城市道路地下空间的整合内容还要包含城市市政设施以及物流设施等。

5.3.1　城市街道上下部空间整合

1. 城市街道地下空间的内涵

城市的街道空间包括两个方面的含义:一是指融合了人们的日常生活、商业、社交、游憩等多种功能的空间,街道两侧沿街一般具有比较连续的建筑围合界面,这些建筑与其所在的街区及人行空间成为一个不可分割的整体[①]。二是指提供人或车的交通通行为主的空间,一般功能性相对单一,对空间的围合则要求不大。在这个意义上理解,城市街道空间实质上是包括"街道"和"道路"两类空间实体,地下空间的开发则受到地面"街道"、"道路"空间实体的影响,如图 5.15 所示。

图 5.15　费城东市场街的交通、步行和商业空间整合

(1) "街道"上下部空间整合的方式

交通政策要给步行者和骑自行车出行者以优先权,而且还要促进公共交通的使用者必须降低速度并更加严格的限制噪声和污染,而且要认识到街道还有作为一个社会生活聚集地的功能[②]。"街道"空间环境是由沿街建筑立面、道路路面、街道绿化、卫生和服务设施等要素共同构成的,"街道"上下部空间的整合主要是以整合地面街道空间,开发地下商业、文化娱乐街道空间(本书统称为地下街)为主,合理吸引地面人流进入地下空间,结合地下停车、地下铁路等空间设施,缓解城市地面街道空间的交通压力,改善街道空间环境。城市街道的更新与发展从"以车为本"向"以人为本"、"以生态为本"的方向发展,从"技术主义"街道设计范式向"城市主义"、"新城市主义"街道设计范式转

---

① 陈喆,马水静.关于城市街道活力的思考[J].建筑学报(学术论文专刊),2009(1):121-126.
② 梅尔·希尔曼.支持紧缩城市[G].紧缩城市——一种可持续发展的城市形态.北京:中国建筑工业出版社,2009:38-47.

变,更加趋向人性化、文脉化、多样化和可持续化发展[1]。因此,在城市中心繁华区域结合城市街道的线性形态,可以开发建设地下街,即修建在大城市繁华的商业街下,由许多商店、人行通道和广场等组成的综合性地下建筑[2],图 5.16 为 1990 年代济南市在经四路下部空间开发建设的第一条地下人防商城(商业街)。城市地下街具体可划分为地下商业街、地下娱乐文化街、地下步行街、地下展览街及地下工厂街等,目前建设较多的为地下商业街和文化娱乐街,其他各种类型地下街也正处于发展中。

图 5.16　济南经四路人防商城(赵景伟　摄)

(2)"道路"上下部空间整合的方式

主要是通过整合地下空间中的地铁线路、地下共同沟以及地下快速路、过街人行道等来扩大城市交通容量,提高城市交通运输效率,满足城市市政设施的空间需求为主。当然,在这种空间整合的方式下,也可以将城市地面上的"道路"整合于地下空间中,从而能够实现地面空间的完全步行化和开敞化,实现"人在地上,车在地下"的理想城市空间,如图 5.17 所示。

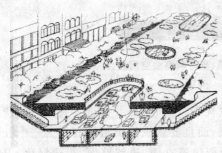

图 5.17　"道路"上下部空间整合

(3)地下街空间体系(地下步行系统)

应当注意,城市街道空间的整合,不仅仅局限于街道下部空间的开发利用,还应将此部分地下空间向街道两侧的地面建筑以及地面广场、公园绿地的下部空间延伸,借助于地下线性空间连结点状地下空间形成片状开发模式,不仅扩大了与城市的界面,提高地下空间的连通性和土地的集约利用,而且地下街也能够形成具有特色的外形与特征,

---

① 钟虹滨,钱海容.国外城市街道改造与更新研究述评[J].现代城市研究,2009(9):58-64.
② 陶龙光,巴肇伦.城市地下工程[M].北京:科学出版社,1996.

并增加在城市地面的存在感[①]，如图 5.18 所示。

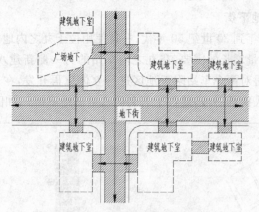

图 5.18 地下街与其他空间的连通

由于线性的地下街属于步行设施，没有机动车的干扰，因此这种线性地下街可以以一个地下综合体或是交通枢纽为核心，继续扩展到其他街道地下空间、停车场、综合体或是交通换乘中心，最终形成城市区域内的地下线性网络，交通目的与商业利益紧密结合在一起。显然，城市街道三维空间整合有利于发展网络形态的地下街空间体系，图 5.19 是加拿大蒙特利尔 1962 年以来至 2003 年发展形成的地下街体系（或称为地下步行系统）。

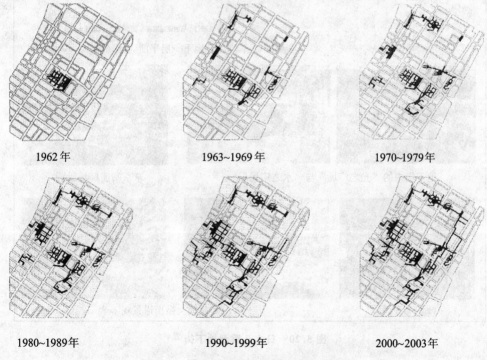

图 5.19 蒙特利尔地下步行系统演变过程

① 吴涛,陈志龙,谢金容.地下公共建筑外形及特征设计模式探讨[J].地下空间与工程学报,2006(7):1191 - 1195.

2. 城市街道上下部空间整合实践

（1）日本八重洲地下街

东京铁路自 1868 年到 20 世纪 50 年代,一直使用位于丸之内地区的车站。1960 年代初,为了满足铁路客运量增长的需要,在丸之内车站的另一侧新建八重洲车站,作为主车站,定名为东京站,同时对两个车站附近地区进行立体化再开发,在八重洲站前广场和通往银座方向的八重洲大街的一段,建设了著名的八重洲地下街[①],如图 5.20 所示。

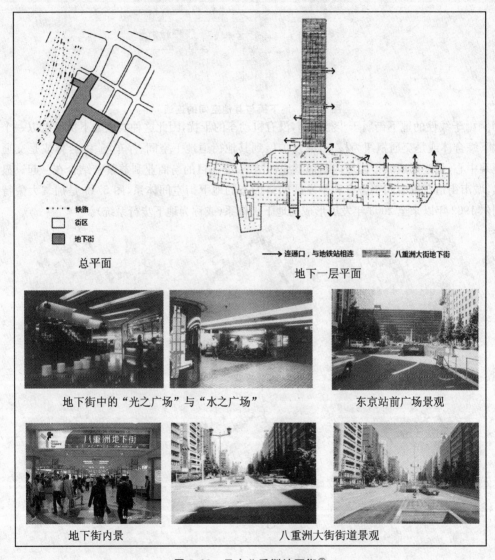

铁路
街区
地下街

总平面

→ 连通口,与地铁站相连　　　 八重洲大街地下街

地下一层平面

地下街中的"光之广场"与"水之广场"　　　东京站前广场景观

地下街内景　　　八重洲大街街道景观

图 5.20　日本八重洲地下街[②]

① 陆元晶,吴强,唐淑慧.规划研究动态[J].江苏城市规划,2008(5):42-45.

② 童林旭.地下建筑图说 100 例[M].北京:中国建筑工业出版社,2007.

八重洲地下街在 1963~1965 年、1966~1969 年分两期建成,为当时日本最大的地下街,地下 3 层,总建筑面积 7.4 万 m²,加上连通的地下室,总建筑面积达到 9.6 万 m²。从广场向前延伸的八重洲大街下约 150 m 长的一段地下街(共有商店 215 家)。八重洲大街地面道路拓宽后两侧为车行道,中间有街心花园,地下停车场的出入口和地下街的进、排气口都组织在花园中,沿街多为 6~9 层的高大建筑物,没有超高层建筑。东京站除新干线、山于线等铁路车站外,还有 8 条地铁线从附近通过,其中有 4 条线在大手町设站,3 条线在日比谷和银座有站,2 条线在日本桥有站。这些地铁车站一般都位于东京站为中心的几十米和几百米半径范围内,均通过地下步行通道与东京站地下部分和八重洲地下街相接。

分布在人行道上的 23 个出入口,可使行人从地下穿越街道和广场进入车站,设在街道中央的地下停车场出入口,使车辆可以方便地进出而不影响其他车辆的正常行驶。地下街内,设有"花之广场"、"石之广场"、"光之广场"、"水之广场"等 4 处休息空间。

八重洲地下街一层由三部分组成:车站建筑的地下室,站前广场下的地下街,二层有两个地下停车场,总容量 570 辆。地下三层有高压变配电室、一些管线和廊道,4 号高速公路也由此穿过,车辆从地下就可进入公路两侧的公用停车场,使地面上的车流量也有所减少,路上停车现象基本消除。

(2) 福州市八一七中路地下街

八一七路是一条以福州解放日命名的街道,是纵贯城区的中轴线,分为八一七北路(鼓楼前至南门兜)、八一七中路(门兜至小桥)、八一七南路(小桥至解放大桥)三段。解放后,八一七中路历经两次改造(1957 年、1999~2006 年),建设了一条八一七中路地下街,并对茶亭街进行了改造,保持了福州古城的历史风貌。

福州市八一七中路地下街位于福州市传统发展轴的中段,总长约 1 000 m,地面道路宽 40 m,北起高桥路,南至工业路和国货路,地下面积 3.6 万 m²,如图 5.21 所示。

八一七中路地下街以及地面城市空间的开发与设计,根本目的是为了更加高效的使用老城区的土地,实现旧城区的复兴。地下街远期开发考虑了与规划地铁站的连接,在地下街的两端预留了连接口,便于将来地下街与地下轨道交通空间的整合衔接。

国内外开发建设地下商业街的主要目的有以下几个方面:分别修建人行通道和车道来把人群和汽车分开;发展地铁;释放地上的街道空间用于扩展道路和开发铁路站前广场;充分利用建筑物的底部;与地上设施和停车场统一开发。八一七中路地下街的建设,通过运用城市设计的城市要素整合方法,利用下沉广场、人行过街设施、商场中庭等作为连接地面传统商业街、地面公园、地下商业街的空间节点,实现了地上地下一体化的设计,促进了相关城市要素的整合和相互渗透,保持了该地区的开放空间的形态。同时,以茶亭湖为核心,结合入口广场、临水古建筑、下沉广场等,形成了沿湖的景观序列,并设置休闲小径、曲桥、广场,沿湖东侧建设了长 80 m 左右的绿化带。下沉广场、商场中庭还能够为八一七中路地下商业街提供水平向的自然光线、空气流动以及丰富的地面环境景观,有效解决了位于地下街中的人们的心理和生理感受。

茶亭河传统商业街效果

下沉广场

茶亭公园下沉休闲庭院

传统商业区

茶亭公园综合体

茶亭公园

茶亭河

工业路商业居住综合体

图 5.21　福州市八一七中路空间整合①

5.3.2　城市广场上下部空间整合

1. 城市广场空间的内涵

　　城市广场是城市的公共空间,是城市居民进行各种社会活动的中心。广场设计作为城市设计的一部分,已经越来越受到人们的重视,它是人们室外休闲、交流、娱乐而必不可少的场所。在城市设计中,"城市广场是为了满足多种城市社会生活需要而建设的,以建筑、道路、山水、地形等围合,由多种软、硬质景观构成的,采用步行交通手段,具

①　卢济威,陈勇.地上地下空间一体化的旧城复兴——福州市八一七中路购物商业街城市设计[J].城市规划学刊,2008(4):10.

有一定的主题思想和规模的节点(Nodes)型城市开放空间"①。

现代场所理论认为,场所是由具体的实在物质、形状、肌理、色彩构成的,这些元素共同构成环境的特色(C·诺伯格·舒尔茨,1976 年)。场所是"人与人交流的地方,一个供人分享、同欢、看和被看的所在,是寄托希望并以其为归属的地方。离开了人的活动、人的故事和精神,公共场所空间便失去了意义"(俞孔坚),"不仅使我们能够感受到城市的一致性,而且更能够使我们所生活的区域具有特殊的意味"(阿德诺·伯林特)。因此,城市广场空间离不开城市居民的各种纪念活动、文化活动以及民俗活动,也离不开各种商业、展览、贸易等场所功能。同时,城市广场又具有城市交通集散的作用,是不同的交通方式与交通工具在此汇聚和疏散的场所。

作为城市的公共空间,适宜的广场空间尺度与围合感有助于人们对空间的感知,促进人与人之间的相互交流。广场的围合可以通过建筑围合、地形围合、绿化围合、道路围合、小品围合等形式进行处理,围合的最终目的是使人们产生倾向与归属感,进而对广场空间进行限定。芦原义信提出:建筑高度 H 与相邻建筑间距 D 的比值等于 1 时,两者之间有某种均衡存在;当 $D/H>1$ 时,有远离感;当 $D/H>4$ 时,建筑物相互间的影响已经相当微弱,巨大的尺度感会让广场中的人感到孤立无援,因此 $D/H=1\sim2$ 时,广场空间的尺度舒适均衡。但是,建筑高度 H 与相邻建筑间距 D 的比值并不能够唯一确定广场空间的舒适尺度。另外一个影响因素是人的视野范围,一般来说,良好的广场空间尺度感所产生的视野范围在 100 m 以内。这样,人在广场上可以将该范围内的一切建筑景观与其他人的活动组织到视野中去,形成流动的空间氛围。

19 世纪以前的城市广场,基本上都属于平面型的。进入 20 世纪后,随着城市化进程的加速,城市空间的矛盾越发突出,城市广场由平面型向立体型转变逐渐体现出来。20 世纪后期,在紧凑城市理论的指导下,城市广场除了发挥其作为城市公共空间的基本功能外,逐渐渗入了购物、交通等多项城市功能,城市广场作为城市公共空间整合城市环境的功能日益体现。广场地下空间具有体量大、地下管线障碍物少的特点,适合开发一些单体规模比较大的地下设施②。立体型的城市广场的发展与拥挤的城市交通紧密联系,它不仅可以有效解决广场节点的交通集散,而且能够创造良好的地下购物环境、安静舒适的地面环境和丰富活泼的城市景观。

2. 城市广场上下部空间整合实践

构成城市广场整合的要素主要由广场围合建筑、地面环境、商业设施、道路交通设施等。为满足地上地下一体化设计的要求,在整合中应该选择有效、适宜的手段与措施,并尽可能结合地下通道和下沉广场等连接各功能空间,如图 5.22 所示。

(1) 济南泉城广场

济南泉城广场东西约 780 m,南北宽约 230 m,面积 16.96 万 m²,自 1998 年 7 月开工建设,1999 年国庆前夕竣工。泉城广场以贯通趵突泉、解放阁的边线为主轴,以榜棚

---

①　王珂,夏健,杨新海.城市广场设计[M].南京:东南大学出版社,1999:2.
②　李春,束昱.城市地下空间竖向规划的理论与方法研究[J].现代隧道技术,2006(z):28-32.

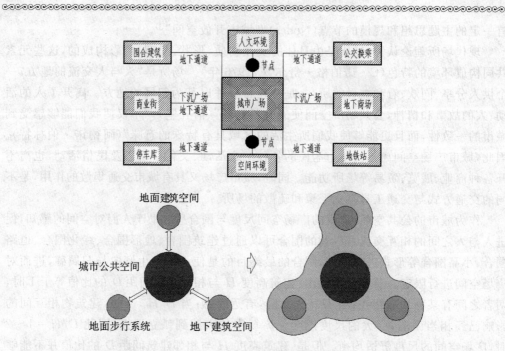

图 5.22 城市公共空间的有机整合

街和湖山路的延续为副轴而构成框架,广场上各功能分区围绕轴线由西向东依次展开,设置了趵突泉广场、济南名士林、泉标广场、下沉广场、滨河广场、荷花音乐喷泉、文化长廊等序列节点,其设计构思很好的突出了"山、泉、湖、城、河"的泉城特色,如图 5.23 和图 5.24 所示。

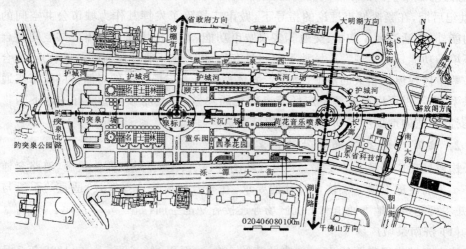

图 5.23 济南泉城广场总平面图

广场的北部是以芙蓉街为代表的古建筑民居老城区,南部是泺源大街为代表的金融区,西部紧靠趵突泉公园,东部紧邻记载着济南沧桑和获得新生的解放阁。广场地上硬铺装面积 7 万 m^2,绿地面积约 10 万 m^2,所在的地区交通便利,商业繁荣,在城市的

泉城广场东部地面景观　　　　　　　泉城广场南部地面景观

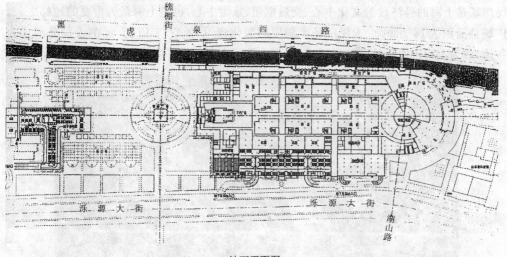

地下平面图

图 5.24　泉城广场地下平面以及地面景观

历史文化、旅游、商业等方面均占有重要的地位。泉城广场地下空间共有两个组成部分,一是广场西部的地下停车库,面积 7 000 m^2,二是广场东部的地下空间主体——银座商城与地下停车库,面积 4 万 m^2。

　　泉城广场无论是在人文以及绿化环境的营造方面,还是在广场功能的发挥、地下空间的利用城市形象的改善等方面,都可认为是 21 世纪初期国内比较成功的规划设计典范。但是,随着城市化的快速发展,泉城广场空间也显现出一些需要继续整合完善的地方,归纳起来有三点:

　　第一,广场地下空间与周边区域的建筑物(地下空间)没有实行立体化发展模式,特别是其东部的山东省科技馆与广场之间没有连接口。

　　第二,广场西部、南部、东部的趵突泉北路、泺源大街、南门大街是交通干道,道路上通行的车辆较多,在广场上活动的人群离开广场仍需要横穿地面道路,从而引发交通拥挤,甚至出现交通事故,因此需要增加地下人行过街道。

　　第三,广场东部地下停车库出入口位置设置不合理,停车高峰极易在地面道路上引起拥堵,同时也干扰了市民正常的步行交通。

　　上述三个问题的出现,反映了我国城市广场空间拓展在早期主要是考虑单一的广场地下空间,这与我国当时规划设计思想的影响是分不开的,紧凑城市理论毕竟在 21世纪初期才引入我国,这些问题,恰好说明当前城市中心区公共空间地上地下一体化整合的趋势及必要性[①]。

　　(2) 上海人民广场

　　上海人民广场位于上海黄浦区,成形于上海开埠以后,在旧中国是一座赌博性的跑马场,称为上海"跑马厅"。建国后,逐步将之改建成人民公园、人民广场、人民大道等。1980年代后期,随着改革开放和上海城市发展的需要,开始进行广场的再开发规划。现今,人民广场是上海的经济政治文化中心、交通枢纽、旅游中心,也是上海最为重要的地标之一,广场总面积达 14 万 m²。人民广场大规模的绿化建设,使它与 12 万 m² 的人民公园连为一体,成为上海市中心的两叶"绿肺",大大改善了市中心的环境,如图 5.25 所示。

图 5.25　上海人民广场与人民公园

　　上海地铁 1 号线、2 号线、8 号线车站人民广场站均设在人民公园,地铁车站通过与西藏中路相平行的地下通道,与人民广场地下商业街连接起来,市民乘坐地铁可不必穿行人民大道,直接在地下即可到达。

　　人民广场地面部分的北面由西向东依次为上海大剧院、上海市政府大厦和上海市规划展馆,其正南面是上海市博物馆,上海市政府大厦、中心广场和上海市博物馆形成人民广场的主要轴线。人民广场绿化总面积 8 万 m²,绿化的布局以中心广场喷水池为圆心,逐渐向外展开,如图 5.26 所示。

　　人民广场的地下部分,充分考虑了广场立体化发展的需要,解决了与地上发展相协调的问题。地下空间中除设置了地铁车站、地下商业街(商场)、地下停车库,还因市中心供电的需要,在广场的东南侧,布置了一座大型地下变电站。人民广场地下变电站是举世瞩目的大型变电站之一,也是我国第一座超高压、大容量(最终容量为 72 万千伏

　　① 马奎升,赵景伟,宋敏,付厚利. 城市广场空间整合利用中的开敞与集聚[J]. 地下空间与工程学报,2011,07(z2):1557-1562.

安)城市型地下变电站,变电站底深 18.6 m,内径 58 m,建筑面积为 9 400 m²,主要设备均安装于此处,地面仅设 300 m² 的中央控制室,图 5.27 为人民广场鸟瞰。

上海博物馆观众活动中心　　　　香港名店街下沉广场入口　　　　上海 1930 地下风情街

上海迪美购物中心下沉广场

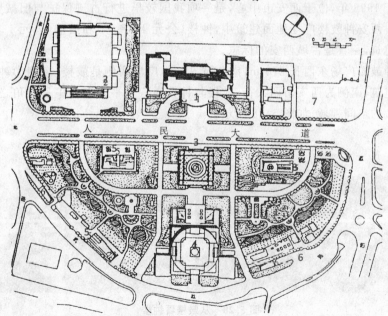

1—市政府大厦;2—大剧院;3—中心广场喷水池;4—博物馆;5—下沉广场(上海迪美购物中心);
6—地下停车库入口;7—规划展馆(现已建成);8—下沉广场(香港名店街)

图 5.26 上海市人民广场空间整合①

① 童林旭,地下空间与城市现代化发展,中国建筑工业出版社,2005.

图 5.27　上海人民广场鸟瞰

(3) 西安钟鼓楼广场

　　城市发展是一个循序渐进的过程,大部分城市空间的拓展都要在原有的文化脉络中进行,因此,新拓展的空间不可避免地与原有城市空间设施发生重叠与冲突。从这一角度上看,城市地下空间在旧城保护与更新中往往能够发挥较好的作用。西安钟鼓楼广场建成于 1998 年,位于西安市中心,是一项我国较早进行古迹保护与旧城更新的综合性工程。西安钟鼓楼广场地面建筑中,钟楼(公元 1348 年)和鼓楼(公元 1380 年)两座大型古建筑,一直是古城西安的标志。

　　西安钟鼓楼广场东西长 270 m,南北宽 95 m,广场西侧是鼓楼,东侧为钟楼,北侧紧邻商业建筑,南侧为西安市西大街,鼓楼与钟楼在广场平面布局中呈对角之势,绿化广场是最大的空间领域,如图 5.28 所示。

图 5.28　从鼓楼看钟楼

　　西安钟鼓楼广场在空间处理上吸取了中国传统空间组景经验,与现代城市外部空间的理论相结合。与济南泉城广场不同的是,它除了具有地下空间资源有效利用、保护文物古迹、旧城改造、繁华商贸旅游、改善生态环境的作用以外,还具有较好的缓解城市交通矛盾的作用①。城市步行系统由城市地上、地面和地下空间中与步行方式、活动相关的各种物质形态构成要素之间相互作用、相互联系的总和②。通过设置在广场东部（地下商场东侧）下沉广场连接了西大街和北大街的多条过街地道，解决了广场被城市道路隔离的问题。同时，下沉广场还具有相当大的开放性，面向钟楼一侧设置了通长的大台阶，形成了一个低于周围城市道路的良好活动空间，如图 5.29 所示。

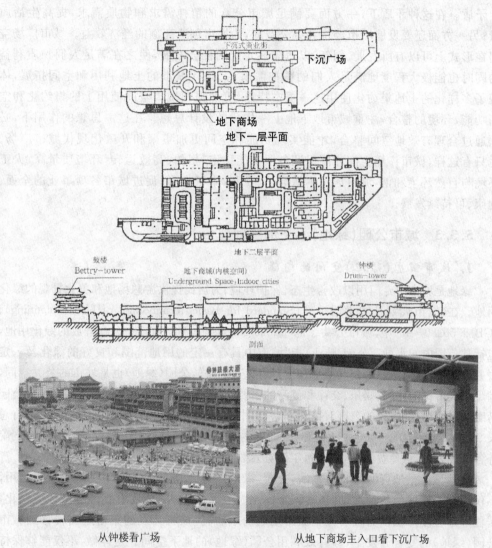

图 5.29　西安钟鼓楼广场

由于钟鼓楼地区为城市的商业中心，因此面临商业空间拓展的需要。考虑到地面

① 马奎升,赵景伟,宋敏,付厚利. 城市广场空间整合利用中的开敞与集聚[J]. 地下空间与工程学报,2011, 07(z2):1557-1562.
② 陈志龙,诸民. 城市地下步行系统平面布局模式探讨[J]. 地下空间与工程学报,2007,3(3):393-396.

空间拓展的困难与古建筑保护的要求,将大量商业空间下移,在广场西部设置了地下二层商场,总建筑面积3.1万 m²,主入口在下城市广场的西侧,此外还在下沉式商业街以及绿化广场设置多处出入口。

　　城市土地的高度集约化利用,促使城市中心区的土地价值高涨,已经达到了寸土寸金的程度。城市广场空间又具有开敞性的本质特点,势必与中心区的土地高效利用发生矛盾。在这种矛盾下,一方面要满足城市公众的精神需求和物质需求,提高生活质量;另一方面还要发展城市经济和办公空间,为城市创造高额的经济效益。城市广场空间在形式上可以有所发展、创新,以适应多元化的社会发展,使之在满足人们物质利益的同时也能极大程度地满足人们的精神需求[①]。现代城市的土地利用和空间拓展,体现了多样化的土地集约化使用这一根本特点,更加强调城市空间使用上的集约化和空间功能、环境的整合,注重城市地下地上一体化的设计思想。在这一思想的作用下,必须通过合理有效地空间整合,才能实现功能和空间更加集聚和开敞化现代城市广场。也只有这样,城市广场空间才能保证各项功能稳定、集约、高效运转,环境质量高,人工环境与自然环境和谐,城市居民生活舒适、便利、丰富多彩,促进城市各项事业的全面、健康、可持续发展。

5.3.3　城市公园(绿地)上下部空间整合

1. 城市公园(绿地)空间的内涵

　　绿地是城市中专门用以改善生态、保护环境、为居民提供游憩场地和美化景观的绿化用地。在《城市规划基本术语标准(Standard for Basic Terminology of Urban planning)》(GB/T 50280 - 98)中,城市公共绿地(public green space)指"城市中公众开放的绿化用地,包括其范围内的水域",公园(park)指"城市中具有一定的用地范围和良好的绿化及一定服务设施,供群众游憩的公共绿地"。与城市广场一样,公园(绿地)也是城市的公共空间,满足广大市民的休闲、娱乐、交往和健身的需要,美化城市环境。图5.30是纽约中央公园鸟瞰,它是世界上最大的公园,位于曼哈顿的中央,面积为340万 m²,占150个街区,有总长93 km的步行道,9 000张长椅和6 000棵树木,园内设有动物园、运动场、美术馆、剧院等各种设施,实行免费游览,公园每年游览人数达到2 500多万。

　　随着城市土地资源的日益紧缺,公园(绿地)用地经常被城市的其他建设项目占用,不仅影响了市民的各种活动,还使城市面临"少肺"的危害,导致中心区自然环境恶化,居住舒适程度降低。为缓解大中城市用地的矛盾,应该将开发的策略适当转移到城市公园(绿地)的复合开发上,即有效利用公园(绿地)的地下空间。这样做,不仅能够保持良好的城市绿化形态,还能够有利于增加城市功能,满足城市各项建设活动的需要,解决城市设施不足的矛盾。

　　但是,城市公园(绿地)地下空间的开发会受到开发成本的压力,而导致地下空间开发后的低效利用。因此,城市公园(绿地)地下空间的利用方式是研究的一个重要组成

---

①　张慧.构筑多元化城市公共空间[J].安徽建筑,2005 (1):9 - 10.

图 5.30　纽约中央公园鸟瞰

部分。研究的主要目的是要实现绿化效益和地下空间效益的综合效益最大化,要考虑市民的游憩与停车、娱乐、购物需求相结合,城市的绿化与市政、防灾、交通需求相结合。利用开挖地下空间的弃土,进行堆土造山,对地面空间进行曲线、立体绿化,非常有易于地面生态环境的营造,促进城市绿地系统建设。实践证明,这是在坚持城市土地集约利用理念下,一种行之有效的解决城市绿地建设与实现土地高价值利用之间矛盾的方法[①]。

　　城市公园(绿地)地下空间的利用,要防止出现开发后所造成的地面生态环境问题,例如地下空间顶部覆土厚度过浅(小于 1.2 m),会影响到树木(乔木)的自然生长,大面积的地下空间开发也不利于雨水的下渗,造成雨水的流失,影响地下水的补给,必须留有一定面积的为开发绿地。图 5.31 为城市公园(绿地)上下部空间整合的方法及要求。

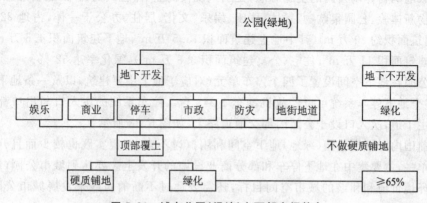

图 5.31　城市公园(绿地)上下部空间整合

①　钱才云,周扬.空间链接——复合型的城市公共空间与城市交通[M].北京:中国建筑工业出版社,2010.

2. 城市公园（绿地）上下部空间整合实践

张家港购物休闲公园位于张家港城西新区的中心地带,地处沙洲西路、国泰路的交界处,距离市中心 2 km,东起国泰路,南至沙洲西路,西抵百桥路,北以梁丰路为界,是由张家港市政府投资兴建的大型综合商业中心。张家港购物休闲公园通过将景观与商业巧妙地相结合,使之空间开敞,环境优美,创新了传统意义上的城市公园概念,如图 5.32 所示。

图 5.32　张家港购物休闲公园鸟瞰

张家港购物休闲公园的主题思想,是引入现代商业"体验式购物"的运营理念,创导全新购物新体验,公园集购物、餐饮、休闲、娱乐、文化、居住、办公于一体,占地 22.5 公顷,总建筑面积约 20 万 m²(其中地上建筑面积 15.5 万 m²,地下建筑面积 4.5 万 m²,商业部分建筑面积 11 万 m²,住宅、公寓建筑面积 3.8 万 m²),绿化率达 62 %。

该公园在地下空间设置了四个停车单元(对应于地上主要建筑)以及一条地下车行通道,整个地下停车系统可以停放机动车 1 248 台。停车系统的主入口与出口都开向于城市主干道,次入口设于公园内部交通道路上,如图 5.33 所示。

目前国内对城市公园(绿地)地下空间利用探讨不多,工程实践也较少而且开发功能相对单一,主要集中在地下停车和部分商业设施的开发上。要达到城市公园(绿地)的生态环境价值和和谐的城市空间目标,还需要通过不断的实践来发展城市公园(绿地)上下部空间整合的方法和理论。

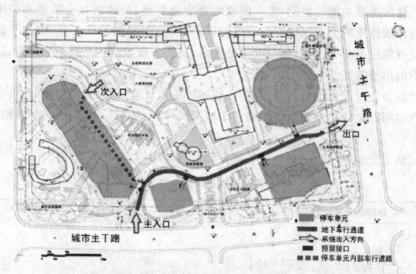

图 5.33　张家港购物休闲公园地下停车系统①

5.3.4　城市轨道交通枢纽空间整合

1.城市轨道交通枢纽空间的内涵

世界各国经验表明,城市轨道交通有助于解决复杂的城市交通问题。轨道交通的建设,不仅使城市的空间结构形态得以改变,还极大的拓展了城市地下空间资源开发利用的新领域,改变了市民的出行及行为方式②。特别是在城市中心区的轨道交通枢纽空间,通常是城市中人流量最为集中、建筑物数量最为密集的区域,因此,需要结合轨道交通沿线及车站的布置、地面建筑、地下建筑、地面广场等进行总体空间的整合开发。

城市轨道交通枢纽空间应具有两个方面的形态特征:

(1)空间的高密度和一体化

由于城市轨道交通建设与城市空间资源的必然联系,轨道交通沿线及车站更有利于实现城市土地功能的重组和人口的集散,所以很容易在轨道交通车站区域提升土地的价值,引发高密度的城市建设,成为紧凑城市的典型区域。这种高密度的城市建设,满足了越来越多的人口、商业、办公等在此汇聚的需要,使地下、地面、地上空间通过地下通道(地下街)、地下广场和地上空中走廊有机联系在一起,促进了地下、地上一体化空间体系的形成。

(2)空间的多功能和相互渗透

现代紧凑城市理论要求实现城市区域的多功能性,以吸引更多城市人口的汇集。城市轨道交通借助于其优越的可达性,通过在站点空间设置商业、居住、办公、停车、换

---

① 张平,杨红禹,陈志龙,等.地下停车场系统内部通道流线设计探讨——以张家港购物休闲公园地下停车场系统为例[J].规划师,2008(10):34-37.

② 束昱,赫磊,路姗,等.城市轨道交通综合体地下空间规划理论研究[J].时代建筑,2009(5):22-26.

乘、服务、休闲等多功能的空间,实现城市轨道交通长远、持续的社会效益和经济效益。作为交通流线性质的交通枢纽空间,在与其他不同功能空间的联系上,应相互渗透,既要达到交通流线的有序组织,方便人流的进出,又要实现与其他空间的合理衔接、过渡,满足人们的出行需要。

　　通过城市轨道交通枢纽空间的整合,能够进一步优化地下、地上空间,创造良好、宜人的地面空间。空间整合的目标最终是形成交通枢纽综合体,立体化的空间组织和流线系统。

　　城市轨道交通枢纽空间的整合类型及其特点,本书总结于表5.4。

表 5.4　轨道交通枢纽的整合类型及其特点

平面布局形态、主要特点	代表实例
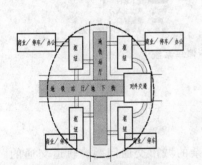 整合类型:交通车站型 位于城市核心区边缘或城市重要交通节点, 以实现换乘为主,同时兼顾周边商业繁荣	 深圳福田地下综合交通枢纽
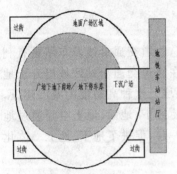 整合类型:城市广场型 位于城市核心区内,地面以开放形态为主, 同时兼顾停车、商业	 大连地铁中山广场车站

平面布局形态、主要特点	代表实例
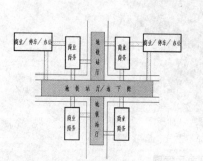 整合类型:商业、商务中心型 位于城市核心区内,以大型商业、商务、办公、会展等为主,同时兼顾停车、居住	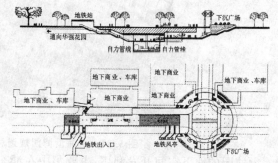 深圳地铁天虹站地下层平面与剖面①
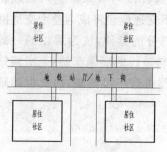 整合类型:居住区型 位于城市大型居住社区内,以满足大量通勤交通为主,同时兼顾 P+R 停车	 居住区轨道交通枢纽

2. 城市轨道交通枢纽空间整合实践

2010 年上海世博会的主题是"城市 让生活更美好",提出了三大和谐的中心理念,即"人与人的和谐,人与自然的和谐,历史与未来的和谐"。世博园在布局上考虑了"一主多辅"的总体空间格局,主要区域的核心展馆以及世博轴永久保留,后续利用;辅助片区的众多展馆在世博会结束后拆除,用地重新开发建设。园区规划面积 5.4 km²,分别位于黄浦江两岸,其中浦东部分为 3.93 km²,浦西部分为 1.35 km²,如图 5.34 所示。

在世博史上第一次将"城市"作为主题的上海世博会,把地下空间纳入世博园的统一规划,通过对世博园地下空间的开发利用,实现园区地上和地下空间的有效整合,满足停车、市政、公共活动、轨道交通的需要,最大化的实现生态型园林化世博园,体现"城市 让生活更美好"的主题。

---

① 卢济威,刘捷.整合与活力—深圳地铁天虹站城市设计,时代建筑,2000(4).

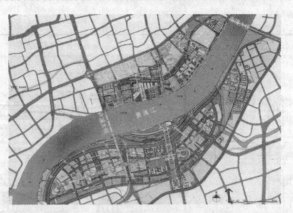

图 5.34   上海世博园规划总平面示意图

　　世博园的地下空间开发利用,主要集中在浦东片区永久保留的核心建筑(中国馆、会议中心、演艺中心、新闻中心)以及世博轴地下空间,建设轨道交通枢纽、世博地下综合体(世博轴地下空间)和市政基础设施,世博园区地下空间开发及轨道交通平面布局如图 5.35 所示。四条地铁线路联系世博会园区内、外交通(M5 号线未开通),在以轨道交通为核心,公共交通为主体的世博会交通网络中,地下交通枢纽将成为整个交通网络的锚固点,园区内大型展览馆将轨道交通作为其地下部分的延伸,成为展馆的一部分。地铁 M8 号线与 M7 号线相较于上南路站,成为两条轨道线的换乘车站,上南路站与 M8 号线设在园内的车站周家渡站之间的区间地铁线路重合于世博轴,因此世博轴的南端成为重要的轨道交通枢纽。

图 5.35   世博园区地下空间开发及轨道交通平面布局

　　作为世博园最重要的主体建筑,2010 年上海世博会园区的中央交通景观轴线,世博轴(世博轴及地下综合体工程)是五大永久建筑之一。它是一个集商业、餐饮、娱乐、会展等服务于一体的大型商业、交通综合体,不仅是连接园区内中国馆、浦东主题馆群、世博中心、演艺中心 4 大场馆(一轴四馆)及周边轨道交通线的主要通道,同时也是世博会的主出入口。世博轴总占地面积约 13 万 m²,总建筑面积约 25 万 m²,其中地下空间建筑面积约 18 万 m^2，地上建筑面积约 7 万 m^2，南北长 1 045 m，东西宽地下 99.5～110.5 m，地上 80 m，如图 5.36 所示。此外，从世博轴的入口及中部沿纵向设置了 6 个巨型圆锥状阳光谷。阳光谷采用钢结构形式，其功能是让自然光透过阳光谷倾泻入地下，既可满足部分地下空间的采光，又能体现环保和节约的理念。世博轴在世博会后已经发展成为集商业服务、餐饮、娱乐、交通换乘、会展服务等多功能、特大型的交通商业综合体。世博轴项目通过对地上、地下空间的大规模创新利用，精彩的实现了该地区内交通、景观和商业空间的协调与融合，以及世博会功能和后续利用的过渡，地下空间规划建设采用领先的生态建筑理念，创造了高品质的地下空间环境。

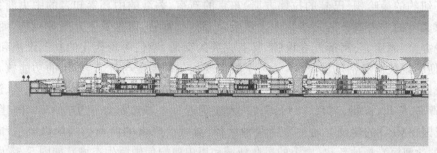

图 5.36　世博轴剖面

在 1 000 m 之多的地下空间内，为消除人们的枯燥乏味的心理感受，在世博轴地下综合体纵向上每间隔 200 m 左右的距离设置不同主题的节点广场，形成整体主题连贯、区域主题鲜明的具有主从与重点的空间序列，如图 5.37 所示。

图 5.37　世博轴鸟瞰及各节点景观

5.3.5　城市中央商务区(CBD)空间整合

1. 城市中央商务区(CBD)空间的内涵

中央商务区(Central Business District,CBD)最初起源于 20 世纪 20 年代的美国,是指城市中商业和商务活动集中的主要地区。1950~1960 年代,发达国家城市中心区的制造业外迁,同时商务办公活动却不断向城市中心区聚集,要求一些大城市在旧有的商业中心的基础上重新规划和建设具有一定规模的现代商务中心区,在这样的背景下造就了纽约的曼哈顿、巴黎的拉德方斯、东京的新宿、香港的中环等知名的中央商务区。现代意义上的中央商务区是指集中大量金融、商业、贸易、信息及中介服务机构,拥有大量商务办公、酒店、公寓等配套设施,具备完善的交通、通信等现代化的基础设施和良好环境,便于现代商务活动的场所,是一个城市现代化的象征与标志,城市的功能核心。

我国对 CBD 的规划建设最早始于 1990 年代,到 2010 年,北京、上海、哈尔滨、沈阳、武汉、青岛、广州、杭州、南京、郑州、深圳、大连等近百个城市都加快实施 CBD 的建设规划。我国在 CBD 的建设上通常采用两种途径:对城市原来的商业街区加以改造和扩建(沈阳的沈河区)、择地新建(唐山的凤凰新城和唐山曹妃甸国际生态城),如图 5.38 所示。

通过总结国内外众多中央商务区的成功建设经验与教训,并借助于紧凑城市的理论分析,本书认为中央商务区的规划建设应考虑以下几个方面。

(1) 高度的功能复合性

中央商务区不仅仅是进行各种商务活动的区域,而且还要成为娱乐、购物、健身并拥有浓厚文化氛围的人性化的场所,具有区域内最高的中心性(Centrality)和服务集中性(Service Intensity),如图 5.39 所示。它所提供的服务,能够涵盖经济、管理、行政、文化和娱乐等多个方面,体现了区域的商业中心、综合文化和经济中心等高度的功能复合性。因此,中央商务区的规划建设,要考虑商务区、混合功能区、居住区在各个区域内综合布置,综合运用土地资源,提高空间的紧凑程度,保持用地平衡。

(2) 高度的交通可达性和拥挤程度

可达性(Accessibility)是指到达一个地区或一个城市的难易程度,中央商务区由于具备城市和区域中最发达的内、外交通联系,区域内、外的交通可达性是最高的,因此可以得到良好的地面景观,如图 5.40 所示。

由于中央商务区容纳了非常密集的建筑、人流、车流,也极易造成拥挤(并非拥堵)。但是,紧凑的街道和建筑关系有助于产生最大限度的便利性,也有助于"人与人"面对面的交往和交流,这是城市集聚效益中最重要的方面之一①。

(3) 高度的生态化和人性化

生态城市是城市发展的主要目标之一。作为城市的核心区,中央商务区可以通过科学、有效的规划优先实现现代商务和自然生态良好融合的区域环境,为人们创造充足的绿色环境,例如深圳福田中央商务区,如图 5.41 所示。同时,区内还应注重人性空间

---

① 丁成日.高度集聚的中央商务区—国际经验及中国城市商务区的评价[J].规划师,2009(9):92-96.

（a）沈阳中央商务区核心区—沈阳金融商贸开发区　　　　　（b）唐山曹妃甸国际生态城

（c）唐山曹妃甸国际生态城发展构想（清华大学城市规划研究院，唐山市人民政府）

图 5.38　CBD 建设的两种途径

图 5.39　上海浦东 CBD(赵景伟　摄)

图 5.40　高度的交通可达性有助于得到良好的地面景观

的塑造,突出以人为本的主题,关注公共活动空间的规划,增加人性化设计的成分。

图 5.41　深圳福田中央商务区鸟瞰

(4) 高度的地下地上一体化

　　高度的功能复合性、交通可达性和拥挤程度、生态化和人性化,要求中央商务区的规划建设尤其注重地下空间的开发与利用,完善地下地上的一体化设计,是实现紧凑城市理想目标的重要手段与保障。地下地上的一体化设计,重要的环节是做好区内的交通系统建设,依托于便捷的轨道交通,不仅可以在地下与其他交通工具和商务办公建筑空间连接,而且能够最大程度的把人行通道和各种商业、文化娱乐等设施设置在地下,并相互连通。国内外的发展经验已经表明,中央商务区通过地下地上一体化设计有助于实现公共空间与步行系统的最有效的联通,吸引大多数的人们进入地下,减轻地面交通的压力,释放地面上的空间用于生态化建设。

2. 城市中央商务区(CBD)上下部空间整合实践

　　青岛中央商务区(在建)是市北区于 2005 年获批动工建设的一片集"一心、三轴、一带、两区"于一体的综合性商务中心,位于青岛市区中部,用地面积为 2.46 km²,规划人口 5.4 万人,建筑面积约 500 万 m²,如图 5.42 所示。中央商务区功能定位为青岛中心区在功能上的补充和完善、空间上的拓展与延伸,建设商业、金融、中介服务、科技信息等现代服务业的高端产业聚集区和核心区。

　　　　区位分析图　　　　　　　　　　　　　　　商务区标志

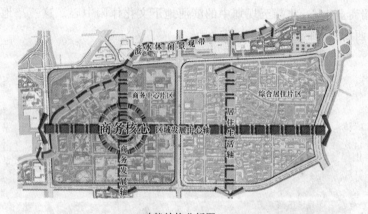

功能结构分析图

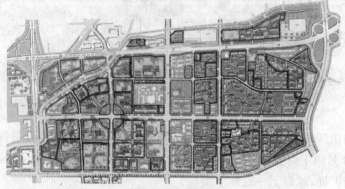

开发时序分析图

图 5.42　青岛中央商务区分析图

　　青岛中央商务区的地下空间开发,与地面规划布局、建设对应实施,规划中的 M3、M4、M5 共三条地铁线将通过青岛中央商务区,设有四个地铁站,其中两处为枢纽换乘站。通过与地下高端商务核心相连、贯通的三条地下街和地铁站点,形成了商务区内功能互补、上下部空间三维一体的“一心、三线、多点、一网络”地下空间格局,地下空间将

分为地下步行系统、地下停车系统、地下商业以及地下市政设施等,开发总量预计 128
万 m^2。从中央商务区的长远发展出发,应该实行分步开发地下空间,通过纵横交错、四
通八达的地下交通、地下商业以及地下市政设施系统将中央商务区连成一个有机的整
体,达到集约利用土地,建设紧凑型城市的目的。青岛中央商务区地下空间布局分析如
图 5.43 所示。

"一心、三线、多点、一网络"地下空间格局中:

"一心"是指位于敦化路与连云港路交汇处的地下高端商业中心。

"三线"是指与地下高端商务中心连接的三条地下商业街区,分别是:1 号地下商业
街为东西走向,沿敦化路,东起南京路,西至滨河绿化景观带;2 号地下商业街与 1 号地
下商业街平行,位于敦化路、延吉路之间,东起南京路,西至规划中的延吉路地铁站;
3 号地下商业街,沿东南至西北走向,南端与 2 号地下商业街相接,贯穿 1 号地下商业
街、地下高端商业中心,北端至规划中的滨河地下文化休闲中心。这三条地下商业街均
在南京路以西的商务区内。

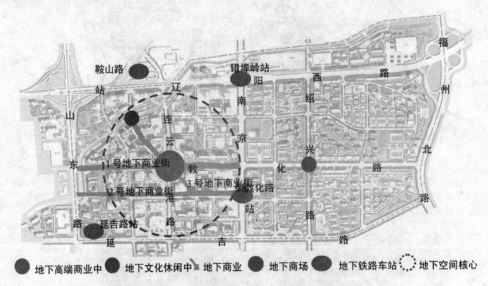

图 5.43　青岛中央商务区地下空间布局分析

"多点"是指区域内地铁站点将成为地下空间交通、商业的重要发展源;在滨河绿化
景观带中段,3 号地下商业街北端规划了一处地下文化休闲中心;综合居住区内,敦化
路与绍兴路交汇处,规划了一处地下商场。

"一网络"是指在商务区内建设汇集电力电缆、电信电缆、广播电视电缆、供水管线
等设施的地下综合管廊网络。

在青岛中央商务区中,地下高端商业中心及其地面的商务核心区将是人流最为集
中的区域。通过规划 1、2、3 地下步行商业街,将高端商业中心与主要节点:南京路、
延吉路地铁站、滨河地下文化休闲中心连在一起。通过地下步行商业街的建设,行人可
便捷地自延吉路地铁站穿越 2 号、3 号地下商业街到达商业核心区,也可自商务核心区

穿越 1 号地下步行街到达敦化路地铁站。此外,在沿敦化路、连云港路和南京路的主要道路交叉点处规划地下人行过街通道,实现地块内及地块之间的地下互通,并结合开敞的中庭、宽阔的下沉广场、地下商业,以保证人行交通的安全和舒适,如图 5.44 所示。通过规划配建地下停车场 94.7 万 m²,能够保证 70％的车辆停放到地下,缓解区域停车场地的紧缺状况,改善了区内地面空间环境,如图 5.45 所示。

图 5.44　舒适的地下步行环境

图 5.45　青岛中央商务区地面空间环境

5.4　小　结

城市空间具有多重属性,其中包括物质属性、社会属性和生态属性。城市三维空间整合的主要目的是要更有效地发挥城市空间的属性功能,实现地面公共空间的开敞程度和功能设施的完善,满足城市公众在物质、社会、生态方面的需求,例如居住、出行、交往、工作、学习、休闲、审美、情感、安全等,创造良好的城市空间秩序。

城市三维空间整合必须遵循以下四项原则:

区域功能协调原则,城市不同区域地下空间的功能应与地面空间的功能相协调,并起到对地面空间功能进行优化的作用。

区域环境协调原则：地下空间对城市地面生态系统的建立影响显著，它与地面道路、广场、公园(绿地)之间的整合应考虑环境的协调。

立体化、人性化协调原则，城市的主体是人，城市活动是指人的活动，立体化的开发必然会引起不同空间的环境差异和联系，应在立体化开发的同时更加关注人们在使用上的需求，如物理环境、生理安全和心理安全等。

经济、环境、社会效益协调原则，综合衡量三维空间整合的各项效益，尽量取得最佳的综合效益。

城市三维空间的整合，必须从城市整体空间的角度，结合紧凑城市的相关理论，考虑城市用地结构、公共空间、道路和交通、步行系统等因素的影响，确定三维空间整合的内容、强度及功能要求等关键环节。本章结合城市街道空间、城市广场空间、城市公园(绿地)空间、城市轨道交通枢纽空间、城市中央商务区(CBD)空间的整合研究，提出三维空间整合的要素可分为：整合实体要素，整合空间要素，整合区域。三个要素之间有机联系，三维空间整合即可看作是实体要素整合—空间要素整合—区域整合的循序渐进过程。

城市三维空间整合还要考虑：依托高效、完善的城市轨道交通系统；构建连续、流动的地下步行系统；设置丰富、个性化的地下空间节点。这些都是对城市三维空间整合进行实效性评价的研究基础和框架内容。

第6章 城市三维空间整合实效性的分析与评价

城市地下空间的利用是现代城市发展中的重要空间策略,它被认为是能够解决世界上所有大城市空间拓展(土地紧缺)以及复杂城市问题(环境污染、交通拥塞、能源浪费、防灾安全)的战略性方向。

本书通过第3章至第5章的研究,明确了现代城市空间发展的理论基础——紧凑城市理论,城市地下空间开发的紧凑理念以及城市三维空间整合原则、方法等,所研究的是"应然"的城市三维空间整合的实践内容,即厘清了理想的城市三维空间整合应当怎样进行、怎样实施的问题。

目前学术界在城市地下空间的研究上,大都是集中在城市地下建筑设计、地下空间环境创造、地下空间规划编制等实践性和论证性较强的论题方面,国内还鲜有系统的研究城市三维空间在"城市空间环境整合所产生的实效性(effectiveness)分析与评价"方面的成果。

本章综合国内外在城市三维空间整合中的实践过程与实践结果的分析,通过探讨城市三维空间整合实效性研究的主要问题,从地下空间综合规划、城市公众因素、城市效率因素等层面解释影响城市三维空间整合实效性的成因,并提出城市三维空间整合实效性的分析与评价指标。

6.1 城市三维空间整合实效性评价概述

实效性,即目的的到达程度或结果。城市三维空间整合的目标实现程度或结果评估,也就是城市三维空间整合的实效性。城市地下空间的开发目标是要获得更多的城市空间资源,通常情况下可以依靠经济和技术的力量完成,在当今世界范围内已并非难事。城市地下空间开发的规模、开发的位置、开发的时机等在某一程度上会影响到城市空间拓展的实效,城市三维空间环境作为城市建成环境(built environment)的一个重要部分,更强调城市环境的人工特性,其本质上就是城市的物质环境,或者是城市物理环境[1]。但是,地下空间的无序、过度的开发或忽略"可持续性发展"的真实含义,仅强调取悦感官效果往往达不到"实效性",其结果不仅造成经济上的浪费,而且使得我们赖以生存的自然环境遭到破坏[2]。

现代紧凑城市理论观点强调,城市空间的紧凑是为了在有限的城市空间容量中能

---

① 苏海龙.设计控制的理论与实践——当代中国城市设计的探索[M].北京:中国建筑工业出版社,2009.
② 洪惠群.对城市景观建设的实效性与时效性之浅析[J].华中建筑,2009(9):161-163.

够获得更高的城市运转效率。主要目标是提升现有城市生活的品质,减少或消除某些城市问题,改善自然环境,同时重视新的地下开发,并且对未来的城市中心提出一种既有远见的,又具有现实性的城市模式。这表明了在保证实现地下空间的开发容量之外,还要必须考虑城市上下部空间的融合、环境的协调、设施的互补、制度的完善等诸多影响城市三维空间整合实效的问题。

　　城市地下空间规划的作用是融合在相互作用的城市上下部空间各项要素之中的,对城市地下空间规划实效的评价很难划分明确的边界。事实上,直到目前,国内外也还都没有针对城市地下空间规划作用的实效制定一个有效地评价机制,原因在于:

　　① 对于开发城市地下空间可以在生态环境上起到哪些积极作用并可能发生哪些消极影响,不能笼统地加以肯定或否定,用来衡量城市地下空间规划作用成效有还是没有,有多少,其评判标准不易制定。

　　② 研究城市地下空间规划必然要涉及城市的社会制度和政策问题,显然不容易对社会制度和政策制定判断标准。

　　③ 城市地下空间规划服务的对象是城市公众,不同的价值观和认可程度会影响判断标准的公正性。

　　④ 城市地下空间规划的研究者基于自身的认知和实践经验不同,也造成了评判标准的不统一。

　　⑤ 城市的决策者由于曾经受到不同的专业训练,对于城市空间的发展、城市问题的解决,出发点可能存在不一致,或是考虑经济效益,或是考虑社会效益和环境效益,或是考虑其政绩工程、面子工程。

　　因此,本书基于紧凑城市的视角,在客观分析与解释的层面上,假定城市的社会制度和政策有利于实现城市三维空间整合实效的评价,在忽略决策者的主观性因素影响的前提下,试图通过对城市三维空间整合前后的城市空间区域内土地使用、管理机构职能及法规、设计理念、空间布局、历史文脉以及公共意向等细节的研究,总结出一套能够用于三维空间整合实践的实效分析和评价整合实效的理论方法。

6.2　影响城市三维空间整合实效的成因

　　实效性评价并不仅仅是针对规划方案或规划成果的评价,其更加注重的是对于规划过程的关注[①]。城市地下空间设计的集聚程度,既受到自身近期、远期发展需求的影响,又受到城市经济、技术水平的制约,同时还受到城市整体空间规模、功能等条件的影响[②]。而城市三维空间整合的实效则是受到城市地下空间综合规划、管理机构职能及法规、设计理念、空间布局等多种因素的影响。因此,要理解影响城市三维空间整合实

---

① 刘耀彬.城市群规划的实效性评价方法及应用——以江西省城市群规划为例[J].城市问题,2009(3):18-23.

② 宿晨鹏,梅洪元,陈剑飞.城市地下空间集约化设计内涵解析[J].华中建筑,2008(6):94-95.

效的成因,应当对这些影响因素加以调查与分析,针对所存在的问题提出具体的策略。

6.2.1　地下空间综合规划

　　城市地下空间综合规划作为城市总体规划的一项重要的专项规划,通常以地铁规划和市政基础设施规划最为突出。从世界范围来看,城市地下空间的利用都是从专项规划入手,逐步形成系统的规划。

　　与发达国家相比,我国的地下空间开发与利用较晚,目前仍处于探索阶段,虽然全国没有制定统一的地下空间规划编制规范,还是有一些省、市制定的地方性城市地下空间规划编制办法,如:山东省在 2001 年完成的《山东省城市地下空间开发利用规划编制审批办法(试行)》,深圳市在 2000 年,规划国土局就制定了《深圳市特区城市地下空间发展规划纲要》和《深圳中心区福华路地下商业街设计方案》,并提出地下空间使用权也是土地使用权;对指导中国城市地下空间规划的编制进行了有益的探索。

　　基于城市总体规划阶段的地下空间规划是城市总体规划的专项规划之一。主要研究城市地下空间发展战略、总体建设规模、空间结构、功能配置、生态环境及防灾安全等问题。统筹安排地下轨道交通设施、地下道路及市政设施等系统。同时为城市地下空间开发利用制定相应规则。具体内容一般包含地下空间资源评价、需求预测、地下公共空间系统、地下交通系统、地下市政管网系统和防灾系统等几个方面。

　　例如:《上海市地下空间概念规划》(2005 年)明确提出,近期(2007 年前),规划重点建设"东南西北中"八大工程:东为世纪大道东方路交通枢纽;南为上海南站;西为静安寺地区、中山公园交通枢纽、宜山路到凯旋路交通枢纽;北为虹口足球场交通枢纽、江湾五角场副中心;中为人民广场综合交通枢纽等。中期(2010 年前),规划建成:世博会地区、徐家汇地区和龙阳路综合换乘枢纽、中环线换乘枢纽 17 处、一批 2 线以上相交的轨道交通枢纽以及地下道路、地下变电站、越江隧道、地下立交、中心城地下停车场等。

　　《北京市地下空间开发利用规划(2004—2020 年)》(2004 年),是我国第一次正式编制完成特大城市总体规划层面的地下空间专项规划。在大量现状调查的基础上,借鉴国内外经验,科学评估地下空间资源,确定规划目标、原则和发展战略,预测合理的发展规模,安排地下空间的布局和重点地区的分布,并进行了多专业的综合。在北京商务中心区、中关村西区、奥运中心区、金融街、王府井商业区等城市重点地区均编制了地下空间开发利用的详细规划。

　　《杭州市人民防空与城市地下空间开发利用规划(2003—2020 年)》(2004 年),总体布局将形成两个中心,两条轴线、十二个重点开发利用地区的地下空间网络,即以湖滨地区及武林广场地区和城市中央商务区为中心区域,以东西和南北两条主要交通线为轴线,与其他城市副中心相连接,重点开发湖滨地区、武林广场地区、钱江新城地区、钱江世纪城地区、城站广场地区、铁路东站广场地区、滨江中心区、萧山中心区、临平中心区、下沙城中心区、北山区块、南山区块等 12 个地区。把人民防空与城市地下空间开发利用两者结合起来,作为一个专项规划的整体进行编制。

　　《厦门市地下空间开发利用规划》(2006 年)提出,地下空间开发分为三期,近期为

2006 年－2010 年,远期为 2011 年－2020 年,远景为 2021 年－2050 年。第一发展目标:到 2020 年,主要是结合城市建设和旧城改造,有计划有步骤地开发利用地下空间,使地下空间的容量大体上相当于地面建筑总量的 20%~25%。第二发展目标:到 2050 年,全面实现城市基础设施地下化、综合化,大幅提高生活质量,基本摆脱各种灾害对城市的威胁和危害。在规划竖向层次方面,一般控制在地表以下 0~30 m 范围内,地表以下 30~50 m 的岩层用于建筑城市基础设施综合隧道,地表以下 50 m 用于远景开发予以保留。其中在地表以下 0~30 m 范围内具体分布为:浅层(0 m 至地下 10 m),主要是广场、绿地、水体、公园、道路、体育场等商业、餐饮、文化娱乐、公共和交通设施。次浅层(地下 10 m 至地下 30 m),主要为公路隧道、地铁隧道、物流隧道和仓储设施。

《武汉市主城区地下空间综合利用专项规划》(2008 年),规划到 2020 年,武汉主城区 684 km² 内(包括山体、湖泊)要建成 2000 万 m² 地下空间。根据规划,武汉市主城区的地下空间,将按"一轴三带多片"布局。"一轴"即沿轨道 2 号线,以中央活动区内轨道站点为重点,轴向滚动发展;"三带"即地下空间分别在汉口、汉阳、武昌形成 3 条发展带,分别为建设大道—王家墩商务区黄海路—新华路—解放大道西段沿线,汉阳大道沿线与和平大道—徐东路—中北路—中南路沿线;"多片"即地下空间发展的重点区域,占地约 40 km²(地表面积)。

此外,还有《南京人防工程与地下空间开发利用总体规划》(2005 年),《青岛市城市地下空间开发利用规划》(2006 年)①,《阜新市城市地下空间利用规划》(2006 年),《镇江市城市地下空间开发利用规划》和《镇江市城市人防工程规划》(2008 年),《萍乡市人民防空与城市地下空间开发利用规划(2008—2020 年)》(2009 年),《珠海城市地下空间开发利用规划(2008—2030 年)》(2009 年),《大连城市地下空间规划》(2007 年),《曲靖市中心城区人防和地下空间开发利用规划》(2009 年),《临沂市地下空间开发利用规划》(2009 年),哈尔滨市在 2009 年将地铁沿线地下空间开发利用规划纳入城市总体规划,扬中市《城市地下空间开发利用规划》(2010 年),《重庆市主城区地下空间总体规划及重点片区控制规划》(2005 年),等等。这说明我国越来越多的城市已经重视了城市空间资源的有限性,在旧城改造或新城建设时,充分认识到开发利用地下空间的重要性,结合地面规划编制了地下空间规划。

基于详细规划阶段的地下空间规划,即编制深度近似于控制性详细规划或修建性详细规划。一般是针对城市重点地区,对地下空间进行详细的规划布局,直接指导开发建设。其具体内容一般包含:确定地下空间开发功能和开发规模;组织安排地下公共空间、地下交通、地下管线等系统;协调各类设施衔接标高,规定地下空间出入口、疏散通道位置;提出地下空间通风、采光、照明、小品布置要求等。如《北京中关村科技园地下空间规划》、《上海人民广场地下空间规划》、《杭州钱江新城核心区地下空间开发规划》、《沈阳市核心区城市地下空间开发用地规划》、《武汉市主城区地下空间规划导则》、《连云港市中心城区地下空间开发利用规划》、《北京王府井商业区地下空间开发利用规

---

① 目前,青岛城市地下空间新一轮总体规划修编正在进行。

划》、《郑州市郑东新区地下空间开发利用规划》、《昆明主城区地下空间开发利用规划(2010—2020 年)》、《杭州市高新开发区(滨江)地下空间分区规划》等,均属于详规阶段的规划。

北京市在 2010 年 9 月已经正式开展轨道交通地下空间开发的专题研究,各地铁站点将作为地下空间开发的节点地区,规划设计要为周围近期、中期和远期地下空间开发项目及地面建筑地下相连通预留条件。根据发达国家情况,北京已经进入了城市地下空间大规模开发利用的初始阶段,具备了大规模开发地下空间的经济条件和必要性。《北京中心城控制性详细规划》修编工作已经将地下空间规划的要求纳入其中,11 个新城规划、近期建设规划、土地沿线利用规划等均有地下空间利用的内容,这标志着北京城市地下空间开发利用进入了一个新的历史时期。

城市地下空间综合规划制定的目标是否合理,建设开发政策是否完善,规划设计技术是否先进,规模和需求预测是否科学将会直接影响到城市地下空间的有序和协调发展,进而影响城市三维空间与城市的社会、经济和环境之间的协调,最终造成城市地下地上三维空间整合的实效性降低。

6.2.2　管理机构职能及法规

1. 管理机构职能

体制上管理机构的职能分散导致了城市缺少全面规划和整体发展战略。2001 年 11 月 2 日建设部第 50 次常务会议审议通过并颁布了《建设部关于修改＜城市地下空间开发利用管理规定＞的决定》,在法律上明确了地方政府对地下空间资源开发利用的管理职权:"直辖市、市、县人民政府建设行政主管部门和城市规划行政主管部门按照职责分工,负责本行政区域内城市地下空间的开发利用管理工作。"尽管与城市地下空间开发利用相关的地方政府的绝对管理权明确了,但是城市行政管理机构依然复杂,如建设局、规划局、人防办和市政公用事业局等。因此,还没有一个特定的管理机构具有明确的地下空间开发利用管理权限,来协调地下空间开发过程中地下工程项目之间、地下工程同地表建筑物之间的矛盾。广州天河体育中心站域空间天河城广场、正佳广场两个孤立的大型建筑综合体之间以及与城市公共场所之间缺乏整体上的融合[1],反映了城市建设、土地、规划与城市空间管理体制的脱节。管理机构职能交叉、管理效率低下,严重影响了地下空间开发效益以及城市三维空间整合的实效。

2. 法律法规

对城市发展有显著影响的开发建设活动是以土地使用和空间资源为载体的经济活动,牵扯到复杂的经济主体关系[2]。我国对地下空间的开发利用尚未形成正式的法规体系,城市建设发展需求与法律法规建设滞后的现状极不相适应。除民防工程建设的规划、标准和设计施工规范以外,基本上处于无规划、无计划、无秩序的状况。无论是从

---

① 黄骏.浅析地铁站域公共空间的集约化发展[J].广东工业大学学报,2007(4):109-112.
② 金勇.城市设计实效论[M].南京:东南大学出版社,2008.

地下空间的"三权"（所有权、使用权、管理权），还是到地下空间的"开发战略、方针、政策、技术标准、管理体制、建设标准、设计施工规程"等一系列问题上都基本属于无法可依，一定程度上影响了地下空间的发展。很少有人对没有"所有权、管理权"地下空间领域积极地投资，开发商则无限制使用地下空间，对地下空间毫无顾虑（有较大的利润产生）。投资方为了满足其自身的利益追求，各行其是，分散开发，前后失调，形不成规模，形不成城市的整体效益和效率[①]。此外，深层桩基等地下构筑物，对地下铁道、地下管线、共同沟等有延续性的工程建设造成非常大的困难，不仅影响了城市地下空间的统一规划和建设，造成了资源的重大破坏和浪费，也影响了地下地上三维空间整合的实效。

6.2.3　设计理念

　　城市地下空间不仅仅是单纯意义上的地下工程，在紧凑城市的视角下，它是城市公共空间的一个重要组成部分。城市地下空间的设计和空间的整合如果没有先进设计理念的指导，那么这种地下空间则毫无生气可言。本书在第 5 章中已经就三维空间整合的"人性化"原则作了论述，本章基于城市三维空间整合的实效研究，因此还需要进一步强调城市地下公共空间、地下地上连接过渡空间（水平通道、楼梯间、电梯间等）、地下空间地面建筑物（主要是指出入口）的"人性化"设计理念，如图 6.1 所示。"人性化"设计理念体现的是对人的关怀，是"对社会个体的生存与生活、物质与精神需求的真情关切"，其核心是"正确认识和处理空间享用的平等性与差异性的关系"[②]。

图 6.1　上海地铁入广场站站厅及地面出入口——一种人性化的设计实效（赵景伟摄）

　　城市公共空间是城市空间重要的的组成部分，是城市空间系统中最重要的公共产品，它与社会生活具有高度的关联性[③]，它还具有开放性、功能性和多样性的特点，地铁车站、地下商业街（商场）等都属于城市地下公共空间。城市地下公共空间的整合设计首先要满足其空间安全性的要求，也就是说人们在这种空间中活动时，安全是第一位的，因此地下公共空间内必须要有良好的标识系统、采光照明系统、卫生系统、无障碍设

①　孙卫无.城市地下空间规划综述[J].建材与装饰,2007(9 月下旬刊):30－32.
②　秦红岭.城市公共空间的伦理意蕴[J].现代城市研究,2008(4):13－19.
③　代伟国,邢忠.城市公共空间系统的构成逻辑和组织方法[J].城市发展研究,2010(6):49－55.

施系统等,它们是城市地下空间内在品质塑造的基本要求;其次,地下空间的整合设计还要满足其空间舒适性的要求,这也是人们对城市地下公共空间的更高层次要求,空气质量、采光、照明、座椅、植物、小品等都是提高地下空间舒适性的构成元素,这些元素只有通过"人性化"的整合和设计,才能够更好的适应人们的心理需求,如图6.2所示。

济南永兴商城   上海1930风情街

图6.2 地下公共空间内景(赵景伟摄)

地下、地上的连接过渡空间,是人们进出地下空间所必须的过渡性空间,例如地下水平通道、垂直方向的楼梯以及电梯、连接处的广厅等,通道往往是对人流进行水平方向的引导,而楼梯、电梯则是对人流进行垂直方向上的引导。这些交通空间结合向导标志具有较强的指向性,一般只具有交通的功能,汇集和疏散人流,是地下步行系统中重要的空间组成。地下步行通道的空间尺度(宽度、高度、长度),垂直交通设施(楼梯、电梯、扶梯等)的坡度,广厅的形状、布置,空间界面的装修、装饰、广告招贴、壁画等都能够影响人们在行走时的生理和心理感受。图6.3是北京地铁的某换乘通道和地铁北土城站站厅实景。

地下空间地面建筑物主要是指出入口,是地下空间在地面上的外在表达。出入口的设计形态可分为:独立式、下沉广场式、地面建筑融合式三种,对于独立式和下沉广场式出入口在第5章已经详述,此处只对地面建筑融合式出入口进行简要分析。地面建筑融合式出入口是指地下空间的进出空间与地面建筑的底层空间融合在一起,人们必须经过建筑物底层空间才能进出地下空间。这种将地下空间与地面建筑物空间整合在一起的方法,不仅在很大程度上消除人们进入地下空间时的消极心理,而且促进了地上和地下空间的相互渗透,形成城市地下空间与城市建筑系统的功能互动,促进城市中心

（a）狭长而又单调的换乘通道　　　　　（b）以青花瓷为装饰主题的北土城站站厅

图 6.3　地下地上连接空间（赵景伟摄）

区繁荣发展,实现历史文化区保护与发展,并改善城市居住区空间环境[①],提高了空间整合的实效性,如图 6.4 所示。

武汉市江汉路地铁站（最终方案）外观效果图　　　　上海地铁2号线南京东路3号口

图 6.4　地面建筑融合式出入口

6.2.4　空间布局

　　地下空间系统是由若干封闭而又相互联系的功能性空间组成的,这些功能性空间（尤其是地下轨道交通车站站域空间与城市商业中心区域空间）的布局是否合理,将影响整个地下空间系统与地上空间系统整合的实效性。

　　我国目前条件下的地下铁路车站的建造水平与各种先进设施的应用,在世界范围内的地铁车站建设中都处于先进。但是,不少城市的地铁站域存在着地铁系统与城市公交系统布局不配套、换乘平台规划和设计不合理、站点空间与城市和周边建筑空间不融合以及交通设施应用不协调等问题,都是站域公共空间交通设施系统自身或与城市

---

① 宿晨鹏,梅洪元,陈剑飞.城市地下空间集约化设计内涵解析[J].华中建筑,2008(6):94-95.

空间系统之间缺乏整体性而造成的,严重影响了地铁交通功能意义的充分发挥①。地铁车站换乘路线过长,会引发人们的行为抵制,不仅增加了出行的不方便性和不舒适性②,也耗费了人们较多的时间和精力。以北京为例,北京西直门地铁站(本书前面已经提及),从 13 号线换乘到 4 号线,需要一段 10 min 左右的路线,导致很多乘客对此有强烈的怨言。另外,北京地铁站换乘距离过长、地铁高峰期过于拥挤的现状是导致北京市机动车保有量急剧上升的源头之一。

武汉地铁洪山广场站站域的地下空间布局是一个较好的实例。洪山广场东半部分(靠近科教大厦部分)为地下停车场,并适当进行地下商业开发,地铁站全部位于广场西半部分(靠近洪山体育馆部分)。东、西两广场在地面是一个整体,地下被中南路地下隧道分隔,通过在中南路隧道下部建两条垂直于中南路地下隧道的地下人行通道,连接了广场的东、西两部分地下空间。洪山广场站为地铁 2 号线一期工程和 4 号线一期工程的换乘站,两站合建形成同层换乘车站,实现方便快捷换乘,如图 6.5 所示。整个车站共分三层,地下一层为商业区,设有出入口过街通道、售票大厅、地铁设备等,人们可由洪山广场周边的 11 个地铁出入口进出;地下二层,由商业区、地铁站台和非付费区构成;地下三层,主要由站台付费区和设备用房构成。地铁车站出入口完成后,整修广场环路并按原貌进行广场的景观恢复。

图 6.5　武汉连续同站台换乘——洪山广场地铁站

北京西单地铁站是地铁 1 号线与 4 号线的换乘车站,位于北京繁华的商业中心,地面建筑主要以大型商业为主,如君太百货、中友百货、华威大厦、西单商场、大悦城等。西单地铁站虽然与西单文化广场下的 77th 购物街连通,但是与上述大型商业的空间联系还存在严重不足。人们只能从车站上到地面后,如图 6.6(a),才能继续通过空中走廊进入商业中心,不仅加剧了地面人流的拥挤程度,降低了步行的舒适度,而且在人流高峰期行人横穿道路,影响了交通的正常通行,造成了城市交通的停滞,导致空间整合失效,如图 6.6(b)所示。

①　黄骏.浅析地铁站域公共空间的集约化发展[J].广东工业大学学报,2007(4):109-112.
②　吕慎,李旭宏.城市客运换乘枢纽设施布局效用分析[J].东南大学学报(自然科学版),2006(6):1024-1028.

　　（a）西单地铁换乘示意图　　　　　　　　　　　　（b）设计失效

图 6.6　西单地铁站换乘枢纽及地面交通（赵景伟摄）

6.2.5　历史文脉

　　文脉（Context），是一个在特定的空间发展起来的历史范畴，任何一个城市都或多或少存在着能够记忆其发展历程的文脉，即历史文脉（Historical Context）。作为一个历史悠久的文明古国，我国具有历史文化名城 112 座[①]，随着我国城市化步伐的不断加快和城市空间的扩张，承载着城市历史文脉的旧城历史街区已经处于极为危险的境地。看看我们的首都北京，看看我们的古城西安，在现代紧凑城市理论的作用下，城市的历史文脉已经面目全非，地面交通环境严重恶化，城市空间发展更加受限。

　　对于任何一个民族来说，传统文化不仅关乎一个民族的文化延续以及心理认同，而且只有不同民族的不同文化才能共同构成世界文化的多样性[②]。城市作为民族文化的重要载体，也更应该具有其存在的特殊意义。由于自然条件、经济技术、社会文化习俗的不同，环境中总会有一些特有的符号和排列方式，形成这个城市所特有的地域文化（Regional Culture）和建筑式样（Architectural Style），也就形成了其独有的城市形象。历史文脉是需要继承的，它反映了城市的风貌和特点。因此，不仅要保持历史文脉的延续性，塑造与传统文化相融合的现代城市特色，还要为传统城市形态引入现代生活元素，赋予现代生活内容，实现老城区的有机更新[③]，重视随着历史发展而进化的空间类型学，并且在改进它们时赋予诗意的表达[④]。

---

①　国务院已审批的历史文化名城的城市共有 112 个，其中，1982 年首批历史文化名城 24 个；1986 年第二批历史文化名城 38 个；1994 年第三批历史文化名城 37 个；2008 年第四批历史文化名城 12 个；安庆是国务院单独特批的唯一一座国家历史文化名城。

②　张平，陈志龙.历史文物保护与地下空间开发利用[J].地下空间与工程学报，2006(3)：354－357.

③　陈志龙，郑苦苦，付海燕.旧城文脉的延续与空间的完善——以珠海市莲花路街区立体化改造为例[J].规划师，2006(4)：39－41.

④　罗杰特兰西克.寻找失落空间——城市设计的理论[M].朱子瑜，等译.北京：中国建筑工业出版社，2008：225.

城市三维空间整合对历史文脉的延续具有重要的意义：整体保护，交通状况、基础设施的改善，环境质量和城市风貌特色的保持。维护一个城市的平面形态，等于是维护一个城市的空间特色，并合乎城市设计目标中的历史延续性、方向感、认同感等极为重要的因素。城市设计人员不但必须对修复有重要价值的建筑群的方针政策做出贡献，而且对那些不符合20世纪生活标准，但全部拆除有比较可惜的整个历史地区的复兴（Rehabilitation）政策也要做出贡献[①]。因此，在现代大规模的城市更新中，如何保护和延续历史文脉，是影响城市三维空间整合实效性的又一重要因素，试以天安门广场为例分析（见图6.7）。

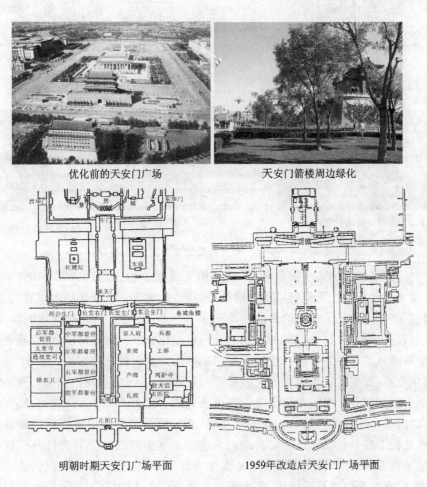

优化前的天安门广场　　　　　　　　天安门箭楼周边绿化

明朝时期天安门广场平面　　　　　　1959年改造后天安门广场平面

图6.7　天安门广场及其周边地下空间整合

---

① 张松. 历史城市保护学导论——文化历史遗产的历史环境保护的一种整体性方法[M]. 2版. 上海：同济大学出版社，2008.

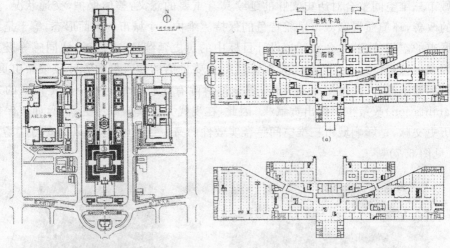

天安门广场地面空间优化方案　　　　　前门箭楼地段地下空间利用方案

革命历史博物馆地下空间利用　　　　　天安门广场地下空间利用

图 6.7　天安门广场及其周边地下空间整合(续)

　　天安门广场最早形成于明朝时期,后经历了清朝的加建,形成"T"字形广场,东西两侧分别为文武衙门。天安门广场在建国后经历过 1958～1959 年的大规模改造,在改造后的前 20 年中满足了重要的政治活动需求。但是,随着我国改革开放的深入,城市规模日益扩大,城市人口在广场的活动也日趋多样化,广场与周边区域的交通被道路分隔,停车需求紧迫等引发了新一轮的天安门广场地面空间优化的讨论。根据 2001 年完成的优化方案,天安门广场确定了立体化再开发的模式,充分利用广场中心部分地下空间(展览、储藏、服务)、中国革命历史博物馆西侧地下空间(展厅、储藏)、人民大会堂东侧以及中国革命历史博物馆北侧地下空间(停车),同时充分利用天安门广场箭楼地下空间,将地面上的公交场站改为公共绿地。通过地下空间的综合开发以及三维空间整合,满足了百万人的活动需要,改善了地面生态环境和交通环境,为人们创造了良好的游憩、集会、参观等的高品质场所,更为重要的是延续了天安门广场及其周围建筑、环境的历史文脉,如图 6.8 所示。

图 6.8　前门大街地面景观(赵景伟 摄)

6.3　城市三维空间整合实效性的评价

　　城市的三维空间整合,并不只是一项技术性的工作,它与城市规划、建筑设计、岩土工程等领域都有必然的联系,在很大程度上它具有城市规划实践的本质特征。基于城市规划实践的视角,城市三维空间整合的实效性除了体现在客观性的相关指标上,如本书第 4 章所阐明的"源"、"发展"、"技术"和"环境"四个系统指标,还体现在一些主观性的指标中。

　　通过对西方国家在城市规划实践的评价研究,孙施文(2003 年)提出规划实施结果的评价包含定性的研究方法和定量的研究方法。他认为定性的研究方法是"对规划问题本质属性的分析,在掌握规划实施、运作规律的基础上,做出对规划实施正确全面的分析判断";而定量的研究方法则是通过选取一定数量的案例、引入相关模型作实证分析,进行对规划实施效果的量化评价。

　　城市三维空间的整合,还应当属于城市设计的范畴,要求城市上下部空间的功能联系实现由相对孤立向有机融合的转变[①]。城市设计被认为是自然环境和人工环境的综合,所有构成城市结构的作用力都要慎重地加以考虑,它的焦点是人及其三维物质环境,它的目标是为整个城市中的所有居民创造一个可持续的、愉悦的环境。因此,对城市三维空间整合的评价,必然要考虑整合后的城市空间在环境舒适度、道路交通拥挤度、出行规律、交通可达性、公平性、人性化、公共意向等若干方面进行。通过调查—评价—分析—建议这一过程,针对所发现的问题提出具体的应对策略[②],指导后续的城市地下空间开发规划与设计。

---

① 宿晨鹏,梅洪元,陈剑飞.城市地下空间集约化设计内涵解析[J].华中建筑,2008(6):94 - 95.
② 刘耀彬.城市群规划的实效性评价方法及应用——以江西省城市群规划为例[J].城市问题,2009(3):18 - 23.

6.3.1 城市三维空间整合评价的研究方法

1. 形态分析方法（Morphological Analysis）

三维空间的整合需要借助于城市设计的许多传统方法，其中包括的城市设计概念有选址、标准、心理、能获得自然光的朝向、宏观气象学和微气象学系统、地质限制、排水模式、可达性以及环境约束[①]。城市三维空间整合强调地下空间应与城市的功能、周边的建筑、地面环境相协调，如果地下地上的空间形态出现了矛盾，甚至三维空间出现了相对孤立、割裂的情况，必然引起使用上的不便，造成空间资源的极大浪费。形态分析属于使用前评价方法，是由专业人员根据城市三维空间的特征，对所做的规划设计、建筑设计等进行统计、预测以及模拟的方法，注重对研究对象进行三维的实体研究，从专业的角度对城市三维空间形态的整合效果进行评价。

2. 公众行为分析方法（Public Behavior Analysis）

美国的城市广场建设在完工后，一般会有专业设计人员去观察，去调查广场的使用状况和人在广场上的活动，以此来判断设计成果的实效性，城市公众的行为将是评价过程中最直接、最有效的方法，如果吸引不了人的活动，或者设施环境与人的活动格格不入，就重新改进[②]。城市的主体是人以及人的活动，城市三维空间整合的最终目的是要服务于城市公众。对项目实施后的三维空间环境效果进行评价，应当以城市公众的价值为标准进行评价。公众形成的反对地下空间利用的心理学障碍被认为是最棘手的困难之一，公众行为分析是一种"自下而上"的研究方法，其研究对象侧重于非专业人员（城市公众，可理解为城市居民、单位机构、一定范围的社会群体、旅游者等）在使用后的评价，研究的内容更多的是关注人的主观意愿以及人的行为与环境之间的互动关系，研究的过程可包括问卷调查、访谈以及实地观察等。

这种方法可以通过收集使用者在自身各种活动中所提供的主观评价信息，获取空间整合效果与社会需求之间的相互关系信息，"以使用者的行为活动与心理需求作为参照系，从多层面、多角度加以综合评价之后，再反馈回后续的建设与管理之中。……，应当通过对一定数量、不同年龄段和文化背景的使用人群进行随机抽样调查，以及对公共空间作周期性观察统计得以建立"[③]。研究的结果体现了城市公众的价值取向和意愿需求，不仅对城市三维空间整合在公共价值领域的评价具有极为重要的作用，而且还能够使专业人员根据具体结果对所做的设计进行调整和改进。

6.3.2 城市三维空间整合公共价值领域的实效评价

无论是利用公众行为分析还是专业角度的形态分析，都必须按照一定的评价标准

---

① GOLANY S G, OJIMA T. Geo-Space urban design[M]. BeiJing: China Architecture & Building Press, 2005.

② 杨保军. 城市公共空间的失落与新生[J]. 城市规划学刊, 2006(6): 9-15.

③ 周振宇. 城市公共空间使用成效评价及应对策略[J]. 新建筑, 2005(6): 50-52.

来进行。考虑到目前在该领域的评价标准仍为空白,本书通过借鉴较为成熟的地面城市建设环境评价标准,来研究适合于紧凑城市形态的城市三维空间公共价值领域的质量评价。王建国(2001 年)根据研究在对城市设计的评价中提出了可达性、视景、和谐一致、感觉、可识别性、活力六项标准。刘宛(2000 年)在综合(专业者、城市公众、政府部门、投资者)的角度上提出了城市功能效用、文化艺术效果、经济影响、社会影响和环境影响五个类别的指标。周振宇(2004 年)认为对城市公共空间使用成效展开评价应结合使用度、满意度、愿望度三个方面,影响要素:易达性、安全性、微观气候环境、生活型功能、细节设计、多样化模式、关注人的心理和行为习惯,依托于历史人文或自然景观。

　　本书基于以上学者的相关研究成果,提出城市空间区域内的空间形态(功能布局、开放程度、舒适度、拥挤度、安全度、公共服务设施等)评价,城市空间区域内的道路交通(机动车保有量、出行方式、可达性、连通性、拥堵度、环境设施系统等)评价,城市空间区域内的公共空间(安全性、社交性、人性化设施、空间尺度、公平性、便捷性)评价,城市空间区域内的公共意向(个性、标志、识别、文化认同、多样性)评价四个方面的评价标准。标准中各相关指标的概念释义如表 6.1 所列。

表 6.1　城市三维空间整合公共价值领域的实效评价

指标主体	指标释义
空间形态(Space form)评价	
功能布局(Function layout)	地下地上各功能性设施(交通、商业、文娱等)在空间上的布局
开放程度(Openness)	地下空间在节点处与地面环境的融合程度
舒适度(Comfort)	温度、湿度等因素对人体的综合作用,表征人体在环境中舒适与否,通常以舒适度指数来衡量
拥挤度(Crowded degree)	地下空间人流的密集程度
安全度(Degree of safety)	地下空间在卫生、防灾等方面为人们提供的安全程度
公共服务设施 (Public service facilities)	地下空间购物、休憩、交流、文化娱乐等空间设施的完善程度
道路交通(Urban traffic)评价	
机动车保有量 (Motor vehicle quantities)	指内燃机车(包含摩托车、小汽车、货车,不包含电动车)在某城市的总量,反映地面交通的拥堵状况
出行方式(Modes of trip)	人们从出发地到目的地,选择不同运输工具(或步行),经由不同线路,出行目的各异(工作、购物、娱乐等)的移动方式
可达性(Accessibility)	到达某个目的地的难易程度,以时间距离表达
连通性(Connectivity)	从表面结构上描述各功能空间之间相互联系的程度
拥堵度(Crowded degree)	地面道路交通人、车、物的拥挤和堵塞程度
环境设施系统 (Environment facilities system)	指路标牌、照明街灯、道路围栏、候车亭等各种功能设施的统称
公共空间(Public space)评价	

指标主体	指标释义
安全性(Security)	在正常使用情况下,承受可能出现的各种作用的能力
社交性(Sociability)	在公共空间中所进行的社会交往的频率及难易程度
人性化设施 (Humanization facilities)	规划与设计是否体现对人的关怀,关注人的生理需求和心理感受, 使用符合人体工程学和行为科学的设施
空间尺度(Space scale)	采用的空间大小的量度
公平性(Fairness)	考虑不同人群在使用各种设施时的公平性和开放性
便捷性(Convenience)	活动的便捷程度,如交通路线的远近、无障碍设施等
公共意向(Public intention) 评价	
个性(Personality)	区别于其他城市空间景观的特殊性,即空间特色
标志(Mark)	表明空间特征的记号,能在人们头脑中沉淀的记忆
识别(Distinguish)	空间布局结构清晰,环境易理解与辨认,有可识别性
文化认同(Cultural identity)	是人们被场所的文化影响的感觉,表现为领域感
多样性(Diversity)	一个可变的环境提供不同的用途和生活体验

6.4　城市三维空间整合实效性评价示例

6.4.1　法国巴黎德方斯(La Defence)新城

巴黎德方斯新城(见图 6.9)位于巴黎市中心肯克德鲁广场西北,是巴黎市为了保护老市区的传统风貌和塞纳河景观而建设的 5 座新城之一,位于巴黎上塞纳河畔塞纳省皮托市、库伯瓦市和楠泰尔市的交界处。

图 6.9　巴黎德方斯新城东区新凯旋门,四季商业娱乐中心总平面图

新城总面积 760 万 m^2，A 区 130 万 m^2，为商务中心区，B 区 530 万 m^2，为居住区。德方斯新城的规划特点是将全部交通设施置于地下三层的地下空间，交通系统行人与车流彻底分开，互不干扰，并对地下空间实行整体开发。在商务中心区的中心部位建造了一个巨大的人工平台，长 600 m，宽 70 m，有步行道、花园和人工湖等，不仅满足了步行交通的需要，而且提供了游憩娱乐的空间，地面上完全实现了步行化和绿化。地下的高速铁路和机动车道路与大都市圈内圈外形成网络，地上没有一辆机动车行驶，这种地面人流、地下车流完全分离的双层城市，完全实现了瑞典建筑师阿斯普伦德的"双层城镇"的构想，是现代城市再开发的重要手段。

1. 法国巴黎德方斯(La Defence)新城的发展和建设历程

1932 年，塞纳省省会曾举办过一次对历史上形成的东西主轴线和星形广场到德方斯一带的道路进行整治美化的"设想竞赛"。1950 年，德方斯只有旧住房、贫民窟、小作坊等，为改变该地区的面貌，1956 年，法国重建部对该区进行了规划。在 1958 年成立了公共规划机构"德方斯区域开发公司(EPAD)"，提出要把德方斯建设成为工作、居住和游乐等设施齐全的现代化的商业事务区。1963 年通过了第一个总体规划，包括东部事务区和西部公园区，规划用地 760 万 m^2。1962～1965 年制订的《大巴黎区规划和整顿指导方案》中，德方斯区被定为巴黎市中心周围的九个副中心之一。

1976 年，巴黎大都市圈规划经过修订，决定在巴黎市中心肯克德鲁广场西北 4 km 处建设德方斯新城。在建设的过程中，除了受到两次经济危机的影响外，一直平稳建设至今，最终形成了目前世界上独一无二的新城，表 6.2 为德方斯新城建设的简要历程[①]。

表 6.2　德方斯新城建设简要历程

1956 年	CBD 第一轮规划办公面积 27 万 m^2
1958 年	成立了公共规划机构"德方斯区域开发公司(EPAD)"，提出要把德方斯建设成为工作、居住和游乐等设施齐全的现代化的商业事务区
1963 年	通过了第一个总体规划，包括东部事务区和西部公园区，规划用地 760 万 m^2
1964 年	CBD 第二轮规划办公面积 85 万 m^2
1966～1972 年	建设第一代高层办公楼，1970 年地铁快线 RER 通车
1972～1980 年	CBD 规划办公面积 160 万 m^2，第二代高层办公楼
1974～1977 年	1976 年，巴黎大都市圈规划修订，建设德方斯新城。受第一次经济危机的影响，办公空间市场严重饱和，德方斯 76 万 m^2 的办公楼中有 60 万 m^2 闲置
1978～1982 年	经济复苏，德方斯规划增加 35 万 m^2 办公面积
1980～1989 年	建设第三代高层办公楼
1989～1995 年	建设第四代高层办公楼
1993～1997 年	经济危机，办公楼总量维持在 250 万 m^2
1998～2006 年	办公楼市场需求量逐年上涨，投资激增，租金和市值都大幅增长
2006～2015 年	计划新增 30 万 m^2 的办公面积

---

① 陈一新. 巴黎德方斯新区规划及 43 年发展历程[J]. 国外城市规划，2003(1)：38-46.

2. 法国巴黎德方斯三维空间整合实效性评价

作为现代大城市 CBD 地下空间利用的代表,巴黎德方斯新城在巨大的人工平台上设置了 60 几座公共艺术品,多数是邀请艺术家根据环境特征量身设计的,使得德方斯的地面开放空间化身为优美的雕塑公园。德方斯的规划和建设不是很重视建筑的个体设计,而是强调由斜坡(路面层次)、水池、树木、绿地、铺地、小品、雕塑、广场等所组成的街道空间的设计。德方斯定位是巴黎的城市副中心。其功能是满足巴黎日益增长的商务办公空间,改善老城区的人口、交通压力,保护巴黎城市风貌。同时分析得,改造前的德方斯为进入巴黎的西大门,是交通要塞,也是交通瓶颈。为此开发德方斯首先注重建设方便快捷的公共交通体系,同时满足人行环境的友好和谐。故将车行交通转入地下,将停车系统转入地下,将大型换乘设施转入地下,形成集地下停车,高速铁路,高速公路,地铁,公交及其相互换乘的城市地下交通,进而支撑着地区内巨大的人流往来和商业的繁荣。

本节基于表 6.1 对城市三维空间整合公共价值领域质量评价的相关指标内容,对德方斯的地下地上三维空间整合进行评价,对其四个主要评价内容进行基本描述,如表 6.3 所列。针对巴黎德方斯城市公众(游客)的评价调查,调查者可设计相关的调查问卷,或者是结合实地观察和访谈进行,本书不做详述。

表 6.3　巴黎德方斯三维空间整合评价表

评价内容	评价基本描述	景观图片
空间形态	德方斯是在巴黎历史古迹的延长线上建造的。从卢浮宫到凯旋门,再到德方斯的大拱门都处在同一条直线上,这条中轴线把新老城区连结成为一个整体。德方斯地上层为架高的大平台,平台上建有步行道,步行道与各建筑门厅出入口相连。地面层以道路交通、公交地铁站厅为主,清晰的道路标志能够引导车辆快速通过。地下一层主要为商业服务、专卖店、餐饮娱乐等,地下二、三层主要为地下车库,共提供了 26000 个停车位	 地下换乘大厅 德方斯地面环境

评价内容	评价基本描述	景观图片
道路交通	人工地基下有高速铁路 RER 及车站、高速公路（A14）、国道（N13 号、N192 号）和换乘站，并与大都市圈内圈外形成网络，成为大交通枢纽。所有公交首末站或停靠站的等候休息都集中在一个大厅，市区到德方斯的 1 号地铁和郊区地铁站台紧挨着公交休息厅，具有良好的连通性和可达性。德方斯的公共交通非常发达，80％的人搭乘公共交通工具上班，例如搭乘火车、地铁、电车等，使得人流与车流有效分离。高速铁道 RER 在 1986 年开通，从德方斯到爱德华 5 min，到剧院站 7 min，到列·阿莱 10 min，地面全部为步行	 德方斯空中鸟瞰（交通网络环绕新城区） 机动车在新城边缘进入地下空间
公共空间	由于实现了人、车分离，更多的地面空间注重了景观建设，保持建筑的多样性和新旧城的协调性，还注重了生态环境建设。人性化和创意的设计专供人们步行的绿地，区内绿地面积超过 67 万 hm（公顷），营造了和谐、舒适的环境。能够满足不同人群在使用各种设施时的公平性和开放性。通过公共空间的营造，还保护了该区的一座历史纪念碑，向公众传达了这里曾是法德战场的信息	 地面上的步行化空间 地面广场景观

评价内容	评价基本描述	景观图片
公共意向	德方斯新城的建设，保护了巴黎原有的文化遗产。矗立在广场最里端的主体建筑 Grande Arche 被誉为"德方斯之首"，即为右图中的巨大拱门。德方斯的主轴线具有较强的凝聚力，大拱门成为德方斯的景观中心和标志，增强了新城的吸引力。德方斯新城重视文化设施建设，通过文化展览、艺术表演等不仅提高了新城的品位，而且增强了城市公众的文化认同感	德方斯新城的标志建筑 —大拱门

6.4.2　东京新宿中央商务区

新宿中央商务区位于东京都中心区以西，距银座约 8 km，是东京市内主要繁华区之一，仅次于银座和浅草上野。20 世纪 50 年代，随着日本经济的发展，东京都心三区（千代田区、港区和中央区）已经不能满足发展需要。为了缓解都心区政府机关、大公司总部、全国性的经济管理机构和商业服务设施高度集中，地价高涨、交通拥挤、建筑物和人口高度密集的状况，结合周边地区发展需要，1958 年下半年东京都政府提出建设副都心（即新宿、涩谷、池袋）的设想，并首先从新宿着手。

1. 新宿中央商务区立体化建设概况

新宿原是东京的郊区，1885 年建成火车站，1923 年关东大地震后，居民向西迁移，新宿地区因此发展。二战后，新宿地区的人口增长逐步加快，火车站增加到三个（西口、东口、南口），日客流量达到 100 万人。新宿是东京在 1958 年启动建设的第一批三个副都心之一，也是东京第一大副都心和新的商务中心区。经过 28 年的建设，1986 年在东京都的西部形成了新宿副都心，建成的新宿商务区总用地面积为 16.4 公顷，商业、办公及写字楼建筑面积为 300 多万 m^2，拥有超高层建筑近 50 座，如图 6.10 所示。

图 6.10　东京新宿中央商务区

20世纪60年代,东京开始着手全面规划新宿的立体化再开发,1960—1976年间共完成了新宿东口(1964年)、新宿西口(1966年)、歌舞伎町(1975年)、新宿南口(1976年)四条地下街的建设,形成了一个地下综合体群。新宿商务区每天有360万人以上的购物人群,就业人口(通勤人口)高达30多万,以世界第一繁华的新宿站为中心的繁华街道,包括周边新宿区域的乘车人数接近400万人,因此,新宿也成为典型的交通枢纽型商商务中心区。

2. 新宿中央商务区三维空间整合实效性评价

新宿商务区中心区具有十分广泛的地下空间利用,主要体现在以下几个方面:注重地铁建设;注重地下空间环境设计;注重地下市政设施开发;注重地下空间深层化。表6.4所列的是对四个主要评价内容所做的基本描述。

表6.4　新宿中央商务区三维空间整合评价表

评价内容	评价基本描述	景观图片
空间形态	地铁的建设贯穿整个商务中心区,大型的公共场所,如大型百货商店、高层的办公大楼等为提高本身的可达性以及便于疏散地面的人流,把出入口和营业厅与附近的地铁枢纽相联通。由于地铁和与其相联的地下人行道成为人流的集中点和转折点,这样就为零售业和其他购物中心等提供了大量的人流,繁荣了地下商业街	 东京新宿西口地下街换乘大厅
道路交通	地铁是人们出行时的主要交通工具,四条地下街通过地铁车站,在地下相互连接。道路交通系统主要以新宿轨道站点为核心,在靠近车站的区域,地面道路间距较小,适合于人们步行通过。在距离车站较远的超高层建筑区域,道路交通规划建设采用了立体化的车行系统,减少了交通拥堵的可能性	 新宿地区鸟瞰及新宿西口地区立交道路

评价内容	评价基本描述	景观图片
公共空间	在建设中强调了与周边建筑、环境的协调，综合交通系统把主要商业设施及新宿车站等公共空间上连为一体，取得了与周边商业设施便捷的联系，既提高了安全性又保证了人流量。地下公共空间在空气质量、照明以及建筑小品的设计上均达到了相当于地面空间的质量水平	 新宿地区下沉广场公共空间
公共意向	新宿中央商务区以商务办公活动和商业、文化活动为主要特点，各功能区还有良好的换乘系统，人们可以随意组合选用不同的公交工具。地下与地上的完美融合，释放了地上大量的空间，用以发展具有特色的各种商业、餐饮、文化、娱乐等设施，为每天几百万的城市公众所认同。	 新宿被认为是黄金街

6.4.3 北京中关村西区

中关村西区东临中关村大街，西接苏州街，北起北四环路，南至海淀南路，规划占地面积为 94.6hm（公顷），总建筑面积 340 万 m^2，是中关村科技园区的核心区域。而在西区内，由北四环、中关村大街、丹棱街、彩和坊路围合的中心区域，又是西区的核心区域，建筑面积约 180 万 m^2，如图 6.11 所示。

1. 中关村西区立体化建设概况

中关村西区于 1999 年经国务院批准建设，功能定位为高科技商务中心区。其功能主要是：高科技产业的管理决策、信息交流、研究开发、成果展示中心；高科技产业资本市场中心；高科技产品专业销售市场的集散中心。

中关村西区的核心区共划分 25 个地块，目前基本都已建成。核心区在规划开始，就确立了立体化再开发的思想，进行了地下、地上空间的统一规划，保证了区域内三维空间的整体协调发展。地面空间规划了科贸组团区（3 个）、公建区、公共绿化区和公共绿地广场，共 6 个部分。区域内采用了立体交通系统，目的是实现人车分流，各建筑物在地上和地下均可连通。地下空间共分为三层，一层是机动车交通环廊，有 10 个地面出入口，13 个与地面建筑的地下车库连接口；地下二层为公共空间和市政综合管廊的支管廊;地下三层为市政综合管廊主管廊。另外,在中心广场区域和公共绿地广场区域分别又建设了地下商业设施,广场上部设置人行天桥(见图 6.12),位于中心广场区域的是中关村广场地下购物中心,位于公共绿地广场区域的是家乐福地下商场。

图 6.11　北京中关村西区核心区总平面图①

中关村广场鸟瞰

中关村广场购物中心的地面广场空间

中关村广场人行天桥(上面绿化处理)

家乐福地下商场入口

图 6.12　中关村广场的立体化开发

---

①　陈志龙.中国城市中心区地下道路建设探讨[J].地下空间与工程学报,2009(1):1-6.

2. 中关村西区三维空间整合实效性评价

中关村西区是我国高效利用地下空间、整合地面环境的较为优秀的范例,其地下空间不仅容纳了大量的城市功能,而且促进了该区域的紧凑程度,极大地释放了地面空间,使地面上的环境质量得以改善。但是,通过考察发现,虽然目前中关村西区的三维空间整合的程度较高,但在某些方面其整合实效性不尽人意。表 6.5 所列的是对四个主要评价内容所做的基本描述。

表 6.5　北京中关村西区三维空间整合评价表

评价内容	评价基本描述	景观图片
空间形态	中关村西区地面建筑的地下部分都相互连通,地面部分的建筑形体高度受到控制,区内第一高建筑中钢国际大厦高度 150 m,其他建筑大多都在 80 m 以下,保证了区内空间在视觉上的延伸性。中心广场地下购物中心采用下沉式入口,通过逐步降低内部地面标高,实现了三维空间的逐渐过渡与融合。地下空间内公共服务设施较为完善	 中关村 e 世界地下空间与下沉广场
道路交通	海淀大街和海淀中街是区内重要的一横一纵两条主要交通道路,彩和坊路作为整个西区的重要纵向道路,通过高架与北四环路连接。地铁 4 号线在中关村大街设站,与区内联系不紧密,导致中关村大街交通环境较差。区内地面道路没有完全实现人车分流(拥挤、人车混杂、交通事故隐患等),影响了地面道路景观,中关村广场人行天桥由于缺乏与周边建筑的必要联系,没有起到分流作用,生态性景观空间应是其目前的功能特征	 地面道路空间仍是人车混行

评价内容	评价基本描述	景观图片
公共空间	规划用地南侧保留了斜街,设计成一条步行街。巨大的地面和空中广场,创造了良好的开放空间。整体建筑布局东高西低、中空,同时留两条对角线和东西、南北共四条透景线。培训和会议场所及半地下线形展示中心,与中心绿地相结合,呈弧线形横跨东西,将人流从拥挤的东部导向西部。地下商业设施空间尺度宜人,节点设计融合了地面自然光线和景色,较好的考虑了无障碍设施	 中关村广场地下购物中心节点
公共意向	中关村西区建设的目标,是要建立一个在 21 世纪以高科技为特征的城市中心。其较高质量的空间环境、产品的高科技含量、数量众多的地面及地下购物中心和商场,都可以成为引发公众意向的主要因素,中钢国际大厦及其数量众多的具有现代特色的建筑形体是构成现代大城市 CBD 的重要组成部分	 中钢国际大厦及中心广场地下购物中心

6.4.4　北京西直门交通枢纽

　　发展综合交通枢纽导向下的地下空间是缓解和解决地上交通、生态景观、历史沉积种种矛盾的有效途径,城市交通功能通过其地下空间的高效运转而发挥着最大化的效率[①]。西直门交通枢纽是北京市 25 个规划交通枢纽中最重要的枢纽之一,地处北京市二环路的西北角,是市区交通与西、北部交通的重要联络点。因为西直门立交桥是定向式与首蓿叶组合式立交,使该枢纽的建设条件受到较大限制(见图 6.13)。

───────────────

① 王珊,杨洁如,王进. 综合交通枢纽地下空间开发利用探究[J]. 华中建筑,2011,29(11):38 - 40.

图 6.13　西直门交通枢纽

为了确保公交车辆进出的顺畅,建设了枢纽专用进出匝道。该枢纽主要功能区分为四层(地上两层,地下一层,另有地下预留地铁层)。顶层是轻轨站和公交到发车站台;地面层为集散大厅、公交到发车站台、以及北京北站;地下一层为地铁 4 号线的车站;底层为 2 号线地铁站。该枢纽涉及北京北站、地铁 2 号线、城铁 13 号线、地铁 4 号线。由于地铁 2 号线、4 号线和城铁 13 号线分别属于不同的管理单位,又分别在不同时期进行开发建设,所以目前人们普遍反映该地段的交通换乘是北京市较为困难的地段之一,虽然各交通方式之间的换乘均在室内进行,但是不同线路之间的交通工具换乘非常不方便。特别是 13 号线与 2 号线或 4 号线的换乘,由于西直门枢纽的 4 个出口中,有 3 个出口因受到地面立交桥的阻拦,地铁与城铁换乘路线高低上下、回环往复,需要在西直门枢纽站内差不多绕行一周,花费十几分钟的换乘时间。表 6.6 所列的是对四个主要评价内容所做的基本描述。

表 6.6　北京西直门三维空间整合评价表

评价内容	评价基本描述	景观图片
空间形态	地铁 13 号线与地铁 2、4 号线空间过于离散,道路立交产生了较大的整合障碍,地下空间主要以交通功能为主,商业设施等功能性空间不完善,甚至没有。交通枢纽和城市道路的接口处存在"瓶颈"现象,13 号线与其他地铁线路的换乘有很长距离在地面上进行,舒适度较差,高峰期间非常拥堵,周边空间环境杂乱	北京北站、站前广场与地铁13号线站台

评价内容	评价基本描述	景观图片
道路交通	与周边的城市交通网络的连接程度较差,公交 375 路虽在此为始发站,但需要沿西直门外大街先向西行,调转方向后向东行,再沿西二环向南行,调转方向后才能按正常方向行驶,期间大约经过 5—10 分钟(非高峰时间),说明该交通枢纽的换乘效率比较低下,同周边城市环境的协调性不足	换乘通道及外侧的人流
公共空间	没有形成集商业、娱乐等功能为一体的地下公共空间,换乘空间缺乏"以人为本"的设计理念。出入口的设置考虑了灾害状态下的交通疏散要求。楼梯、自动扶梯、电梯等垂直交通空间过多过长	
公共意向	交通枢纽内的标志比较清晰,能够有效的引导枢纽内的人流通向,但在有些部位存在让乘客多绕行的情况。各种识别标志、方向指示标志、信息标志、警示标志和广告等能够满足疏散的要求。公众普遍反映在此换乘比较困难,满意度较低	2007 年到 2011 年, 这种方式仍没有转变

6.5　小　结

在厘清了理想状态下的城市三维空间整合怎样进行、怎样实施后,本章全面分析了城市三维空间整合实效性评价的影响因素,其中的一些因素会受到社会制度、城市政策以及城市决策者个人意愿的支配或控制。因此,本书将这些不利于实效性评价的因素考虑在外,以保证城市三维空间整合评价能够以基于公众行为分析和专业人员形态分析这两个方面进行。

影响城市三维空间整合实效的成因,存在于地下空间综合规划、管理机构职能及法律法规、规划设计理念、地下空间与地上空间的布局以及城市历史文脉五个方面。

本章强调,城市三维空间整合评价的研究方法是公众行为分析方法和形态分析方法。公众行为分析法是基于公众行为而进行的一种"自下而上"的研究方法,研究结果体现的是城市公众的价值取向和公共意愿需求;形态分析方法是借助于传统城市设计的评价方法,有专业人员从专业的角度对城市空间形态、城市功能、城市环境等方面进行"自上而下"的研究方法,研究结果体现的是宏观的城市发展需求。

本章通过借鉴城市地面建设环境评价的研究,探索适合于紧凑城市形态下的城市三维空间公共价值领域的实效性评价,建立了城市空间区域内的空间形态(功能布局、开放程度、舒适度、拥挤度、安全度、公共服务设施等)、道路交通(机动车保有量、出行方式、可达性、连通性、拥堵度、环境设施系统等)、公共空间(安全性、社交性、人性化设施、空间尺度、公平性、便捷性)、公共意向(个性、标志、识别、文化认同、多样性)4 个主体指标、23 个二级指标的指标评价体系。

本章运用城市三维空间整合实效性评价指标体系,进行了巴黎德方斯新城、东京新宿、北京中关村西区和北京西直门交通枢纽的评价。通过评价,揭示了我国城市三维空间整合仍需要在道路交通、公众意向这两个方面努力,合理解决城市地面交通、地下交通相互之间的融合程度,城市地面环境的优化以及更加人性化的设计与整合。

第7章 结 语

　　紧凑城市是西方规划学者提出的一种城市空间规划模式,是促进城市可持续发展的空间形态之一。本书针对我国大中城市的现状发展,提出了将紧凑城市的空间发展战略适时、适当的引入,充分结合城市三维空间,特别是地下空间的开发利用以及三维空间的整合和实效性评价,是一种解决城市问题、改善城市环境的有效途径。

　　城市地下空间属于城市空间的一个重要组成内容,所以它是城市可持续发展的重要载体,它不仅作为物质载体的实体空间,更是对应了社会生产与生活的社会空间。人类利用地下空间已经有几千年的历史,早期人类的开发实践在很大程度上满足人类自身较低层次的遮蔽、储存和埋葬的需求。当前,我国城市地下空间开发利用、整合所存在的主要问题表现在以下几个方面:

　　① 城市三维空间整合不够,城市中心区地面矛盾得不到缓解,导致整合低效。

　　② 紧凑城市理论缺乏深度把握,偏向于将"紧凑"理解为"集聚",导致整合无效。

　　③ 地下空间的分层研究不够,竖向上常常发生"撞车",导致整合低效。

　　④ 研究人员偏于工程技术化,缺乏城市整体环境的塑造,导致整合失效。

　　⑤ 缺乏城市三维空间整合的实效研究,导致无法科学的评价。

　　本书着重分析了现代城市建设与地下空间开发利用的关系以及地下空间特性等的基础之上,通过融入紧凑城市(Compact city)的相关理论,从城市地面形态与地下空间形态相互作用、协调发展的角度,研究现代城市地上、地面和地下三维空间的整合方法,并借此得到城市三维空间整合实效性评价的理论方法,用以指导我国城市的建设和发展。

7.1 本书成果

　　总结并分析了19世纪以来城市规划与设计的相关基础理论:霍华德的"田园城市"理论、沙里宁的"有机疏散"理论、赖特的"广亩城市"理论所体现的思想都是以更大尺度的城市范围来讨论解决城市问题。他们认为只有通过建设城市区域外的"田园城市"、"广亩城市"等新的生活和就业空间,相城区外疏散人口和工业、商业等,才能解决城市中心区的过度拥挤、环境恶化和过于贫困等一系列的社会问题和矛盾。柯布西耶的"光明城市"则提出只有通过提高城市中心区的密度,充分利用城市上、下部空间,才能有效的将城市地面交通引向地下空间,为城市地面争取更多的开敞空间和步行空间。雅各布斯的"城市多样性"理论,抨击了所谓的"正统城市规划理论",提出了城市结构的基本元素以及它们在城市生活中发挥功能的方式,使人们对城市的复杂性和城市应有的发展取向更加了解。1980年代后逐渐发展起来的"新城市主义"、"精明增长"、"城市更新"、"紧凑城市"等规划运动,体现了为应对现代城市的无序蔓延而导致的城市土地,空间资源的浪费,能源的过度消耗,地面交通秩序的混乱、拥堵。城市中心区的衰退等众多的城市与社会问题,而采取的城市"友好"策略。

100多年的城市规划运动及其思想演变,经过现代城市发展过程的沉淀和提炼,使城市在未来的发展方向更加光明。这些城市规划理论及思想,必然会成为现代城市的地下空间规划设计的理论基础,把握这些理论的内涵,将有助于实现现代城市三维空间整合的理论创新,从而实现扩大城市地面开敞空间、增加绿化、改善交通状况,高效地调节城市机能,扩展人类生存空间,节约土地、空间、能源等资源,在"低碳社会"时代其意义重大。

本书概括了人类利用地下空间的进程按照实效性表征所划分的三个阶段:

人类社会早期的城市,由于受到社会生产力发展水平的限制,城市规模一般较小,城市用地和城市空间容量之间的矛盾并不突出。在这一时期,人类在地下空间的利用上,主要是以间断性或偶然性出现单一功能的特殊空间为主,其实效性也只能体现在居住、水利、防御、宗教、埋葬等功能上,没有大规模的地下空间利用和"空间整合"的概念。

1863年到第二次世界大战期间,随着城市人口的增长和社会生产力发展水平的提高,城市居民的活动趋向多元化,由于受到城市空间容量的限制,特别是自工业革命以来,工业在城市的集中促使城市规模的逐渐扩展,新型交通工具的出现也使人们的出行距离越来越长。这一时期的地下空间利用,逐渐体现出有意识地发挥地下空间在交通和经济方面的效益为主要目的的地下空间类型,例如地下铁路交通、地下商业街以及地下市政设施等。由于处于人类自觉开发利用地下空间的初级阶段,这一时期的地下空间开发还不重视地下地上在空间、环境等方面的整合意义。

随着第二次世界大战的结束,各国都将目光转向本国的经济建设和人居环境建设,城市规模和城市空间进一步扩展,特别是在1980年代以来,其扩展的速度尤为明显。这一时期,越来越多的农村人口涌向城市,因为在那里找到就业和居住住所,还有各种各样的便捷的生活和服务设施。这一时期的地下空间利用逐渐体现出以解决城市交通拥堵、生态环境恶化、生存空间不断减小等诸多问题与矛盾的城市三维空间整合思想,在整合的实效性上则体现了交通—经济—环境—文化全方位整合特点。现代城市在高速的发展中遇到了许多复杂的矛盾,城市三维空间的整合则更多反映了城市可持续发展的主流。

在研究的主要成果中还主要体现了以下几个方面。

1. 进行了城市地下空间竖向分层控制及布局模式研究

紧凑城市的发展理念强调城市自身的"高品质发展",要在高强度利用城市土地的同时,尽量扩大城市地面的使用空间,在单位面积内容纳更多的城市功能和城市活动。

为衡量地下空间开发利用对紧凑城市形态子间的城市土地及空间利用效率,必须建立一个合理的客观的评价指标体系,它不仅包含着资源、空间发展、开发技术、环境影响等客观性的评价指标,还应包含反映三维空间整合实效性的主观性的评价指标。本章主要研究了"源"、"发展"、"技术"、"环境"四个客观性指标系统。

城市地下空间开发必须遵循必要的原则:城市地下空间开发要以改善城市的环境、解决城市交通矛盾,扩大居民住房面积,整治城市地面秩序,提高城市用地紧凑程度为目标;城市高度集中的业务空间和经济核心区空间要重点开发地下交通、商业、办公、娱乐等设施,加强地下地上三维空间在环境上的整合;与城市中心区联系紧密的卫星城(镇),必须解决其空间形态问题,依托快捷的地下交通,可有利于交通沿线的土地利用、整合;重视现代大城市中的交通枢纽建设,整合资源,重点利用;众多历史文化名城由于面临更新与保护之间的矛盾,地下空间与地上空间的整合应作为主要的解决方式。

紧凑城市形态下的现代城市地下空间的开发,应着重于强调改善空间环境,发展地下交通,实现城市的高强度、网络化发展。因此,城市中心区开发利用的重点应是在矛盾最为集中的地方,通过建设大型交通枢纽、广场(绿地)地下公共建筑、地下综合体、大型地下市政设施等,并形成网络,其最终的结果是形成地下城。

地下空间开发强度的大小影响着城市土地利用效益,地下空间的竖向分层研究可使得地下各类设施利用效率最大化,影响地下空间开发强度的因素有区域地理位置和经济条件等。在城市中心区地下空间的四种布局模式中,"中心联结"和"次聚焦点"两种模式将成为未来我国城市的理想布局模式。

2. 论述了城市三维空间整合的原则、类型及关键环节

城市空间具有多重属性,其中包括物质属性、社会属性和生态属性。城市三维空间整合的主要目的是要更有效地发挥城市空间的属性功能,实现地面公共空间的开敞程度和功能设施的完善,满足城市公众在物质、社会、生态方面的需求,例如居住、出行、交往、工作、学习、休闲、审美、情感、安全等,创造良好的城市空间秩序。

城市三维空间整合必须遵循四项原则:区域功能协调原则,城市不同区域地下空间的功能应与地面空间的功能相协调,并起到对地面空间功能进行优化的作用;区域环境协调原则:地下空间对城市地面生态系统的建立影响显著,它与地面道路、广场、公园(绿地)之间的整合应考虑环境的协调;立体化、人性化协调原则,城市的主体是人,城市活动是指人的活动,立体化的开发必然会引起不同空间的环境差异和联系,应在立体化开发的同时更加关注人们在使用上的需求,如物理环境、生理安全和心理安全等;经济、环境、社会效益协调原则,综合衡量三维空间整合的各项效益,尽量取得最佳的综合效益。

城市三维空间的整合,必须从城市整体空间的角度,结合紧凑城市的相关理论,考虑城市用地结构、公共空间、道路和交通、步行系统等因素的影响,确定三维空间整合的内容、强度及功能要求等关键环节。

本章结合城市街道空间、城市广场空间、城市公园(绿地)空间、城市轨道交通枢纽空间、城市中央商务区(CBD)空间的整合研究,提出三维空间整合的要素可分为:整合实体要素,整合空间要素,整合区域。三个要素之间有机联系,三维空间整合即可看作是实体要素整合、空间要素整合和区域整合的循序渐进过程。

城市三维空间整合还要考虑:依托高效、完善的城市轨道交通系统;构建连续、流动的地下步行系统;设置丰富、个性化的地下空间节点。这些都是对城市三维空间整合进

行实效性评价的研究基础和框架内容。

3. 探索了城市三维空间整合实效性分析与评价方法

影响城市三维空间整合实效的成因,存在于地下空间综合规划、管理机构职能及法律法规、规划设计理念、地下空间与地上空间的布局以及城市历史文脉五个方面。

本书强调了城市三维空间整合评价的研究方法是公众行为分析方法和形态分析方法。公众行为分析法是基于公众行为而进行的一种"自下而上"的研究方法,研究结果体现的是城市公众的价值取向和公共意愿需求;形态分析方法是借助于传统城市设计的评价方法,有专业人员从专业的角度对城市空间形态、城市功能、城市环境等方面进行"自上而下"的研究方法,研究结果体现的是宏观的城市发展需求。

本书通过借鉴城市地面建设环境评价的研究,探索理论适合于紧凑城市形态下的城市三维空间公共价值领域的实效性评价方法,建立了城市空间区域内的空间形态(功能布局、开放程度、舒适度、拥挤度、安全度、公共服务设施等)、道路交通(机动车保有量、出行方式、可达性、连通性、拥堵度、环境设施系统等)、公共空间(安全性、社交性、人性化设施、空间尺度、公平性、便捷性)和公共意向(个性、标志、识别、文化认同、多样性)4 个主体指标、23 个二级指标的指标评价体系。

7.2 结 论

紧凑城市必须要提供高水平的生活质量,紧凑城市目前面临的问题主要存在两个方面:一是城市生活质量在下降,富人或有车族迁出到具有优质生活环境的郊区及城外;二是在构思紧缩城市时,没有正确看待城市密集化、可持续性及生活质量这三者之间的关系,相反是陷入到了对住宅数量、密度及住宅形态的讨论中。

解决这些问题的有效方法是进行城市三维空间的整合,通过城市地上、地面和地下空间协调、有机的开发建设和整合,能够吸纳更多的居民和更丰富的活动,促进城市中心区的高密度发展,缩短人们的出行距离,极大地改善城市地面自然环境和生态环境,实现城市的可持续发展。

城市中心区各种点状地下空间设施通过线状地下空间(如地铁线网或地下商业街)与地面空间进行连接,构成了城市中心区的地下空间布局模式。一个城市在其发展的过程中,不管有没有地下轨道交通设施,其地下空间发展的未来,必定是由地下某种线性空间连接而成的复杂地下空间网络。

本书指出,目前世界上城市中心区地下空间的 4 种布局模式是:"中心联结"模式、"整体网络"模式、"轴向滚动"模式、"次聚焦点"模式。结合对北京、上海、青岛等城市的分析研究,提出"中心联结"模式以及"次聚焦点"模式将成为我国未来大中城市的理想地下空间布局模式,有利于良好地下空间形态的形成,促使城市三维空间在城市更大的范围内有更高程度的整合。

本书结论主要为以下几点:

1. 建立地下空间开发利用的客观性指标体系

"源"系统是城市地下空间开发利用的基础和先决条件以及对城市空间紧凑程度的客观评价,包括城市土地利用、地下空间资源、社会经济发展水平、空间容量 4 个指标主题。

"发展"系统是地下空间规划功能最主要的表现形式,是客观性指标体系中最核心的内容,包括地下空间容量、城市交通地下化、城市市政设施地下化与综合化、资源储存地下化、城市防护与防灾、历史文物(建筑、地段)保护 6 个指标主题。

"技术"系统是开发城市地下空间的重要保障,应根据城市的地理、地质条件以及城市所在区域的自然气候条件,采用合理、经济的开发方案,包括明挖技术、暗挖技术、托换技术 3 个指标主题。

"环境"系统反映了城市地下空间规划与宏观环境之间的关系,地下空间的开发利用,可以降低城市地面上的建筑密度,扩大城市的开敞空间,因此能够间接地起到改善环境的作用,该系统包括环境质量和环境保护 2 个指标主题。

2. 提出城市三维空间整合的 7 项原则

大城市的空间发展特征同时是空间蔓延和空间集中,在现代大中城市的"分散集团式"的空间发展模式下,提高城市中心区的活力与城市卫星城镇或边缘集团的交通联系是密切相关的。现代城市地下空间规划理论的核心思想是通过城市地下空间的开发利用,使人们出行更便捷、城市地面环境更美好,本书提出了城市三维空间整合应遵循的 7 项重要原则。

3. 总结并提出城市三维空间整合的原则和关键环节

城市三维空间整合的最高层次是,城市空间能保证城市各项功能稳定、集约、高效运转,城市环境质量高,人工环境与自然环境和谐,形成良好的城市生态系统,城市居民生活舒适、便利、丰富多彩,城市空间能够促进城市各项事业全面、健康、可持续发展。区域功能协调,区域环境协调,立体化、人性化协调,经济、环境、社会效益协调是本书提出的城市三维空间整合的基本原则。在紧凑城市的视角下,构成城市空间的要素非常的密集而又复杂,每个要素都有其经济、社会、生活、文化等存在的价值。为此,本书提出需要通过依托高效、完善的城市轨道交通系统,构建连续、流动的地下步行系统,设置丰富、个性的地下空间节点这三个关键环节,来协调、美观、高效的城市空间是满足人们生活、工作、休憩、购物等高品质要求的重要保障。

4. 提出城市三维空间整合公共价值领域的实效评价方法

对城市三维空间整合的评价,必然要考虑整合后的城市空间在环境舒适度、道路交通拥挤度、出行规律、交通可达性、公平性、人性化、公共意向等若干方面进行,可借助于形态分析方法和公众行为分析方法对城市三维空间整合的实效性进行评价。

本书提出,城市空间区域内的空间形态(功能布局、开放程度、舒适度、拥挤度、安全度、公共服务设施等)评价,城市空间区域内的道路交通(机动车保有量、出行方式、可达性、连通性、拥堵度、环境设施系统等)评价,城市空间区域内的公共空间(安全性、社交性、人性化设施、空间尺度、公平性、便捷性)评价,城市空间区域内的公共意向(个性、标志、识别、文化认同、多样性)评价等 4 个主体指标、23 个二级指标的指标评价体系。通过运用城市三维空间整合实效性评价指标体系,进行了巴黎德方斯新城、东京新宿、北京中关村西区和北京西直门交通枢纽的评价。通过评价,揭示了我国城市三维空间整合仍需要在道路交通、公众意向这两个方面努力,合理解决城市地面交通、地下交通相互之间的融合程度,城市地面环境的优化以及更加人性化的设计与整合。